자기주도학습 체크리스트

✓ 선생님의 친절한 강의로 여러분의 예습·복습을 도와 드릴게요.

✓ 공부를 마친 후에 확인란에 체크하면서 스스로를 칭찬해 주세요.

✓ 강의를 듣는 데에는 30분이면 충분합니다.

날짜	강의명		확인
	강		
	강		
	강		
	강		
	강		
	강		
	강		
	강		
	강		
	강		
	강		
	강		
	강		
	강		
	강		
	강		
	강		
	강		
	강		
	강		
	강		
	강		
	강		

날짜	강의명		확인
	강		
	강		
	강		
	강		
	강		
	강		
	강		
	강		
	강		
	강		
	강		
	강		
	강		
	강		
	강		
	강		
	강		
	강		
	강		
	강		
	강		
	강		
	강		

자기주도학습 체크리스트로 공부의 기쁨이 차곡차곡 쌓일 것입니다.

EBS

우리 아이 문해력 수준, 어느 정도일까?

초등부터 EBS

내 문해력은 4학년 상위 몇 %일까?

문해력 등급 평가

등급으로 확인하는 진짜 문해력 수준

초등 1학년 ~ 중학 1학년
(학년별 3회분 평가 수록)

《 문해력 등급 평가 》

문해력 전 영역 수록	정확한 수준 확인	평가 결과표 양식 제공
어휘, 쓰기, 독해부터 디지털독해까지 종합 평가	문해력 수준을 수능과 동일한 9등급제로 확인	부족한 부분은 스스로 진단하고 친절한 해설로 보충 학습

 문해력 본학습 전에 수준을 진단하거나 본학습 후에 평가하는 용도로 활용해 보세요.

EBS

EBS 초등 인터넷·모바일·TV 무료 강의 제공

초|등|부|터 EBS

과학 5-1

만점왕

예습, 복습, 숙제까지 해결되는
교과서 완전 학습서

BOOK 1
개념책

개념책

BOOK 1 개념책으로
교과서에 담긴 **학습 개념**을
꼼꼼하게 공부하세요!

⬇ 해설책은 EBS 초등사이트(primary.ebs.co.kr)에서 내려받으실 수 있습니다.

| 교 재 내 용 문 의 | 교재 내용 문의는 EBS 초등사이트 (primary.ebs.co.kr)의 교재 Q&A 서비스를 활용하시기 바랍니다. | 교 재 정오표 공 지 | 발행 이후 발견된 정오 사항을 EBS 초등사이트 정오표 코너에서 알려 드립니다.
교재 검색 ▶ 교재 선택 ▶ 정오표 | 교 재 정 정 신 청 | 공지된 정오 내용 외에 발견된 정오 사항이 있다면 EBS 초등사이트를 통해 알려 주세요.
교재 검색 ▶ 교재 선택 ▶ 교재 Q&A |

BOOK 1
개념책

만점왕 과학
5-1

이 책의 구성과 특징

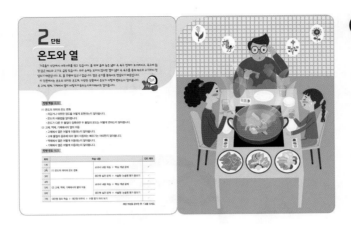

1 | 단원 도입

단원을 시작할 때마다 도입 그림을 눈으로 확인하며 안내 글을 읽으면, 학습할 내용에 대해 흥미를 갖게 됩니다.

2 | 교과서 내용 학습

본격적인 학습을 시작하는 단계입니다. 자세한 개념 설명과 그림을 통해 핵심 개념을 분명하게 파악할 수 있습니다.

3 | 이제 실험 관찰로 알아볼까?

교과서 핵심을 적용한 실험·관찰을 집중 조명함으로써 학습 개념을 눈으로 확인하고 파악할 수 있습니다.

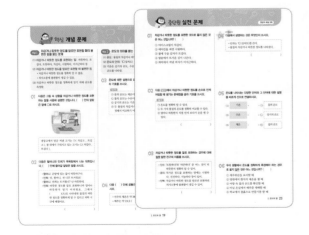

4 | 핵심 개념 + 실전 문제

[핵심 개념 문제 / 중단원 실전 문제]
개념별 문제, 실전 문제를 통해 교과서에 실린 내용을 하나하나 꼼꼼하게 살펴보며 빈틈없이 학습할 수 있습니다.

5 | 서술형·논술형 평가 돋보기

단원의 주요 개념과 관련된 서술형 문항을 심층적으로 학습하는 단계로, 강화될 서술형 평가에 대비할 수 있습니다.

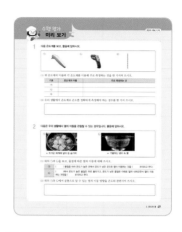

6 | 대단원 정리 학습

학습한 내용을 정리하는 단계입니다. 표나 그림을 통해 학습 내용을 보다 명확하게 정리할 수 있습니다.

7 | 대단원 마무리

대단원 평가를 통해 단원 학습을 마무리하고, 자신이 보완해야 할 점을 파악할 수 있습니다.

8 | 수행 평가 미리 보기

학생들이 고민하는 수행 평가를 대단원별로 구성하였습니다. 선생님께서 직접 출제하신 문제를 통해 수행 평가를 꼼꼼히 준비할 수 있습니다.

BOOK 2 실전책

1 | 핵심 복습 + 쪽지 시험

핵심 정리를 통해 학습한 내용을 복습하고, 간단한 쪽지 시험을 통해 자신의 학습 상태를 확인할 수 있습니다.

2 | 중단원 + 대단원 평가

[중단원 확인 평가 / 대단원 종합 평가] 앞서 학습한 내용을 바탕으로 더욱 다양한 문제를 경험하여 단원별 평가를 대비할 수 있습니다.

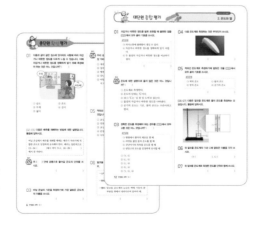

3 | 서술형·논술형 평가

단원의 주요 개념과 관련된 서술형 문항을 심층적으로 학습하는 단계로, 강화될 서술형 평가에 대비할 수 있습니다.

자기 주도 활용 방법

BOOK 1 개념책

평상시 진도 공부는

교재(북1 개념책)로 공부하기

만점왕 북1 개념책으로 진도에 따라 공부해 보세요.

개념책에는 학습 개념이 자세히 설명되어 있어요.

따라서 학교 진도에 맞춰 만점왕을 풀어 보면

혼자서도 쉽게 공부할 수 있습니다.

TV(인터넷) 강의로 공부하기

개념책으로 혼자 공부했는데, 잘 모르는 부분이 있나요?

더 알고 싶은 부분도 있다고요?

만점왕 강의가 있으니 걱정 마세요.

만점왕 강의는 TV를 통해 방송됩니다.

방송 강의를 보지 못했거나 다시 듣고 싶은 부분이 있다면

인터넷(EBS 초등사이트)을 이용하면 됩니다.

이 부분은 잘 모르겠으니 인터넷으로 다시 봐야겠어.

만점왕 방송 시간: EBS홈페이지 편성표 참조
EBS 초등사이트: primary.ebs.co.kr

시험 대비 공부는 북2 실전책으로! (북2 2쪽 자기 주도 활용 방법을 읽어 보세요.)

이 책의 **차례**

1 과학자는 어떻게 탐구할까요?　　　　6

2 온도와 열
　⑴ 온도의 의미와 온도 변화　　　　14
　⑵ 고체, 액체, 기체에서의 열의 이동　　29

3 태양계와 별
　⑴ 태양계의 구성원　　　　52
　⑵ 밤하늘의 별　　　　67

4 용해와 용액
　⑴ 용해, 용질의 무게 비교, 용질의 종류와 용해되는 양　　88
　⑵ 물의 온도와 용질이 용해되는 양, 용액의 진하기　101

5 다양한 생물과 우리 생활
　⑴ 곰팡이, 버섯, 짚신벌레, 해캄, 세균　　124
　⑵ 다양한 생물이 우리 생활에 미치는 영향　　139

BOOK
1

개념책

1 단원

과학자는 어떻게 탐구할까요?

  실험실 또는 자연에서 연구를 하는 과학자의 모습을 보면 정말 멋져 보이지요. 과학자들은 어떤 과정을 통해 새로운 것들을 발견해 내고 아무도 생각해 내지 못한 것들을 이루어 내는 걸까요? 과학자들은 탐구를 할 때 먼저 생활 속에서 문제를 인식하고, 그 문제를 풀기 위한 실험 과정을 설계합니다. 그리고 실험을 통해 얻은 결과를 해석하는 과정에서 과학자들의 아이디어와 창의성이 필요하지요.

  이 단원에서는 과학자들이 어떻게 탐구하고 실험하는지에 대한 과정들을 알아봅니다.

단원 학습 목표

(1) 실험 계획 세우고 실험하기
  • 탐구 문제를 정해 봅니다.
  • 실험 계획을 세워 봅니다.
  • 실험을 해 봅니다.
(2) 실험 결과 해석하고 결론 내리기
  • 실험 결과를 정리해 봅니다.
  • 실험 결과를 해석해 봅니다.
  • 결론을 내려 봅니다.
  • 새로운 탐구를 계획해 봅니다.

단원 진도 체크

회차	학습 내용	진도 체크
1차 / 2차	(1) 탐구 문제를 정하고 실험 계획을 세워 본 뒤 실험하기	✓
3차 / 4차	(2) 실험 결과를 정리하고 해석한 뒤 결론을 내리기	✓

*1단원은 특별 단원이므로 문항은 출제되지 않습니다.　　　　　　　해당 부분을 공부한 후 ✓표를 하세요.

(1) 실험 계획 세우고 실험하기

▶ 탐구 문제를 정할 때 생각할 점
① 탐구하고 싶은 내용이 분명하게 드러나야 합니다.
  • 좋은 예: 물의 색깔에 따라 햇볕에 데워지는 정도는 다를까?
  • 잘못된 예: 꽃은 얼마나 예쁠까? ➡ 탐구하고 싶은 내용이 분명하게 드러나지 않아서 실험을 계획할 수 없습니다.
② 탐구 범위가 좁고 구체적이어야 합니다.
  • 좋은 예: 토마토가 잘 자라는 온도는 몇 도일까?
  • 잘못된 예: 모든 식물의 한살이는 어떠할까? ➡ 탐구 범위가 너무 넓어서 탐구를 모두 실행하기가 어렵습니다.
③ 스스로 탐구할 수 있어야 합니다.
  • 좋은 예: 콜라를 끓이면 검은색 김이 나올까?
  • 잘못된 예: 지구의 단면은 어떤 모양일까? ➡ 지구의 단면을 실제로 잘라 볼 수 없으므로 탐구 문제로 적절하지 않습니다.

1 탐구 문제 정하기

(1) 문제 인식: 우리 주변의 자연 현상을 관찰하고, 탐구할 문제를 찾아 명확하게 나타내는 것입니다.

(2) 탐구 문제를 정하는 방법
  ① 관찰하면서 궁금했던 점 중에서 더 알아보고 싶은 내용을 탐구 문제로 정합니다.
  ② '왜 그럴까?', '이것은 무엇일까?', '~하면 어떻게 될까?'와 같은 방법으로 정합니다.

예) 수성 사인펜의 잉크가 물에 번지는 현상에 관한 탐구 문제를 정하는 방법
  ① 거름종이에 여러 색깔의 수성 사인펜으로 그림을 그립니다.
  ② 거름종이를 비커 위에 올려놓고 스포이트로 그림 위에 물을 한두 방울 떨어뜨립니다.
  ③ 거름종이 위에 어떤 변화가 나타나는지 관찰합니다.

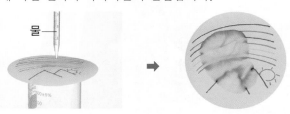

물

  ④ 관찰하면서 궁금했던 점 중에서 더 알아보고 싶었던 내용을 탐구 문제로 정합니다.
    예) 사인펜의 색깔에 따라 잉크에 섞여 있는 색소는 같을까?

---

2 실험 계획하기

(1) 변인 통제
  ① 실험에서 다르게 해야 할 조건과 같게 해야 할 조건을 확인하고 통제하는 것입니다.
  ② 변인 통제를 해야 다르게 한 조건이 실험 결과에 어떤 영향을 미치는지를 알 수 있습니다.

(2) 실험 계획을 세우는 방법
  ① 탐구 문제를 해결하려면 어떻게 실험해야 할지 글이나 그림으로 나타내 봅니다.

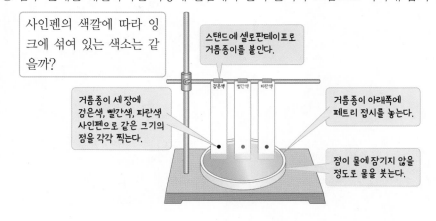

사인펜의 색깔에 따라 잉크에 섞여 있는 색소는 같을까?

스탠드에 셀로판테이프로 거름종이를 붙인다.

거름종이 세 장에 검은색, 빨간색, 파란색 사인펜으로 같은 크기의 점을 각각 찍는다.

거름종이 아래쪽에 페트리 접시를 놓는다.

점이 물에 잠기지 않을 정도로 물을 붓는다.

검은색 빨간색 파란색

🍊 낱말 사전

수성 물에 녹기 쉬운 성질
색소 물체의 색깔이 나타나도록 해 주는 성분
단면 물체를 잘라낸 면

② 실험에서 다르게 해야 할 조건과 같게 해야 할 조건을 찾고, 그 방법을 정해 봅니다.

구분	실험 조건	방법
다르게 해야 할 조건	사인펜의 색깔	검은색, 빨간색, 파란색
같게 해야 할 조건	사인펜의 종류	○○ 수성 사인펜
	종이의 종류	거름종이
	종이의 크기	가로 2 cm, 세로 20 cm
	점의 크기	지름 약 1 mm

③ 실험하면서 관찰하거나 측정해야 할 것을 정합니다.

사인펜으로 찍은 점에서 분리된 색소

④ 실험에 필요한 준비물을 정하고, 실험 과정을 순서대로 정리합니다.

준비물	막대 모양 거름종이(가로 2 cm, 세로 20 cm) 세 장, 자, 연필, 수성 사인펜(검은색, 빨간색, 파란색), 스탠드, 링, 집게 잡이, 셀로판테이프, 페트리 접시, 물
실험 과정	❶ 세 장의 거름종이에 아래에서 2 cm 되는 높이에 연필로 가로선을 긋고, 선의 중간에 검은색, 빨간색, 파란색 사인펜으로 각각 점을 찍은 뒤 윗부분에 점의 색깔을 쓴다. ❷ 거름종이를 스탠드에 붙이고 거름종이가 페트리 접시의 바닥에 거의 닿을 정도로 높이를 조절한 뒤, 거름종이의 끝이 물에 잠기도록 페트리 접시에 물을 붓는다. 이때 사인펜으로 찍은 점이 물에 잠기지 않도록 한다. ❸ 15분 동안 거름종이에 나타나는 변화를 관찰한다.

▶ 실험 계획을 세울 때 변인 통제와 함께 생각해야 하는 것
관찰하거나 측정해야 할 것, 준비물, 실험 과정, 모둠 구성원의 역할 등

▶ 실험 결과를 기록할 때 주의할 점
• 실험 결과를 있는 그대로 기록합니다.
• 실험 결과가 예상과 다르더라도 고치거나 빼지 않습니다.
• 관찰한 내용을 잊어버리기 전에 바로 기록합니다. 이때, 관찰한 시간을 함께 기록하는 것도 좋습니다.

3 실험하기

(1) 실험 계획에 따라 변인 통제를 하면서 실험을 합니다.

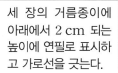

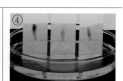

①	②	③	④
세 장의 거름종이에 아래에서 2 cm 되는 높이에 연필로 표시하고 가로선을 긋는다.	선의 중간에 검은색, 빨간색, 파란색 사인펜으로 각각 점을 찍고, 거름종이의 윗부분에 점의 색깔을 쓴다.	셀로판테이프로 거름종이를 스탠드에 붙이고, 거름종이가 페트리 접시의 바닥에 거의 닿을 정도로 높이를 조절한다.	거름종이의 끝이 물에 잠기도록 페트리 접시에 물을 붓는다. 15분 동안 거름종이에 나타나는 변화를 관찰한다.

(2) 실험하는 동안 관찰하거나 측정한 내용은 있는 그대로 기록합니다.

• 검은색 사인펜: 보라색, 분홍색, 노란색, 하늘색 순으로 색소가 나타난다.
• 빨간색 사인펜: 진분홍색, 분홍색, 노란색 순으로 색소가 나타난다.
• 파란색 사인펜: 하늘색, 보라색, 분홍색 순으로 색소가 나타난다.

▶ 사인펜 잉크 색소 분리 실험의 결과

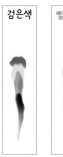

검은색 빨간색 파란색

(2) 실험 결과 해석하고 결론 내리기

▶ 자료 변환의 형태

표

〈세계의 인구수〉

연도(년)	인구수(명)
1980	45억
1990	53억
2000	61억
2010	70억
2020	78억

- 많은 자료를 가로 칸과 세로 칸에 체계적으로 정리할 수 있습니다.
- 실험을 통해 얻은 값들을 간결하고 명확하게 기록할 수 있습니다.
- 말로 설명할 때 같은 말을 반복적으로 사용해야 하는 번거로움이 줄어듭니다.

그래프

〈세계의 인구수〉

- 실험 결과를 점과 선, 넓이 등으로 나타내어 자료의 분포와 경향을 쉽게 알 수 있습니다.
- 막대그래프, 띠그래프, 원그래프, 꺾은선그래프 등 여러 형태가 있습니다.

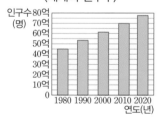

낱말 사전

변환 다르게 하여 바꿈.
분포 흩어져 퍼져 있음.
경향 어떤 방향으로 기울어짐.
도출 판단이나 결론 따위를 이끌어 내는 것

1 실험 결과 정리하기

(1) **자료 변환**: 실험 결과를 표나 그래프 등의 형태로 바꾸어 나타내는 것입니다.

(2) 자료 변환을 하는 까닭
  ① 실험 결과를 한눈에 비교하기 쉽습니다.
  ② 실험 결과의 의미를 더 잘 알 수 있습니다.

(3) 실험 결과를 표로 나타내는 방법
  ① 표의 제목을 정합니다.

> 다르게 한 조건에 따라 실험 결과로 나타난 것을 제목으로 정한다.
> 예 '사인펜의 색깔에 따라 분리된 색소'라고 정한다.

  ② 표의 첫 번째 가로줄과 세로줄에 나타낼 항목을 정합니다.

> 가로줄에는 다르게 한 조건을 쓰고, 세로줄에는 그에 따른 결과를 쓴다.
> 예 가로줄에는 '사인펜의 색깔', 세로줄에는 '분리된 색소'를 쓴다.

  ③ 항목 수를 생각해 가로줄과 세로줄의 개수를 정하고, 표로 그립니다.

> 가로줄의 개수는 실험에 사용된 사인펜 색깔의 개수를 고려하여 3개로 하고, 세로줄의 개수는 세 가지 사인펜에서 분리된 색소를 모두 써야 하므로 5개로 한다.

  ④ 표의 각 칸에 결괏값을 알맞게 기록합니다.

예 사인펜의 색깔에 따라 분리된 색소

사인펜의 색깔 / 분리된 색소	검은색	빨간색	파란색
보라색	○	×	○
진분홍색	×	○	×
분홍색	○	○	○
하늘색	○	×	○
노란색	○	○	×

2 실험 결과 해석하기

(1) **자료 해석**: 실험 결과를 표나 그래프로 나타낸 다음, 실험 결과를 통해 알 수 있는 점을 생각하고 자료 사이의 관계나 규칙을 찾아내는 것입니다.

(2) **자료 해석을 하는 방법**

① 표에서 가로줄과 세로줄의 값이 나타내고 있는 관계를 찾습니다.

② 표에 나타난 규칙을 찾습니다. ➡ 규칙에서 벗어나는 경우가 있다면 그 까닭이 무엇인지 분석합니다.

③ 실험 방법에 문제점은 없었는지 확인합니다.

　　⑩ 실험하면서 문제가 생긴 경우

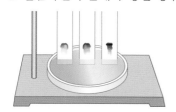

> 실내가 건조하거나 바람이 부는 경우, 종이가 물에 잠기는 부분이 적은 경우 등에는 색소가 완전히 분리되기 전에 말라버린다.

④ 변인 통제, 관찰 또는 측정을 바르게 하였는지 확인합니다.

　　⑩ 변인 통제를 잘못한 경우

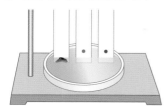

> 실험에서 같게 해 주어야 하는 여러 조건 중 '사인펜으로 찍은 점의 위치'를 같게 해 주지 않아 검은색 점만 물에 잠기게 되어 잉크가 물에 녹아 색소를 분리할 수 없다.

3 결론 내리기

(1) **결론**: 실험 결과를 해석하여 얻는 탐구 문제에 대한 답입니다.

(2) **결론 도출**: 실험 결과에서 결론을 이끌어 내는 과정입니다.

실험 결과
실험하면서 직접 관찰한 내용이나 측정한 값

결론
실험 결과의 해석을 바탕으로 이끌어 낸 탐구 문제의 최종적인 답

⑩

분리된 색소＼사인펜의 색깔	검은색	빨간색	파란색
보라색	○	×	○
진분홍색	×	○	×
분홍색	○	○	○
하늘색	○	×	○
노란색	○	○	×

➡ ⑩ 사인펜의 색깔에 따라 잉크에 섞여 있는 색소의 종류와 개수는 다르다.

4 새로운 탐구 계획하기

(1) 탐구 문제를 정합니다.

(2) 탐구 문제를 해결하려면 어떻게 실험해야 할지 생각합니다.

(3) 실험에서 다르게 해야 할 조건과 같게 해야 할 조건을 찾고, 그 방법을 정합니다.

(4) 실험을 하면서 관찰하거나 측정해야 할 것을 정합니다.

(5) 실험에 필요한 준비물을 정하고, 실험 과정을 순서대로 정리합니다.

▶ **사인펜의 색깔에 따라 분리된 색소에 대한 실험 결과를 기록한 표를 보고 알게 된 사실**

· 검은색 사인펜의 잉크에는 네 가지 색소가 섞여 있습니다.

· 빨간색 사인펜과 파란색 사인펜의 잉크에는 각각 세 가지 색소가 섞여 있습니다.

· 세 가지 색깔의 사인펜에 섞여 있는 색소는 같은 것도 있고 다른 것도 있습니다.

· 분홍색 색소는 검은색, 빨간색, 파란색 사인펜에서 모두 나타났습니다.

▶ **과학자가 탐구하는 방법**

탐구 문제 정하기 (문제 인식)

↓

실험 계획하기 (변인 통제)

↓

실험하기 (변인 통제가 중요함.)

↓

실험 결과 정리하기 (자료 변환)

↓

실험 결과 해석하기 (자료 해석)

↓

결론 내리기 (결론 도출)

2 단원

온도와 열

가족들이 식당에서 샤부샤부를 먹고 있습니다. 불 위에 올려 놓은 냄비 속 육수 전체가 뜨거워지고, 육수에 잠깐 담근 채소와 고기도 금방 익습니다. 우리 눈에는 보이지 않지만 열이 냄비 속 육수를 통해 채소와 고기까지 전달되기 때문입니다. 또, 불 주변에 있으니 덥습니다. 열은 공기를 통해서도 전달되기 때문입니다.

이 단원에서는 온도의 의미와 온도계, 다양한 상황에서 온도가 어떻게 변하는지 알아봅니다. 또 고체, 액체, 기체에서 열이 어떻게 이동하는지에 대해서도 알아봅니다.

단원 학습 목표

(1) 온도의 의미와 온도 변화
- 차갑거나 따뜻한 정도를 어떻게 표현하는지 알아봅니다.
- 온도계 사용법을 알아봅니다.
- 온도가 다른 두 물질이 접촉하면 두 물질의 온도는 어떻게 변하는지 알아봅니다.

(2) 고체, 액체, 기체에서의 열의 이동
- 고체에서 열은 어떻게 이동하는지 알아봅니다.
- 고체 물질의 종류에 따라 열이 이동하는 빠르기는 어떠한지 알아봅니다.
- 액체에서 열은 어떻게 이동하는지 알아봅니다.
- 기체에서 열은 어떻게 이동하는지 알아봅니다.

단원 진도 체크

회차	학습 내용		진도 체크
1차	(1) 온도의 의미와 온도 변화	교과서 내용 학습 + 핵심 개념 문제	✓
2차			
3차		중단원 실전 문제 + 서술형·논술형 평가 돋보기	✓
4차	(2) 고체, 액체, 기체에서의 열의 이동	교과서 내용 학습 + 핵심 개념 문제	✓
5차			✓
6차		중단원 실전 문제 + 서술형·논술형 평가 돋보기	✓
7차	대단원 정리 학습 + 대단원 마무리 + 수행 평가 미리 보기		✓

해당 부분을 공부한 후 ✓표를 하세요.

교과서 내용 학습

(1) 온도의 의미와 온도 변화

▶ 차갑거나 따뜻한 정도를 표현하는 말

따뜻하다, 뜨겁다, 뜨뜻하다, 차갑다, 시원하다, 쌀쌀하다, 미지근하다 등

▶ 정확한 온도 측정의 필요성을 느낄 수 있는 실험

① 한 사람은 따뜻한 물에 손을 넣고, 다른 한 사람은 차가운 물에 손을 넣습니다.

② 동시에 손을 빼서 미지근한 물에 넣습니다.

③ 같은 온도라도 따뜻한 물에 손을 넣었던 사람은 미지근한 물이 차갑게 느껴지고, 차가운 물에 손을 넣었던 사람은 미지근한 물이 따뜻하게 느껴집니다.

➡ 차갑거나 따뜻한 정도를 정확하게 알아보려면 온도를 측정해야 합니다.

낱말 사전

표면 물체의 가장 바깥쪽
수초 물속이나 물가에 자라는 풀

---

1 차갑거나 따뜻한 정도 표현하기

(1) 우리 생활에서 차갑거나 따뜻한 정도를 알 수 있는 방법

① 물체의 주변에 손을 가까이 하거나 만져 봅니다.

② 물체의 주변에서 김이 나는지 관찰합니다.

③ 물체의 표면에 물방울이 맺혔는지 관찰합니다.

(2) 차갑거나 따뜻한 정도를 어림할 때 생기는 문제점

① 얼마나 따뜻한지 알기 위해 만져 보다가 손을 델 수 있습니다.

② 얼마나 차갑거나 따뜻한지 정확하게 알기 어렵습니다.

③ 두 가지 물질 중 어떤 물질이 더 차갑거나 따뜻한지 비교하기 어렵습니다.

(3) 차갑거나 따뜻한 정도를 말로만 표현할 때 불편한 점

① 차갑거나 따뜻한 정도를 정확하게 알 수 없습니다.

⟨예⟩ 환자의 몸이 뜨거워지면 알려주세요. ➡ '뜨겁다'의 정도를 정확하게 알 수 없어 언제 알려야 할지 알기 어렵습니다.

② 어떤 물질이 얼마나 더 차갑거나 따뜻한지 비교하기 어렵습니다.

⟨예⟩ '차갑다'와 '시원하다', '따뜻하다'와 '뜨뜻하다' 등 ➡ 비교하기가 어려워 의사소통에 불편함이 생길 수 있습니다.

(4) 온도의 의미

① 온도: 물질의 차갑거나 따뜻한 정도를 나타낸 것입니다.

② 온도의 단위를 나타내는 방법: 숫자에 단위 ℃(섭씨도)를 붙여 나타냅니다.

③ 온도로 나타내면 물질의 차갑거나 따뜻한 정도를 정확하게 알 수 있습니다.

④ 기온은 공기의 온도, 수온은 물의 온도, 체온은 몸의 온도를 나타냅니다.

(5) 우리 생활에서 정확한 온도 측정이 필요한 경우

① 비닐 온실에서 배추를 재배할 때 적당한 온도를 유지해야 배추가 잘 자랍니다.

② 병원에서 환자의 체온을 정확하게 측정해야 몸에 이상이 있을 때 빨리 발견할 수 있습니다.

③ 새우튀김을 요리할 때 기름의 온도를 정확하게 측정해야 맛과 식감이 좋아집니다.

④ 어항 속 물의 온도를 일정하게 유지해야 물고기와 수초가 좋은 환경에서 생활할 수 있습니다.

2 온도계와 온도계 사용법

(1) 알코올 온도계

① 주로 액체나 기체의 온도를 측정할 때 사용합니다.

② 알코올 온도계로 비커에 담긴 물의 온도를 측정하는 방법

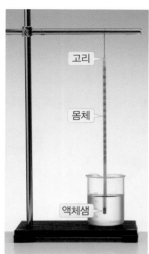

> 알코올 온도계의 고리 부분에 실을 매달아 스탠드에 고정한다.

> 액체샘 부분을 비커에 담긴 물에 충분히 넣는다.

> 알코올 온도계의 빨간색 액체가 더 이상 움직이지 않을 때 액체 기둥의 끝이 닿은 위치에 수평으로 눈 높이를 맞춰 눈금을 읽는다.

▶ 알코올 온도계의 눈금을 읽는 방법

온도는 '25.0 ℃'라고 쓰고, '섭씨 이십오 점 영 도'라고 읽습니다.

(2) 적외선 온도계

① 주로 고체의 온도를 측정할 때 사용합니다.

② 적외선 온도계로 컵의 온도를 측정하는 방법

 →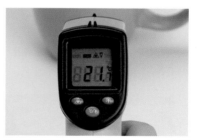

적외선 온도계로 컵을 겨누고, 측정 버튼을 누릅니다.

측정 버튼에서 손을 떼고, 온도 표시 창에 나타난 온도를 확인합니다.

▶ 귀 체온계

· 체온을 측정할 때 사용합니다.

· 귀 체온계로 체온을 측정하는 방법

귀 체온계를 귓속에 넣고, 측정 버튼을 누른 뒤, 온도 표시 창에 나타난 온도를 확인합니다.

🐹 개념 확인 문제

1 물질의 차갑거나 따뜻한 정도는 (   )(으)로 나타냅니다.

2 공기의 온도는 (기온 , 수온 , 체온), 물의 온도는 (기온 , 수온 , 체온), 몸의 온도는 (기온 , 수온 , 체온)이라고 합니다.

3 알코올 온도계의 눈금은 빨간색 액체가 (움직일 때 , 움직이지 않을 때) 읽습니다.

4 고체의 온도를 측정할 때는 (귀 체온계 , 적외선 온도계 , 알코올 온도계)를 사용합니다.

정답 **1** 온도 **2** 기온, 수온, 체온 **3** 움직이지 않을 때 **4** 적외선 온도계

▶ 알코올 온도계를 사용하여 기온을 측정하는 방법

알코올 온도계의 고리에 실을 매달고, 땅으로부터 1~1.5 m 정도의 높이에서 측정합니다.

▶ 적외선 온도계를 사용할 때 주의 사항

적외선 온도계를 사람의 눈을 향해 겨누지 않습니다.

▶ 생활 속 다양한 온도계

• 조리용 온도계: 요리할 때 사용하는 온도계로, 온도계의 끝부분에 스텐인리스강으로 된 침이 있습니다. 이 침을 음식에 넣으면 음식 내부의 온도를 측정할 수 있습니다.

• 차량용 온도계: 차량 내부에는 냉각수의 온도를 측정할 수 있는 온도계가 있습니다.

낱말 사전

스텐인리스강 녹이 잘 슬지 않는 강철의 한 종류
냉각수 높은 열을 내는 기계를 차게 식히는 데 쓰는 물
접촉 서로 맞닿음.

---

3 여러 장소에서 쓰임새에 맞는 온도계를 사용해 물질의 온도 측정하기

(1) 장소와 쓰임새에 맞는 온도계

교실의 기온은 알코올 온도계로 측정합니다.

책상의 온도는 적외선 온도계로 측정합니다.

어항에 담긴 물의 온도는 알코올 온도계로 측정합니다.

교실 벽의 온도는 적외선 온도계로 측정합니다.

운동장의 기온은 알코올 온도계로 측정합니다.

연못 속 물의 온도는 알코올 온도계로 측정합니다.

철봉의 온도는 적외선 온도계로 측정합니다.

운동장 흙의 온도는 적외선 온도계로 측정합니다.

(2) 물질의 온도를 측정할 때 온도계를 사용해야 하는 까닭

① 물질의 온도를 정확하게 알 수 있기 때문입니다.

② 다른 물질이라도 온도가 같을 수 있고, 같은 물질이라도 온도가 다를 수 있기 때문입니다.

③ 물질의 온도는 물질이 놓인 장소, 측정 시각, 햇빛의 양 등에 따라 다르기 때문입니다.

　⑩ 교실과 운동장의 기온이 다르고, 그늘에 주차된 자동차와 햇빛이 비치는 곳에 주차된 자동차의 온도가 다릅니다.

(3) 쓰임새에 맞는 온도계를 사용해 온도를 측정해야 하는 까닭
  ① 온도를 정확하게 측정할 수 있기 때문입니다.
  ② 온도를 측정하기에 편리하기 때문입니다.

4 온도가 다른 두 물질이 접촉할 때 나타나는 두 물질의 온도 변화

(1) 온도가 다른 두 물질이 접촉할 때 열의 이동
  ① 온도가 다른 두 물질이 접촉하면 따뜻한 물질의 온도는 점점 낮아지고 차가운 물질의 온도는 점점 높아집니다.
  ② 온도가 다른 두 물질이 접촉한 채로 시간이 지나면 두 물질의 온도는 같아집니다.
  ③ 접촉한 두 물질의 온도가 변하는 까닭: 열의 이동 때문입니다.
  ④ 접촉한 두 물질 사이에서 열의 이동 방향: 열은 온도가 높은 물질에서 온도가 낮은 물질로 이동합니다.

(2) 온도가 다른 두 물질이 접촉할 때 두 물질의 온도가 변하는 예

차가운 물과 갓 삶은 달걀	뜨거운 프라이팬과 달걀	갓 삶은 면과 차가운 물

온도가 높은 삶은 달걀에서 온도가 낮은 물로 열이 이동한다.	온도가 높은 프라이팬에서 온도가 낮은 달걀로 열이 이동한다.	온도가 높은 삶은 면에서 온도가 낮은 물로 열이 이동한다.
생선과 얼음	손과 따뜻한 손난로	열이 나는 이마와 얼음주머니

온도가 높은 생선에서 온도가 낮은 얼음으로 열이 이동한다.	온도가 높은 손난로에서 온도가 낮은 손으로 열이 이동한다.	온도가 높은 이마에서 온도가 낮은 얼음주머니로 열이 이동한다.

▶ 열기와 냉기
• "바닥에서 냉기가 올라온다.", "손에 철봉의 냉기가 전해진다."라는 표현을 사용할 때가 있습니다. 차가운 물질을 손으로 잡고 있을 때 열은 따뜻한 손에서 차가운 물질로 이동하는 것으로, 차가운 냉기가 손으로 이동하는 것이 아닙니다.
• 열은 온도가 높은 곳에서 온도가 낮은 곳으로 이동하는 에너지입니다. 이러한 에너지를 열기라고 부르기도 합니다. 그러나 차가운 곳에서 따뜻한 곳으로 이동하는 냉기는 존재하지 않습니다.

▶ 여름철 공기 중에 아이스크림이 있을 때 열의 이동
온도가 높은 공기에서 아이스크림으로 열이 이동합니다.

개념 확인 문제

1 교실의 기온과 운동장의 기온을 측정할 때는 (   ) 온도계를 사용합니다.

2 운동장에 있는 철봉의 온도를 측정할 때는 (   ) 온도계를 사용합니다.

3 접촉한 두 물질의 온도가 변하는 까닭은 열의 (이동 , 측정) 때문입니다.

4 접촉한 두 물질 사이에서 열은 온도가 (낮은 , 높은) 물질에서 온도가 (낮은 , 높은) 물질로 이동합니다.

정답 1 알코올 2 적외선 3 이동 4 높은, 낮은

온도가 다른 두 물질이 접촉할 때 나타나는 두 물질의 온도 변화 측정하기

[준비물] 차가운 물, 따뜻한 물, 빈 음료수 캔, 비커(500 mL), 알코올 온도계 두 개, 실, 가위, 스탠드, 링, 집게 잡이, 면장갑, 초시계

[실험 방법]
① 차가운 물이 담긴 음료수 캔을 따뜻한 물이 담긴 비커에 넣습니다.
② 알코올 온도계 두 개를 스탠드에 매달아 음료수 캔과 비커에 각각 넣습니다.
③ 1분마다 음료수 캔과 비커에 담긴 물의 온도를 측정합니다.
④ 온도가 다른 두 물질이 접촉할 때 두 물질의 온도는 어떻게 변하는지 알아봅니다.

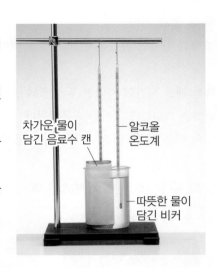

차가운 물이 담긴 음료수 캔 — 알코올 온도계
따뜻한 물이 담긴 비커

주의할 점
• 따뜻한 물은 너무 높은 온도의 물을 사용하면 화상을 입을 수도 있어 위험하므로, 정수기나 수돗물의 온수로 준비합니다.
• 알코올 온도계가 비커와 부딪쳐 깨지지 않도록 조심합니다.
• 알코올 온도계의 액체샘이 비커 바닥에 닿지 않도록 하고, 액체샘을 손으로 잡지 않도록 합니다.

중요한 점
음료수 캔과 비커에 담긴 물의 온도가 비슷해질 때까지 측정합니다.

[실험 결과]
① 1분마다 측정한 음료수 캔과 비커에 담긴 물의 온도

시간(분)		0	1	2	3	4	5	6
온도 (℃)	음료수 캔에 담긴 물	14.5	16.0	17.0	18.0	19.0	20.0	21.0
	비커에 담긴 물	67.0	55.0	48.0	42.0	37.0	33.0	30.0

② 온도가 다른 두 물질이 접촉할 때 두 물질의 온도 변화: 음료수 캔에 들어 있는 차가운 물의 온도는 점점 높아지고, 비커에 들어 있는 따뜻한 물의 온도는 점점 낮아집니다. 충분한 시간이 지나면 두 물의 온도는 같아집니다.

탐구 문제

정답과 해설 2쪽

1 다음은 차가운 물이 담긴 음료수 캔을 따뜻한 물이 담긴 비커에 넣은 후, 1분마다 측정한 물의 온도를 나타낸 표입니다. ㉠과 ㉡ 중 비커에 담긴 물은 어느 것인지 기호를 쓰시오.

시간(분)		0	1	2	3	4
온도 (℃)	㉠	67.0	55.0	48.0	42.0	37.0
	㉡	14.5	16.0	17.0	18.0	19.0

(   )

2 차가운 물이 담긴 음료수 캔을 따뜻한 물이 담긴 비커에 넣은 후 물의 온도를 측정하는 실험에 대한 설명으로 옳은 것에 모두 ○표 하시오.

(1) 비커에 담긴 물의 온도는 낮아진다. (   )
(2) 음료수 캔에 담긴 물의 온도는 높아진다.
(   )
(3) 열은 음료수 캔에 담긴 물에서 비커에 담긴 물로 이동한다. (   )
(4) 충분한 시간이 지나면 음료수 캔과 비커에 담긴 물의 온도가 같아진다. (   )

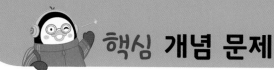
개념 1 차갑거나 따뜻한 정도를 말로만 표현할 때의 불편한 점을 묻는 문제

(1) 차갑거나 따뜻한 정도를 표현하는 말: 따뜻하다, 뜨겁다, 뜨뜻하다, 차갑다, 시원하다, 미지근하다 등

(2) 차갑거나 따뜻한 정도를 말로만 표현할 때 불편한 점
  • 차갑거나 따뜻한 정도를 정확히 알 수 없음.
  • 의사소통에 불편함이 생길 수 있음.

(3) 차갑거나 따뜻한 정도를 정확하게 알기 위해 온도를 측정함.

01 다음은 그림 속 상황을 차갑거나 따뜻한 정도를 표현하는 말을 사용해 설명한 것입니다. ( ) 안의 알맞은 말에 ○표 하시오.

냉장고에서 방금 꺼낸 고기는 ㉠(차갑고 , 뜨겁고), 불 위에서 구워지고 있는 고기는 ㉡(차갑다 , 뜨겁다).

02 다음은 할머니와 민희가 목욕탕에서 나눈 대화입니다. ( ) 안에 들어갈 알맞은 말을 쓰시오.

  • 할머니: 온탕에 있는 물이 따뜻하구나.
  • 민희: 앗, 할머니, 전 너무 뜨거워요!
  • 할머니: 민희는 뜨거웠니? 난 따뜻한데.
  • 민희: 따뜻한 정도를 말로 표현하니까 얼마나 따뜻한지 알 어려워요. 그래서 ( )(으)로 나타내면 물질의 따뜻한 정도를 정확하게 알 수 있다고 과학 시간에 배웠어요.

( )

개념 2 온도의 의미를 묻는 문제

(1) 온도: 물질의 차갑거나 따뜻한 정도를 나타냄.
(2) 온도의 단위: ℃(섭씨도)
(3) 기온은 공기의 온도, 수온은 물의 온도, 체온은 몸의 온도를 나타냄.

03 온도에 대한 설명으로 옳지 <u>않은</u> 것을 보기 에서 골라 기호를 쓰시오.

보기
㉠ 몸의 온도는 체온이라고 한다.
㉡ 물의 온도는 수온이라고 한다.
㉢ 공기의 온도는 기온이라고 한다.
㉣ 두 물질의 차갑거나 따뜻한 정도는 온도를 측정해서 비교하기 어렵다.

( )

04 다음 ( ) 안에 공통으로 들어갈 알맞은 단위를 쓰시오.

  • 민주의 체온은 약 36.8 ( )이다.
  • 배추는 약 19.0 ( )에서 잘 자란다.

( )

개념 3 ▸ 정확한 온도 측정이 필요한 경우를 묻는 문제

(1) 비닐 온실에서 배추를 재배할 때 필요함.
(2) 병원에서 환자의 체온을 측정할 때 필요함.
(3) 새우튀김을 요리하기 위해 기름의 온도를 측정할 때 필요함.
(4) 어항 속 물의 온도를 확인할 때 필요함.

05 우리 생활에서 온도를 정확하게 측정해야 하는 경우로 옳은 것은 어느 것입니까? (   )

① 학교에서 공부할 때
② 집에서 음악을 들을 때
③ 도서관에서 책을 읽을 때
④ 병원에서 환자의 체온을 잴 때
⑤ 공원에서 반려동물과 산책을 할 때

06 다음 두 상황에서 정확하게 측정해야 하는 것으로 옳은 것은 어느 것입니까? (   )

▲ 비닐 온실에서 배추를 재배할 때   ▲ 새우튀김을 요리할 때

① 부피   ② 온도
③ 무게   ④ 길이
⑤ 시간

개념 4 ▸ 온도계의 종류와 쓰임을 묻는 문제

(1) 알코올 온도계: 주로 액체나 기체의 온도를 측정함.
(2) 적외선 온도계: 주로 고체의 온도를 측정함.
(3) 귀 체온계: 체온을 측정함.

07 다음과 같이 물의 온도를 측정할 때 사용하는 온도계의 이름을 쓰시오.

(   )

08 다음 온도계로 측정할 수 있는 것을 보기 에서 모두 골라 기호를 쓰시오.

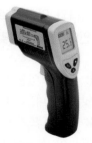

▲ 적외선 온도계

보기
┌─────────────────────────────────┐
│ ㉠ 컵의 온도   ㉡ 땅의 온도 │
│ ㉢ 필통의 온도   ㉣ 공기의 온도 │
└─────────────────────────────────┘

(   )

(1) 알코올 온도계의 구조: 고리, 몸체, 액체샘으로 이루어짐.

(2) 알코올 온도계의 눈금을 읽는 방법: 빨간색 액체가 더 이상 움직이지 않을 때 액체 기둥의 끝이 닿은 위치에 수평으로 눈높이를 맞춰 눈금을 읽음.

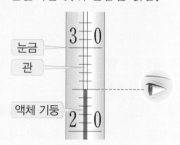

눈금
관
액체 기둥

09 다음 알코올 온도계에서 액체샘의 기호를 쓰시오.

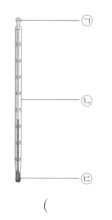

ㄱ

ㄴ

ㄷ

( )

10 다음은 알코올 온도계의 눈금을 읽는 방법입니다. ( ) 안에 들어갈 알맞은 말을 쓰시오.

> 알코올 온도계의 빨간색 액체가 더 이상 움직이지 않을 때 액체 기둥의 끝이 닿은 위치에 ( )(으)로 눈높이를 맞춰 눈금을 읽는다.

( )

(1) 장소와 쓰임새에 맞는 온도계

구분	교실	운동장
알코올 온도계	교실의 기온, 어항에 담긴 물의 온도를 잴 때	운동장의 기온, 연못 속 물의 온도를 잴 때
적외선 온도계	책상, 교실 벽 등의 온도를 잴 때	철봉, 운동장 흙 등의 온도를 잴 때

(2) 물질의 온도를 온도계로 측정하는 까닭
- 물질의 온도를 정확하게 알 수 있기 때문임.
- 다른 물질이라도 온도가 같을 수 있고, 같은 물질이라도 온도가 다를 수 있기 때문임.
- 물질의 온도는 물질이 놓인 장소, 측정 시각, 햇빛의 양 등에 따라 다르기 때문임.

11 알코올 온도계를 사용해 측정하는 것으로 알맞은 것을 두 가지 고르시오. (,)

① 책상의 온도
② 교실의 기온
③ 철봉의 온도
④ 교실 벽의 온도
⑤ 연못 속 물의 온도

12 다음은 여러 장소에서 물질의 온도를 측정한 결과입니다. 이에 대한 설명으로 옳지 않은 것을 보기 에서 골라 기호를 쓰시오.

측정한 물질	온도
나무 그늘의 흙	22.0 ℃
햇빛이 비치는 곳의 흙	27.0 ℃
운동장 연못의 물	22.0 ℃

> 보기
>
> ㉠ 같은 물질이라도 온도가 다를 수 있다.
> ㉡ 다른 물질이라도 온도가 같을 수 있다.
> ㉢ 물질의 온도는 햇빛의 양에 따라 다를 수 있다.
> ㉣ 물질이 놓인 장소가 달라도 물질의 온도는 모두 같다.

( )

개념 **7** 온도가 다른 두 물질이 접촉할 때 나타나는 온도 변화를 측정하는 실험을 묻는 문제

(1) 실험 방법: 차가운 물이 담긴 음료수 캔을 따뜻한 물이 담긴 비커에 넣고, 1분마다 음료수 캔과 비커에 담긴 물의 온도를 측정함.

(2) 실험 결과
   • 음료수 캔에 담긴 물의 온도는 높아지고, 비커에 담긴 물의 온도는 낮아짐.
   • 충분한 시간이 지나면 음료수 캔에 담긴 물과 비커에 담긴 물의 온도는 같아짐.

(3) 온도가 다른 두 물질이 접촉할 때 두 물질의 온도 변화: 따뜻한 물질의 온도는 점점 낮아지고, 차가운 물질의 온도는 점점 높아짐.

13 다음은 차가운 물이 담긴 음료수 캔을 따뜻한 물이 담긴 비커에 넣은 후 1분마다 온도를 측정한 실험의 결과입니다. (   ) 안의 알맞은 말에 ○표 하시오.

차가운 물이 담긴 음료수 캔 — 알코올 온도계 — 따뜻한 물이 담긴 비커

> 음료수 캔에 담긴 차가운 물의 온도는 ㉠ (낮아지고 , 높아지고), 비커에 담긴 따뜻한 물의 온도는 ㉡ (낮아진다 , 높아진다).

14 위 **13**번 실험에 대한 설명으로 옳은 것에 ○표 하시오.

(1) 열은 음료수 캔의 물에서 비커의 물로 이동한다. (   )

(2) 열은 온도가 낮은 물질에서 온도가 높은 물질로 이동한다. (   )

(3) 충분한 시간이 지나면 음료수 캔의 물과 비커의 물은 온도가 같아진다. (   )

개념 **8** 온도가 다른 두 물질이 접촉할 때 두 물질의 온도가 변하는 까닭을 묻는 문제

(1) 온도가 다른 두 물질이 접촉할 때 두 물질의 온도가 변하는 까닭: 열의 이동 때문임.

(2) 열은 온도가 높은 물질에서 온도가 낮은 물질로 이동함.

(3) 온도가 다른 두 물질이 접촉할 때 열의 이동 방향

예	열의 이동 방향
차가운 물에 넣은 갓 삶은 달걀	삶은 달걀 → 차가운 물
뜨거운 프라이팬 위의 달걀	프라이팬 → 달걀
차가운 물에 담근 갓 삶은 면	삶은 면 → 차가운 물
얼음 위에 놓은 생선	생선 → 얼음
따뜻한 손난로를 잡은 손	따뜻한 손난로 → 손
열이 나는 이마 위의 얼음주머니	이마 → 얼음주머니

15 갓 삶은 달걀을 차가운 물에 담가 두었을 때 나타나는 온도 변화에 대한 설명으로 옳지 <u>않은</u> 것을 보기 에서 골라 기호를 쓰시오.

> **보기**
>
> ㉠ 물의 온도는 점점 높아진다.
> ㉡ 달걀의 온도는 점점 낮아진다.
> ㉢ 열은 물에서 달걀로 이동한다.
> ㉣ 시간이 지나면 달걀과 물의 온도가 같아진다.

(   )

16 다음과 같이 얼음 위에 생선을 올려놓았을 때 열의 이동 방향을 (   ) 안에 화살표로 나타내시오.

얼음 (   ) 생선

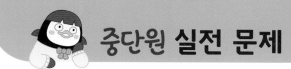
01 차갑거나 따뜻한 정도를 표현한 것으로 옳지 <u>않은</u> 것은 어느 것입니까? (   )

① 아이스크림이 차갑다.
② 에어컨을 켜면 시원하다.
③ 불에 구운 감자가 뜨겁다.
④ 밥솥에서 뜨거운 김이 나온다.
⑤ 화덕에서 꺼낸 피자가 미지근하다.

02 다음 보기 에서 차갑거나 따뜻한 정도를 손으로 만져 어림할 때 생기는 문제점을 골라 기호를 쓰시오.

보기

㉠ 온도를 정확히 알 수 있다.
㉡ 두 가지 물질의 온도를 정확히 비교할 수 있다.
㉢ 얼마나 따뜻한지 직접 만져 보다가 손을 델 수 있다.

(   )

03 차갑거나 따뜻한 정도를 말로 표현하는 경우에 대해 잘못 말한 친구의 이름을 쓰시오.

• 진수: '뜨뜻하다'와 '따끈하다' 중 어느 것이 더 따뜻한지 정확히 알 수 있어.
• 윤지: 차가운 정도를 표현하는 말에는 시원하다, 선선하다, 서늘하다 등이 있어.
• 민혁: 차갑거나 따뜻한 정도를 말로만 표현하면 의사소통에 불편함이 생길 수 있어.

(   )

04 〔중요〕 다음에서 설명하는 것은 무엇인지 쓰시오.

• 단위는 ℃(섭씨도)를 쓴다.
• 물질의 차갑거나 따뜻한 정도를 나타낸다.

(   )

05 온도를 나타내는 다양한 단어와 그 단어에 대한 설명을 바르게 선으로 연결하시오.

(1) 기온 •   • ㉠ 몸의 온도

(2) 수온 •   • ㉡ 공기의 온도

(3) 체온 •   • ㉢ 물의 온도

06 우리 생활에서 온도를 정확하게 측정해야 하는 경우로 옳지 <u>않은</u> 것은 어느 것입니까? (   )

① 새우튀김을 요리할 때
② 병원에서 환자의 체온을 잴 때
③ 어항 속 물의 온도를 확인할 때
④ 비닐 온실에서 배추를 재배할 때
⑤ 학교에서 찰흙으로 만들기를 할 때

07 다음 온도계에 대한 설명으로 옳은 것을 보기 에서 골라 기호를 쓰시오.

보기

ㄱ 체온을 측정한다.
ㄴ 고체의 온도를 측정한다.
ㄷ 액체나 기체의 온도를 측정한다.

( )

08 다음은 어떤 온도계에 대한 설명인지 쓰시오.

• 고체의 온도를 측정할 때 편리하다.
• 온도를 측정하려는 물질을 겨누고 측정 버튼을 누른 뒤, 측정 버튼에서 손을 떼고 온도 표시 창에 나타난 온도를 확인한다.

( )

09 알코올 온도계로 측정하기에 알맞은 것은 어느 것입니까? ( )

① 교실 벽의 온도
② 교실 공기의 온도
③ 교실 책상의 온도
④ 교실 의자의 온도
⑤ 교실 칠판의 온도

[10~11] 다음은 알코올 온도계로 비커에 담긴 물의 온도를 측정한 것입니다. 물음에 답하시오.

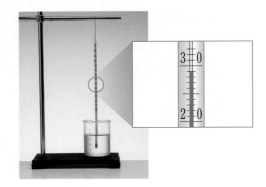

10 위의 알코올 온도계로 물의 온도를 측정할 때 주의할 점으로 옳은 것은 어느 것입니까? ( )

① 액체샘이 비커 바닥에 닿도록 한다.
② 비커와 온도계가 부딪쳐 깨지지 않도록 한다.
③ 빨간색 액체가 움직이기 시작하면 눈금을 읽는다.
④ 온도계를 떨어뜨리지 않도록 액체샘을 손으로 움켜잡는다.
⑤ 액체 기둥의 끝이 닿은 위치를 위에서 내려다보며 눈금을 읽는다.

11 위의 알코올 온도계로 측정한 물의 온도를 단위까지 쓰고, 읽어 보시오.

(1) 온도 쓰기: ( )
(2) 온도 읽기: ( )

12 쓰임새에 맞는 온도계를 사용한 경우가 아닌 것은 어느 것입니까? ( )

① 연못의 수온은 적외선 온도계로 측정한다.
② 운동장의 기온은 알코올 온도계로 측정한다.
③ 운동장 흙의 온도는 적외선 온도계로 측정한다.
④ 보건실에서 학생의 체온은 귀 체온계로 측정한다.
⑤ 운동장 철봉의 온도는 적외선 온도계로 측정한다.

13 다음 보기 에서 쓰임새에 맞는 온도계를 사용하여 온도를 측정해야 하는 까닭을 모두 골라 기호를 쓰시오.

보기
⊙ 온도를 측정하기 편리하다.
⊙ 온도를 정확하게 측정할 수 있다.
⊙ 온도계의 빨간색 액체가 이동하는 빠르기를 측정할 수 있다.

(   )

14 다음은 나무 그늘에 있는 흙과 햇빛이 비치는 곳에 있는 흙의 온도를 동시에 측정하는 모습입니다. 이에 대한 설명으로 옳지 <u>않은</u> 것은 어느 것입니까? (   )

① 적외선 온도계로 측정하였다.
② 같은 물질이라도 온도가 다를 수 있다.
③ 나무 그늘에 있는 흙의 온도가 더 낮다.
④ 다른 종류의 흙이기 때문에 온도가 다르다.
⑤ 물질의 온도는 햇빛의 양에 따라 다를 수 있다.

⌐중요⌐
15 다음은 교실과 운동장에서 측정한 기온을 통해 알 수 있는 사실입니다. (   ) 안의 알맞은 말에 ○표 하시오.

측정 시각＼온도	교실 (℃)	운동장 (℃)
오전 9시	22.0	24.0
오후 2시	27.0	32.0

물질의 온도는 물질이 놓인 ⊙(장소 , 높이)에 따라 다르고, 측정한 ⊙(시각 , 온도계)에 따라 다르다.

[16~18] 다음은 차가운 물이 담긴 음료수 캔을 따뜻한 물이 담긴 비커에 넣었을 때 두 물의 온도 변화를 측정한 결과입니다. 물음에 답하시오.

차가운 물이 담긴 음료수 캔
알코올 온도계
따뜻한 물이 담긴 비커

시간(분)		0	1	2	3	4
온도 (℃)	⊙	14.5	16.0	17.0	18.0	19.0
	⊙	67.0	55.0	48.0	42.0	37.0

16 위 실험 결과를 보고, ⊙과 ⊙ 중 음료수 캔에 담긴 물의 온도는 어느 것인지 기호를 쓰시오.

(   )

17 위 실험에서 열의 이동 방향을 (   ) 안에 화살표로 나타내시오.

음료수 캔에 담긴 물 (   ) 비커에 담긴 물

⌐서술형⌐
18 위 실험에서 충분한 시간이 지나면 음료수 캔에 담긴 물과 비커에 담긴 물의 온도는 어떻게 되는지 쓰시오.

_____

_____

[19~20] 다음은 열이 나는 이마에 얼음주머니를 대고 있는 모습입니다. 물음에 답하시오.

19 다음은 위의 이마와 얼음주머니의 온도 변화를 설명한 것입니다. ( ) 안의 알맞은 말에 ○표 하시오.

> 열이 나는 이마에 얼음주머니를 대고 있으면 이마의 온도는 점점 ㉠ (높아지고 , 낮아지고), 얼음주머니의 온도는 점점 ㉡ (높아진다 , 낮아진다).

⊏서술형⊐

20 위에서 열이 나는 이마와 얼음주머니가 접촉하였을 때 열의 이동 방향을 쓰시오.

_____

_____

⊏중요⊐
21 접촉한 두 물질 사이에서 열의 이동에 대한 설명으로 옳지 않은 것을 보기 에서 골라 기호를 쓰시오.

> 보기
>
> ㉠ 따뜻한 물질의 온도는 점점 낮아진다.
> ㉡ 차가운 물질의 온도는 점점 높아진다.
> ㉢ 두 물질이 접촉한 채로 시간이 지나면 두 물질의 온도는 같아진다.
> ㉣ 접촉한 두 물질 사이에서 열은 온도가 낮은 물질에서 온도가 높은 물질로 이동한다.

( )

22 온도가 다른 두 물질이 접촉할 때 온도가 낮아지는 것을 보기 에서 골라 기호를 쓰시오.

> 보기
>
> ㉠ 손난로를 잡은 손
> ㉡ 차가운 물에 헹군 삶은 면
> ㉢ 공기 중에 놓아둔 아이스크림

( )

[23~24] 다음은 우리 생활에서 온도가 다른 두 물질이 접촉하는 경우입니다. 물음에 답하시오.

(가)   (나)

▲ 갓 삶은 달걀을 차가운 물에 담가 두었을 때   ▲ 프라이팬으로 달걀부침을 요리할 때

23 위 (가)와 (나)에 대한 설명으로 옳은 것은 어느 것입니까? ( )

① (가)에서 달걀은 온도가 점점 높아진다.
② (나)에서 달걀은 온도가 점점 낮아진다.
③ (가)에서 열은 달걀에서 차가운 물로 이동한다.
④ (나)에서 열은 달걀에서 프라이팬으로 이동한다.
⑤ (가)와 (나) 모두 온도가 낮은 달걀 쪽으로 열이 이동한다.

⊏서술형⊐
24 위 (가)와 (나)처럼 우리 생활에서 온도가 다른 두 물질이 접촉하여 열이 이동하는 예를 한 가지 쓰시오.

_____

_____

학교에서 출제되는 서술형·논술형 평가를 미리 준비하세요.

연습 문제

정답과 해설 4쪽

🔍 **문제 해결 전략**
쓰임새에 맞는 온도계를 사용해 온도를 측정합니다. 물질의 상태(고체, 액체, 기체)에 따라 알맞은 온도계를 사용합니다.

🔍 **핵심 키워드**
온도계의 종류, 쓰임새

1 다음은 여러 장소에서 온도를 측정하는 모습입니다. 물음에 답하시오.

(1) 위의 여러 장소에서 사용한 온도계의 쓰임새를 쓰시오.

> • 적외선 온도계는 주로 (　　　　　　　)의 온도를 측정할 때 사용한다.
> • 알코올 온도계는 주로 (　　　　　) 또는 (　　　　　)의 온도를 측정할 때 사용한다.

(2) 위와 같이 쓰임새에 맞는 온도계를 사용해야 하는 까닭을 쓰시오.

> 쓰임새에 맞는 온도계를 사용해야 (　　　　　)을/를 정확하게 측정할 수 있기 때문이다.

🔍 **문제 해결 전략**
온도가 다른 두 물질이 접촉하면 온도가 변하고, 두 물질이 접촉한 채로 시간이 지나면 열의 이동으로 두 물질의 온도는 같아집니다.

🔍 **핵심 키워드**
온도가 다른 두 물질의 접촉, 열의 이동

2 다음은 차가운 물이 담긴 음료수 캔을 따뜻한 물이 담긴 비커에 넣고 온도 변화를 측정한 결과입니다. 물음에 답하시오.

시간(분)		0	1	2	3	4	5	6
온도 (℃)	음료수 캔에 담긴 차가운 물	14.5	16.0	17.0	18.0	19.0	20.0	21.0
	비커에 담긴 따뜻한 물	67.0	55.0	48.0	42.0	37.0	33.0	30.0

(1) 위 표를 보고, 음료수 캔에 담긴 차가운 물과 비커에 담긴 따뜻한 물의 온도 변화를 쓰시오.

> • 음료수 캔에 담긴 차가운 물의 온도는 점점 (　　　　　).
> • 비커에 담긴 따뜻한 물의 온도는 점점 (　　　　　).

(2) 위와 같이 온도가 다른 두 물질이 접촉할 때 열의 이동 방향을 쓰시오.

> 온도가 다른 두 물질이 접촉하면 열은 온도가 (　　　　　) 물질에서 온도가 (　　　　　) 물질로 이동한다.

실전 문제

1 다음은 비닐 온실에서 배추를 재배할 때와 새우튀김을 요리할 때입니다. 물음에 답하시오.

▲ 비닐 온실에서 배추를 재　　▲ 새우튀김을 요리할 때
배할 때

(1) 위와 같이 비닐 온실에서 배추를 재배하거나 새우튀김을 요리할 때 정확하게 측정해야 하는 것은 무엇인지 쓰시오.

(　　　　　　　　　　)

(2) 위 (1)번의 답을 어림할 때 생기는 문제점을 각각 쓰시오.

_____

_____

_____

2 다음 대화를 읽고, 잘못 말한 친구를 고르고 바르게 고쳐 쓰시오.

> • 소미: 열이 나는 것 같아. 체온을 측정하려면 귀 체온계가 필요해.
> • 현빈: 교실이 너무 더워. 교실의 기온를 측정하려면 알코올 온도계가 필요해.
> • 은수: 어항 속 물고기가 잘 자라려면 수온을 잘 맞추어야 해. 수온을 측정하려면 적외선 온도계가 필요해.

_____

_____

_____

3 다음은 차가운 물이 담긴 음료수 캔을 따뜻한 물이 담긴 비커에 넣었을 때 두 물의 온도 변화를 알아보기 위한 실험입니다. 물음에 답하시오.

차가운 물이 담긴 음료수 캔　　알코올 온도계　　따뜻한 물이 담긴 비커

(1) 위 실험에서 음료수 캔에 담긴 물과 비커에 담긴 물 사이에서 열의 이동을 쓰시오.

_____

_____

(2) 위 실험에서 음료수 캔에 담긴 물과 비커에 담긴 물이 접촉한 채로 시간이 지나면 온도는 어떻게 변하는지 쓰시오.

_____

_____

4 다음과 같이 손으로 따뜻한 손난로를 잡고 있을 때 손과 손난로 사이에서 열의 이동을 쓰시오.

_____

_____

교과서 내용 학습

(2) 고체, 액체, 기체에서의 열의 이동

▶ 열 변색 붙임딱지를 붙인 구리판을 가열할 때 주의할 점
• 가열한 구리판을 손으로 만지지 않고, 반드시 장갑을 착용합니다.
• 열 변색 붙임딱지의 색깔 변화가 빠르게 나타나므로 주의 깊게 관찰합니다.
• 열 변색 붙임딱지의 색깔 변화를 확인하고, 열이 어느 방향으로 이동했는지 추리합니다.

1 고체에서 열의 이동

(1) 세 가지 모양의 구리판을 가열할 때 열의 이동 방향

① 세 가지 모양의 구리판 윗면에 각각 열 변색 붙임딱지를 붙이고, 세 가지 모양의 구리판의 한쪽 끝부분을 가열하면서 열 변색 붙임딱지의 색깔 변화를 관찰합니다.

▲ 길게 자른 구리판　　▲ 사각형 구리판　　▲ ⊏ 모양 구리판

② 구리판에서 열은 가열한 부분에서 멀어지는 방향으로 구리판을 따라 이동합니다.

③ 구리판이 끊겨 있으면 열은 끊긴 방향으로 이동하지 않습니다.

(2) 고체에서 열이 이동하는 과정

① 고체 물질의 한 부분을 가열하면 그 부분의 온도가 높아집니다.

② 온도가 높아진 부분에서 주변의 온도가 낮은 부분으로 열이 이동합니다.

③ 시간이 지남에 따라 주변의 온도가 낮았던 부분도 점점 온도가 높아집니다.

(3) 전도

① 전도: 고체에서 온도가 높은 곳에서 온도가 낮은 곳으로 고체 물질을 따라 열이 이동하는 것입니다.

② 고체 물질이 끊겨 있거나, 두 고체 물질이 접촉하고 있지 않을 때는 열의 전도가 일어나지 않습니다.

③ 우리 생활에서 전도를 확인할 수 있는 예

프라이팬에 고기를 구울 때 열의 이동	뜨거운 찌개에 넣어 둔 숟가락에서 열의 이동
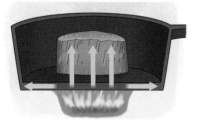	
뜨거운 불 위에 올려놓은 팬에서는 불과 가까운 쪽에서 먼 쪽으로 열이 이동하고, 팬에서 고기로 열이 이동한다.	뜨거운 찌개에 넣어 둔 숟가락의 아래쪽에서 손잡이가 있는 위쪽으로 열이 이동한다.

🍄 낱말 사전

변색　빛깔이 변하여 달라짐. 또는 빛깔을 바꿈.
추리　알고 있는 것을 바탕으로 알지 못하는 것을 미루어서 생각함.
단열재　보온을 하거나 열을 차단할 목적으로 쓰는 재료

2 고체 물질의 종류에 따라 열이 이동하는 빠르기

(1) 고체 물질의 종류에 따라 열이 이동하는 빠르기 비교하기

　① 고체 물질의 종류에 따라 열이 이동하는 빠르기가 다릅니다.

　② 유리 또는 나무보다 금속에서 열이 더 빠르게 이동합니다.

　③ 금속의 종류에 따라서도 열이 이동하는 빠르기가 다릅니다. ㉠ 철판보다 구리판에서
　　열이 더 빠르게 이동합니다.

(2) 고체 물질의 종류에 따라 열이 이동하는 빠르기가 다른 성질을 이용한 예

주전자의 바닥과 손잡이	국자의 손잡이	냄비 받침
주전자의 바닥은 열이 잘 이동하는 금속으로 만들고, 주전자의 손잡이는 열이 잘 이동하지 않는 나무나 플라스틱으로 만든다.	국자의 손잡이는 열이 잘 이동하지 않는 나무나 플라스틱으로 만들어 손이 데지 않도록 한다.	냄비 받침은 열이 잘 이동하지 않는 나무나 플라스틱으로 만들어 뜨거운 냄비를 냄비 받침 위에 놓았을 때 식탁 유리가 깨지지 않게 한다.
컵 싸개	**주방 장갑**	**다리미**
컵 싸개는 열이 잘 이동하지 않는 골판지(종이)나 고무로 만들어 컵 안의 온도를 오랫동안 유지할 수 있도록 한다.	주방 장갑은 열이 잘 이동하지 않는 옷감 속에 솜을 넣고 만들어 뜨거운 것을 안전하게 잡을 수 있도록 한다.	다리미의 바닥 부분은 열이 잘 이동하는 금속으로 만들고, 손잡이는 열이 잘 이동하지 않는 플라스틱으로 만든다.

(3) 단열

　① 단열: 두 물질 사이에서 열의 이동을 줄이는 것입니다.

　② 단열이 잘되는 집을 만드는 방법

　　• 집의 벽, 바닥, 지붕 등에 단열재를 사용합니다.

　　• 이중 유리창으로 만들거나 유리창에 뽁뽁이를 붙입니다.

▶ **단열재를 사용한 집짓기**
• 겨울에는 온도가 높은 집 안에서 온도가 낮은 집 밖으로 열이 이동합니다.
• 여름에는 온도가 높은 집 밖에서 온도가 낮은 집 안으로 열이 이동합니다.
• 벽을 이중으로 만들고, 벽 사이에 열이 잘 이동하지 않는 단열재를 넣으면 겨울에는 따뜻하게 여름에는 시원하게 지낼 수 있습니다.

• 단열재로 이용할 수 있는 물질: 솜, 천, 나무, 공기, 스타이로폼, 플라스틱 등

1 고체 물질에서 열은 온도가 (높은 , 낮은) 부분에서 온도가 (높은 , 낮은) 부분으로 이동합니다.

2 유리보다 금속에서 열이 더 (빠르게 , 느리게) 이동합니다.

3 구리판보다 철판에서 열이 더 (빠르게 , 느리게) 이동합니다.

4 주전자의 바닥은 열이 잘 이동하는 (금속 , 나무)(으)로 만듭니다.

정답 **1** 높은, 낮은 **2** 빠르게 **3** 느리게 **4** 금속

▶ 색소를 사용해 액체의 대류 현상 관찰하기

① 초록색 차가운 물, 빨간색 따뜻한 물을 각각 집기병에 두 개씩 담습니다.

② 차가운 물이 담긴 집기병을 유리판으로 막은 다음 따뜻한 물이 담긴 집기병에 거꾸로 올려놓습니다.

③ 따뜻한 물이 담긴 집기병을 유리판으로 막은 다음 차가운 물이 담긴 집기병에 거꾸로 올려놓습니다.

④ 유리판을 빼면 따뜻한 물이 담긴 집기병이 아래에 있을 때는 색깔이 섞이지만 차가운 물이 담긴 집기병이 아래에 있을 때는 아무 변화가 없습니다.

🐑 낱말 사전

액체 담는 그릇에 따라 모양은 변하지만 부피는 변하지 않는 물질의 상태
가열 어떤 물질에 열을 가함.

---

3 액체에서 열의 이동

(1) 액체에서 열의 이동 알아보기

① 플라스틱 컵 네 개를 거꾸로 뒤집어 사각 수조의 각 꼭짓점 부분에 놓아 받침대를 만듭니다.

② 사각 수조에 차가운 물을 $\frac{1}{2}$ 정도 넣고, 받침대 위에 올려놓습니다.

③ 스포이트를 사용해 수조 바닥에 파란색 잉크를 천천히 넣습니다.

④ 파란색 잉크의 아랫부분에 뜨거운 물이 담긴 종이컵을 놓으면 파란색 잉크가 위로 올라갑니다.

파란색 잉크
뜨거운 물이
담긴 종이컵

⑤ 파란색 잉크가 움직이는 모습을 관찰하면 뜨거워진 액체는 위로 올라간다는 것을 알 수 있습니다.

(2) 물이 담긴 냄비를 가열할 때 열의 이동 알아보기

① 물이 담긴 냄비를 가열하면 바닥에 있는 물의 온도가 높아집니다.

② 온도가 높아진 물은 위로 올라가고, 위에 있던 물은 아래로 밀려 내려옵니다.

③ 시간이 지나면 이 과정이 반복되면서 물 전체가 따뜻해집니다.

(3) 액체에서 열의 이동

① 대류: 액체에서 온도가 높아진 물질이 위로 올라가고, 위에 있던 온도가 낮은 물질이 아래로 밀려 내려오는 과정입니다.

② 액체에서는 대류를 통해 열이 이동합니다.

> ▶ 목욕물이 담긴 욕조의 윗부분에 있는 물이 아랫부분에 있는 물보다 더 따뜻한 까닭: 온도가 높아진 물이 위로 올라가기 때문입니다.

4 기체에서 열의 이동

(1) 기체에서 열의 이동 알아보기

① 알코올램프에 불을 붙이지 않고, 삼발이의 위쪽에 비눗방울을 불면 비눗방울이 아래로 떨어집니다.

② 알코올램프에 불을 붙이고, 삼발이의 위쪽에 비눗방울을 불면 비눗방울이 알코올램프 주변에서 위로 올라갑니다.

▲ 알코올램프에 불을 붙이지 않았을 때   ▲ 알코올램프에 불을 붙였을 때

③ 알코올램프에 불을 붙이지 않았을 때와 불을 붙였을 때 비눗방울의 움직임이 달라지는 까닭: 불을 붙인 알코올램프 주변의 뜨거워진 공기가 위로 올라갔기 때문입니다.

(2) 기체에서 열의 이동

① 온도가 높아진 공기는 위로 올라가고, 위에 있던 공기는 아래로 밀려 내려오면서 열이 이동하는 대류가 일어납니다.

② 기체에서도 액체와 같이 대류를 통해 열이 이동합니다.

(3) 난방 기구를 켜 둔 집 안에서 열의 이동: 집 안에서 난방 기구를 켜면 난방 기구 주변의 온도가 높아진 공기는 위로 올라가고, 위에 있던 공기는 아래로 밀려 내려옵니다. 시간이 지나면 공기가 대류하면서 집 안 전체의 공기가 따뜻해집니다.

▶ 알코올램프를 사용할 때 주의할 점
화상에 주의해야 하며 불꽃은 뚜껑을 덮어서 끕니다.

▶ 에어컨은 높은 곳에 설치하고 난로는 낮은 곳에 설치하는 까닭
• 에어컨을 높은 곳에 설치하면 차가운 공기가 아래로 내려오는 성질을 이용해 실내를 골고루 시원하게 할 수 있습니다.
• 난로를 낮은 곳에 설치하면 난로 주변에서 데워진 따뜻한 공기가 위로 올라가는 성질을 이용해 실내를 골고루 따뜻하게 할 수 있습니다.
• 최근 냉난방 기구를 천장에 설치하는 것은 난방의 효율성을 고려하지 않은 것이 아니라, 하나의 장치로 냉난방을 동시에 하기 위해서입니다.

🐭 개념 확인 문제

1 액체에서 온도가 높아진 물질이 위로 올라가고, 위에 있던 물질이 아래로 밀려 내려오는 과정을 (전도 , 대류)라고 합니다.

2 물이 담긴 냄비를 가열하면 온도가 높아진 물은 (위 , 아래)로 이동합니다.

3 기체에서 열은 (전도 , 대류)를 통해 이동합니다.

4 난방 기구를 (높은 , 낮은) 곳에 설치하면 실내를 골고루 따뜻하게 할 수 있습니다.

정답 1 대류 2 위 3 대류 4 낮은

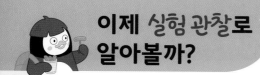

이제 실험 관찰로 알아볼까?

고체 물질의 종류에 따라 열이 이동하는 빠르기 비교하기

[준비물] 구리판 두 개, 유리판 두 개, 철판 두 개, 버터 조각 세 개, 비커(500 mL) 세 개, 뜨거운 물, 두꺼운 종이, 고온용 열 변색 붙임딱지, 스탠드, 면장갑

[실험 방법 1] 버터가 녹는 빠르기 비교하기

① 구리판, 유리판, 철판의 끝부분에 크기가 같은 버터 조각을 붙이고, 비커에 각각 넣습니다.

② 버터에 물이 닿지 않도록 조심하면서 비커에 같은 온도의 뜨거운 물을 붓습니다.

③ 두꺼운 종이로 비커의 윗부분을 각각 덮습니다.

④ 시간이 지나는 동안 각 판에 붙어 있는 버터의 변화를 관찰합니다.

[실험 방법 2] 열 변색 붙임딱지의 색깔이 변하는 빠르기 비교하기

① 비커에 뜨거운 물을 붓습니다.

② 열 변색 붙임딱지를 붙인 구리판, 유리판, 철판을 비커에 동시에 넣습니다.

③ 열 변색 붙임딱지의 색깔이 변하는 빠르기를 비교해 봅니다.

[실험 결과]

① 버터가 빨리 녹는 순서: 구리판 → 철판 → 유리판

② 열 변색 붙임딱지의 색깔이 빨리 변하는 순서: 구리판 → 철판 → 유리판

③ 유리보다 금속(구리, 철)에서 열이 더 빠르게 이동합니다.

④ 금속의 종류(구리, 철)에 따라 열이 이동하는 빠르기가 다릅니다.

주의할 점
• 같은 종류, 같은 크기의 버터를 같은 높이에 붙입니다.
• 뜨거운 물은 같은 온도, 같은 양을 동시에 붓습니다.
• 뜨거운 물에 화상을 입지 않도록 조심합니다.

중요한 점
버터가 녹는 빠르기와 열 변색 붙임딱지의 색깔이 변하는 빠르기가 판의 종류에 따라 다릅니다. 이로부터 고체 물질의 종류(구리, 철, 유리)에 따라 열이 이동하는 빠르기가 다르다는 것을 이해하는 것이 중요합니다.

탐구 문제

정답과 해설 5쪽

1 다음은 구리판, 유리판, 철판의 끝부분에 버터 조각을 붙이고, 뜨거운 물이 든 비커에 각각 넣은 후 변화를 관찰하는 실험입니다. 구리판, 유리판, 철판 중 버터가 가장 늦게 녹는 것은 어느 것인지 쓰시오.

( )

2 열 변색 붙임딱지의 색깔이 변하는 빠르기를 비교하는 실험에 대한 설명으로 옳은 것에 ○표 하시오.

(1) 금속보다 유리에서 열이 더 빠르게 이동한다.
( )

(2) 금속의 종류가 달라도 열이 이동하는 빠르기는 같다.
( )

(3) 모든 고체 물질에서 열이 이동하는 빠르기는 같다.
( )

(4) 구리판, 철판, 유리판의 순서로 열이 빠르게 이동한다.
( )

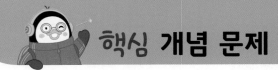
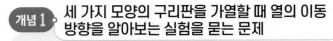

개념 1 세 가지 모양의 구리판을 가열할 때 열의 이동 방향을 알아보는 실험을 묻는 문제

(1) 세 가지 모양의 구리판을 가열할 때 열의 이동 방향

▲ 길게 자른 구리판   ▲ 사각형 구리판   ▲ ⊏ 모양 구리판

(2) 구리판에서 열의 이동 방향: 가열한 부분에서 멀어지는 방향으로 이동함.

(3) 구리판이 끊겨 있으면 열은 그 방향으로 이동하지 않음.

01 세 가지 모양의 구리판을 가열하는 실험에 대한 설명으로 옳지 <u>않은</u> 것은 어느 것입니까? (   )

① 열은 구리판을 따라 이동한다.
② 열은 온도가 낮은 곳에서 높은 곳으로 이동한다.
③ 열은 가열한 곳에서 멀어지는 방향으로 이동한다.
④ 구리판이 끊겨 있는 곳으로는 열이 이동하지 않는다.
⑤ 가열한 부분의 온도가 높아지고 시간이 지나면 온도가 낮았던 부분도 온도가 높아진다.

02 열 변색 붙임딱지를 붙인 구리판을 가열할 때 열의 이동 방향을 화살표로 <u>잘못</u> 나타낸 것을 보기 에서 골라 기호를 쓰시오.

보기
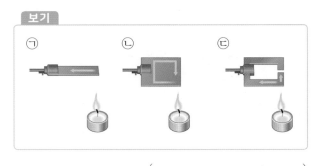

(   )

개념 2 고체의 전도를 묻는 문제

(1) 전도: 고체에서 온도가 높은 곳에서 온도가 낮은 곳으로 고체 물질을 따라 열이 이동하는 것

(2) 전도가 일어나지 않을 때
 • 고체 물질이 끊겨 있을 때
 • 두 고체 물질이 접촉하고 있지 않을 때

(3) 우리 생활에서 전도를 확인할 수 있는 예
 • 뜨거운 찌개에 넣어 둔 숟가락의 손잡이가 뜨거워짐.
 • 프라이팬에 고기를 구울 때 불 위에 올려놓은 팬에서는 불과 가까운 쪽에서 먼 쪽으로 열이 이동하고, 팬에서 고기로 열이 이동함.

03 다음 보기 에서 전도에 대한 설명으로 옳은 것을 모두 골라 기호를 쓰시오.

보기

㉠ 고체에서 열이 이동하는 방법이다.
㉡ 열이 온도가 낮은 곳에서 높은 곳으로 이동한다.
㉢ 두 고체 물질이 접촉하고 있지 않아도 전도가 일어난다.
㉣ 고체가 끊겨 있으면 끊긴 방향으로 전도가 일어나지 않는다.

(   )

04 우리 생활에서 전도를 확인할 수 있는 예로 옳은 것은 어느 것입니까? (   )

① 물을 끓일 때
② 겨울철에 난로를 켰을 때
③ 여름철에 에어컨을 켰을 때
④ 목욕물의 아랫부분보다 윗부분이 더 따뜻할 때
⑤ 뜨거운 찌개에 넣어 둔 숟가락의 손잡이가 뜨거워질 때

개념 3 고체 물질의 종류에 따라 열이 이동하는 빠르기를 묻는 문제

(1) 버터가 녹는 빠르기 비교 실험: 구리판 → 철판 → 유리판의 순서로 버터가 빨리 녹음.

(2) 열 변색 붙임딱지의 색깔이 변하는 빠르기 비교 실험: 구리판 → 철판 → 유리판의 순서로 열 변색 붙임딱지의 색깔이 빨리 변함.

(3) 유리보다 금속에서 열이 더 빠르게 이동함.

(4) 금속의 종류에 따라 열이 이동하는 빠르기가 다름.

(5) 고체 물질의 종류에 따라 열이 이동하는 빠르기가 다름.

개념 4 고체 물질의 종류에 따라 열이 이동하는 빠르기가 다른 성질을 이용한 예를 묻는 문제

(1) 주전자의 손잡이, 국자의 손잡이: 열이 잘 이동하지 않는 나무나 플라스틱으로 만듦.

(2) 냄비 받침: 열이 잘 이동하지 않는 나무나 플라스틱으로 만듦.

(3) 컵 싸개: 열이 잘 이동하지 않는 골판지(종이)나 고무로 만듦.

(4) 주방 장갑: 열이 잘 이동하지 않는 옷감 속에 솜을 넣어 만듦.

05 다음은 구리판, 유리판, 철판에 버터를 붙이고 비커에 넣은 뒤, 뜨거운 물을 부었을 때 버터가 녹는 빠르기를 비교하는 실험입니다. 이 실험에 대한 설명으로 옳지 <u>않은</u> 것을 보기 에서 골라 기호를 쓰시오.

버터
구리판
유리판
철판
뜨거운 물

보기

㉠ 같은 크기의 버터를 같은 위치에 붙인다.
㉡ 같은 온도의 뜨거운 물을 동시에 비커에 넣는다.
㉢ 구리판보다 철판에서 열이 더 빠르게 이동한다.

(   )

06 오른쪽은 열 변색 붙임딱지를 붙인 구리판, 유리판, 철판의 색깔 변화를 비교하는 실험입니다. 이 실험으로 알 수 있는 사실로 옳은 것을 골라 ○표 하시오.

구리판 유리판
철판
뜨거운 물

(1) 금속의 종류가 달라도 열이 이동하는 빠르기는 같다. (   )

(2) 고체 물질의 종류에 따라 열이 이동하는 빠르기가 다르다. (   )

07 다음은 주전자에 대한 설명입니다. (   ) 안의 알맞은 말에 ○표 하시오.

주전자의 바닥은 열이 잘 이동하는 ㉠ (금속 , 플라스틱)(으)로 만들지만, 주전자의 손잡이는 열이 잘 이동하지 않는 ㉡ (금속 , 플라스틱)(으)로 만든다.

08 우리 생활에서 고체 물질의 종류에 따라 열이 이동하는 빠르기가 다른 성질을 알맞게 이용한 것은 어느 것입니까? (   )

① 컵 싸개는 열이 잘 이동하는 물질로 만든다.
② 냄비 받침은 열이 잘 이동하는 물질로 만든다.
③ 국자의 손잡이는 열이 잘 이동하는 물질로 만든다.
④ 주방 장갑은 열이 잘 이동하지 않는 물질로 만든다.
⑤ 다리미 바닥은 열이 잘 이동하지 않는 물질로 만든다.

핵심 개념 문제

개념 5 액체에서 열의 이동을 알아보는 실험을 묻는 문제

(1) 파란색 잉크의 아랫부분에 뜨거운 물이 담긴 종이컵을 놓으면 파란색 잉크가 위로 올라감.

(2) 뜨거워진 액체는 위로 올라간다는 것을 알 수 있음.

파란색 잉크
뜨거운 물이
담긴 종이컵

09 다음은 차가운 물이 들어 있는 수조 바닥에 파란색 잉크를 넣고, 파란색 잉크의 아랫부분에 뜨거운 물이 담긴 종이컵을 놓았을 때 파란색 잉크가 움직이는 모습을 관찰한 결과입니다. ( ) 안에 들어갈 알맞은 말을 쓰시오.

> 온도가 높아진 물은 (   )(으)로 이동한다.

( )

10 다음과 같이 물을 넣은 수조 바닥에 파란색 잉크를 넣었더니 잉크가 움직이지 않았습니다. 이와 같은 현상이 나타난 까닭으로 옳은 것을 골라 ○표 하시오.

파란색 잉크

(1) 물의 윗부분과 아랫부분의 온도가 같기 때문이다.   ( )

(2) 물의 윗부분이 아랫부분보다 온도가 낮기 때문이다.   ( )

개념 6 액체의 대류를 묻는 문제

(1) 온도가 높아진 액체가 위로 올라가고, 위에 있던 온도가 낮은 액체가 아래로 밀려 내려오는 과정을 대류라고 함.

(2) 물이 담긴 냄비를 가열할 때 열의 이동: 물이 담긴 냄비를 가열하면 바닥에 있는 물의 온도가 높아짐. → 온도가 높아진 물은 위로 올라가고, 위에 있던 물은 아래로 밀려 내려옴. → 시간이 지나면 이 과정이 반복되면서 물 전체가 따뜻해짐.

11 다음은 물이 담긴 냄비를 가열할 때 열의 이동에 대한 설명입니다. ( ) 안에 들어갈 알맞은 말을 쓰시오.

> 물이 담긴 냄비를 가열하면 냄비 바닥에 있는 물은 온도가 높아져 위로 올라가고, 위에 있던 물은 아래로 밀려 내려온다. 액체에서 이러한 열의 이동 방법을 (   )(이)라고 한다.

( )

12 욕조에 목욕물을 채웠을 때 물의 윗부분과 아랫부분의 온도를 비교하여 ( ) 안에 >, =, <로 나타내시오.

물의 윗부분의 온도	( )	물의 아랫부분의 온도

(1) 알코올램프에 불을 붙이지 않았을 때와 불을 붙였을 때 비눗방울의 움직임

알코올램프에 불을 붙이지 않았을 때	알코올램프에 불을 붙였을 때
비눗방울이 아래로 떨어짐.	비눗방울이 알코올램프 주변에서 위로 올라감.

(2) 알코올램프에 불을 붙이지 않았을 때와 불을 붙였을 때 비눗방울의 움직임이 달라지는 까닭: 불을 붙인 알코올램프 주변의 뜨거워진 공기가 위로 올라갔기 때문임.

13 다음은 알코올램프에 불을 붙인 다음, 삼발이의 위쪽에 비눗방울을 불었을 때, 비눗방울의 움직임을 설명한 것입니다. ( ) 안에 공통으로 들어갈 알맞은 말을 쓰시오.

> 알코올램프에 불을 붙이면 알코올램프 주변의 뜨거워진 공기가 ( )(으)로 올라가기 때문에 비눗방울이 ( )(으)로 올라간다.

( )

14 겨울철 집 안에 난로를 켜고 난로 옆에서 비눗방울을 불었을 때 비눗방울의 움직임에 대한 설명으로 옳은 것을 보기 에서 골라 기호를 쓰시오.

> **보기**
>
> ㉠ 비눗방울이 위로 올라간다.
> ㉡ 비눗방울이 아래로 떨어진다.
> ㉢ 비눗방울이 전혀 움직이지 않는다.

( )

(1) 온도가 높아진 공기는 위로 올라가고, 위에 있던 공기는 아래로 밀려 내려옴.

(2) 기체에서도 액체와 같이 대류를 통해 열이 이동함.

(3) 집 안에 난로를 켰을 때 열의 이동
  • 집 안에 난로를 켜면 난로 주변의 온도가 높아진 공기는 위로 올라가고, 위에 있던 공기는 아래로 밀려 내려옴.
  • 시간이 지나면 공기가 대류하면서 집 안 전체의 공기가 따뜻해짐.

15 난로를 한 곳에만 켜 놓아도 집 안 전체의 공기가 따뜻해지는 현상에 대한 설명으로 옳지 않은 것은 어느 것입니까? ( )

① 열이 이동하기 때문이다.
② 공기 중에서 전도가 일어난다.
③ 난로 주변 공기의 온도가 높아진다.
④ 온도가 높아진 공기는 위로 올라간다.
⑤ 위에 있던 공기는 아래로 밀려 내려온다.

16 다음은 공기에서 열의 이동을 이용하여 에어컨과 난로를 설치하는 위치를 설명한 것입니다. ( ) 안의 알맞은 말에 ○표 하시오.

> 에어컨에서 나오는 차가운 공기는 아래로 내려가기 때문에 에어컨은 ㉠ (낮은 , 높은) 곳에 설치하고, 난로 주변에서 데워진 따뜻한 공기는 위로 올라가기 때문에 난로는 ㉡ (낮은 , 높은) 곳에 설치한다.

01 다음은 열 변색 붙임딱지를 붙인 구리판을 가열하면서 색깔 변화를 관찰한 것입니다. 관찰 결과에 맞게 순서대로 기호를 쓰시오.

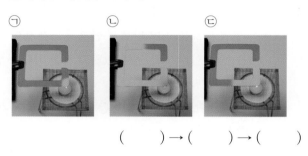

ㄱ   ㄴ   ㄷ

(   ) → (   ) → (   )

02 다음과 같이 열 변색 붙임딱지를 붙인 사각형 구리판의 한 꼭짓점을 가열했을 때 열의 이동 방향을 화살표로 나타내시오.

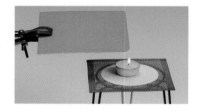

03 다음과 같이 열 변색 붙임딱지를 붙인 세 가지 모양의 구리판을 가열하는 실험에 대한 설명으로 옳은 것에 모두 ○표 하시오.

(1) 열은 구리판을 따라 이동한다.   (   )

(2) 열은 구리판이 끊겨 있는 방향으로 잘 이동한다.
       (   )

(3) 열은 가열한 부분에서 멀어지는 방향으로 이동한다.   (   )

04 ⌐중요⌐ 다음은 고체에서 열의 이동을 설명한 것입니다. ( ) 안에 들어갈 알맞은 말을 쓰시오.

> 고체 물질을 따라 온도가 높은 곳에서 온도가 낮은 곳으로 열이 이동하는 것을 (   )(이)라고 한다.

(   )

05 다음은 뜨거운 찌개에 넣어 둔 숟가락의 모습입니다. 숟가락에서 열의 이동 방향을 ( ) 안에 화살표로 나타내시오.

ㄱ (   ) ㄴ

06 프라이팬에 고기를 구울 때 열의 이동에 대한 설명으로 옳은 것을 보기 에서 골라 기호를 쓰시오.

보기

> ㄱ 불에서 고기로 열이 직접 이동한다.
> ㄴ 고기에서 프라이팬으로 열이 이동한다.
> ㄷ 프라이팬에서 불과 가까운 쪽에서 먼 쪽으로 열이 이동한다.

(   )

[07~09] 다음은 고체 물질의 종류에 따라 열이 이동하는 빠르기를 알아보기 위한 실험입니다. 물음에 답하시오.

07 다음은 위 실험 과정을 순서 없이 나타낸 것입니다. 실험 과정에 맞게 순서대로 기호를 쓰시오.

> (개) 비커에 뜨거운 물을 동시에 붓는다.
> (내) 각 판에 붙어 있는 버터의 변화를 관찰한다.
> (대) 두꺼운 종이로 비커의 윗부분을 각각 덮는다.
> (래) 구리판, 유리판, 철판의 끝부분에 버터 조각을 붙이고, 비커에 각각 넣는다.

( ) → ( ) → ( ) → (내)

08 위 실험에서 같게 해야 할 조건을 보기 에서 모두 골라 기호를 쓰시오.

> 보기
> ㉠ 고체 물질의 종류
> ㉡ 뜨거운 물의 온도
> ㉢ 버터를 붙이는 위치
> ㉣ 버터의 종류와 크기
> ㉤ 뜨거운 물을 붓는 시각

( )

⊏서술형⊐
09 위 실험 결과, 구리판, 유리판, 철판에 붙어 있는 버터의 변화를 관찰하여 알 수 있는 사실을 한 가지 쓰시오.

_____

_____

[10~11] 오른쪽은 열 변색 붙임딱지를 붙인 구리판, 유리판, 철판의 색깔이 변하는 빠르기를 비교하는 실험입니다. 물음에 답하시오.

10 위 실험에서 열이 이동하는 빠르기가 빠른 것부터 순서대로 나타낸 것은 어느 것입니까? ( )

① 구리판 → 유리판 → 철판
② 구리판 → 철판 → 유리판
③ 유리판 → 구리판 → 철판
④ 유리판 → 철판 → 구리판
⑤ 철판 → 구리판 → 유리판

11 위 실험으로 알 수 있는 사실로 옳은 것은 어느 것입니까? ( )

① 고체 물질의 종류에 따른 크기 변화
② 액체 물질에서 고체 물질로 열이 이동하는 방법
③ 고체 물질의 종류에 따라 열이 이동하는 빠르기
④ 고체 물질의 크기에 따른 열 변색 붙임딱지의 색깔 변화
⑤ 고체 물질의 종류에 따라 열 변색 붙임딱지의 색깔이 변하는 까닭

⊏중요⊐
12 다음 보기 를 분류 기준에 맞게 분류하여 빈칸에 알맞은 기호를 쓰시오.

> 보기
> ㉠ 냄비 받침   ㉡ 주방 장갑
> ㉢ 다리미의 바닥   ㉣ 주전자의 손잡이

분류 기준: 열이 잘 이동하는가?

그렇다.	그렇지 않다.
(1)	(2)

ㄷ서술형ㄱ

13 다음과 같이 주방용품의 손잡이를 플라스틱으로 만드는 까닭은 무엇인지 쓰시오.

▲ 국자   ▲ 냄비

_____

_____

14 집을 지을 때 집의 벽, 바닥, 지붕에 사용하는 단열재에 대한 설명으로 옳지 <u>않은</u> 것을 보기 에서 골라 기호를 쓰시오.

보기

> ㉠ 집 안의 온도를 적절하게 유지할 수 있다.
> ㉡ 두 물질 사이에서 열이 잘 이동하게 한다.
> ㉢ 여름에는 집 밖의 열이 집 안으로 이동하지 않도록 막는다.
> ㉣ 겨울에는 집 안의 열이 집 밖으로 이동하지 않도록 막는다.

(   )

15 단열이 잘되는 집을 만드는 방법을 <u>잘못</u> 말한 친구의 이름을 쓰시오.

> • 혜원: 이중 유리창으로 만든다.
> • 윤주: 창문에 뽁뽁이를 붙인다.
> • 민혁: 단열재는 구리판과 철판을 사용한다.
> • 재희: 벽과 벽 사이에 두꺼운 단열재를 넣는다.

(   )

[16~17] 다음은 액체에서 열의 이동을 알아보기 위한 실험입니다. 물음에 답하시오.

—— 차가운 물
—— 파란색 잉크

16 위 실험에서 차가운 물이 든 사각 수조 바닥에 파란색 잉크를 넣을 때 사용하는 실험 도구의 이름을 쓰시오.

(   )

17 위 실험에서 파란색 잉크의 아랫부분에 뜨거운 물이 담긴 종이컵을 놓았을 때 파란색 잉크의 움직임을 화살표로 그리시오.

파란색 잉크
뜨거운 물이
담긴 종이컵

ㄷ중요ㄱ

18 다음에서 설명하는 현상은 무엇인지 쓰시오.

> 액체에서 온도가 높아진 물질이 위로 올라가고, 위에 있던 물질이 아래로 밀려 내려오면서 열이 이동하는 과정이다.

(   )

19 다음과 같이 물이 담긴 냄비를 가열하는 상황에 대한 설명으로 옳지 <u>않은</u> 것은 어느 것입니까? ( )

① 바닥에 있는 물의 온도가 높아진다.
② 온도가 높아진 물은 위로 올라간다.
③ 시간이 지나면 물 전체가 따뜻해진다.
④ 위에 있던 물은 아래로 밀려 내려온다.
⑤ 열의 이동 없이 바로 물 전체가 따뜻해진다.

20 다음과 같이 욕조에 따뜻한 물을 채우고 잠시 가만히 두었을 때 물이 가장 따뜻한 곳을 골라 기호를 쓰시오.

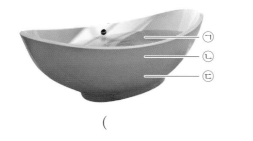

( )

21 다음과 같이 장치한 뒤 유리판을 뺐을 때 나타나는 현상으로 옳은 것은 어느 것입니까? ( )

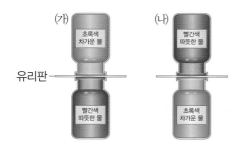

① (가)와 (나) 모두 색깔이 섞인다.
② (가)와 (나) 모두 아무 변화 없다.
③ (가)는 아무 변화 없고, (나)는 색깔이 섞인다.
④ (가)는 색깔이 섞이고, (나)는 아무 변화 없다.
⑤ (가)와 (나) 모두 색깔이 섞였다가 다시 색깔이 나누어진다.

[22~23] 다음은 기체에서 열의 이동을 알아보기 위한 실험입니다. 물음에 답하시오.

▲ 알코올램프에 불을 붙이지 않았을 때 ▲ 알코올램프에 불을 붙였을 때

ㄷ서술형ㄱ
22 위 실험에서 알코올램프에 불을 붙이지 않았을 때와 알코올램프에 불을 붙였을 때 삼발이 위쪽에 분 비눗방울의 움직임을 비교하여 쓰시오.

_____

_____

23 위 22번 답처럼 알코올램프에 불을 붙였을 때 비눗방울의 움직임이 달라진 까닭은 무엇입니까? ( )

① 비눗방울이 무거워졌기 때문이다.
② 비눗방울이 가벼워졌기 때문이다.
③ 뜨거워진 공기가 위로 올라갔기 때문이다.
④ 뜨거워진 공기가 아래로 내려왔기 때문이다.
⑤ 뜨거워진 공기가 옆으로 이동했기 때문이다.

ㄷ중요ㄱ
24 액체와 기체에서 열의 이동에 대한 설명으로 옳은 것은 어느 것입니까? ( )

① 전도를 통해 열이 이동한다.
② 대류를 통해 열이 이동한다.
③ 액체와 기체에서는 열이 이동하지 않는다.
④ 온도가 낮은 액체와 기체는 위로 올라간다.
⑤ 온도가 높은 액체와 기체는 아래로 내려온다.

학교에서 출제되는 서술형·논술형 평가를 미리 준비하세요.

연습 문제

🔍 문제 해결 전략
고체 물질의 종류에 따라 열이 이동하는
빠르기를 비교할 수 있습니다.

🔍 핵심 키워드
고체 물질의 종류, 고체 물질에서 열이
이동하는 빠르기

1 다음은 고체 물질의 종류에 따라 열이 이동하는 빠르기를 알아보기 위한 실험입니다. 물음에 답하시오.

(1) 위 실험에서 같게 해야 할 조건을 쓰시오.

> (   )의 크기와 붙이는 위치, (   )의 온도와 붓는 시각을
> 같게 한다.

(2) 위 실험에서 구리판, 철판, 유리판의 순서로 버터가 녹았을 때, 알 수 있는 사실을 쓰시오.

> • 유리보다 금속에서 열이 더 (   ) 이동한다.
> • 금속의 종류에 따라 열이 이동하는 빠르기가 (   ).

🔍 문제 해결 전략
난로와 에어컨을 설치하는 위치는 공기
에서 열의 이동 방향과 관련이 있음을
이해합니다.

🔍 핵심 키워드
기체에서 열의 이동

2 다음은 집 안에 난로를 켜 두었을 때와 에어컨을 켜 두었을 때의 모습입니다. 물음에 답하시오.

▲ 집 안에 난로를 켜 두었을 때   ▲ 집 안에 에어컨을 켜 두었을 때

(1) 위와 같이 난로는 낮은 곳에 설치하고, 에어컨은 높은 곳에 주로 설치하는 까닭을 쓰시오.

> 난로 주변에서 데워진 (   ) 공기는 (   )로 이동하고, 에
> 어컨에서 나오는 (   ) 공기는 (   )로 이동하기 때문이다.

(2) 위 (1)번의 답을 통해 난로를 한 곳에만 켜 놓아도 집 안 전체의 공기가 따뜻해지는 까닭을 쓰시오.

> 시간이 지나면 공기가 (   )하면서 집 안 전체의 공기가 따뜻해지
> 기 때문이다.

실전 문제

1 다음과 같이 열 변색 붙임딱지를 붙인 구리판을 가열하여 변화를 관찰하였습니다. 물음에 답하시오.

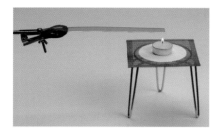

(1) 위와 같이 길게 자른 구리판의 한쪽 끝부분을 가열하였을 때 열의 이동 방향을 화살표로 나타내시오.

(2) 위 (1)번의 답을 보고, 구리판에서 열이 이동하는 방향을 쓰시오.

_____

2 다음은 겨울철 창문에 뽁뽁이를 붙인 모습입니다. 물음에 답하시오.

(1) 위와 같이 창문에 뽁뽁이를 붙이는 까닭은 무엇인지 쓰시오.

_____

(2) 겨울철 단열이 잘되는 집을 만드는 방법을 한 가지 쓰시오.

_____

3 다음 (가)는 액체에서 열의 이동을 알아보는 실험이고, (나)는 냄비에 담은 물을 가열하는 모습입니다. 물음에 답하시오.

(가)　　　　　(나)

파란색 잉크 / 차가운 물 / 뜨거운 물이 담긴 종이컵

(1) 위 (가)와 (나)를 보고, 액체에서 열의 이동에 대해 쓰시오.

_____

(2) 위 (나)에서 냄비에 담긴 물 전체가 따뜻해지는 과정을 쓰시오.

_____

4 다음 (가)는 알코올 램프에 불을 붙인 다음 삼발이 위쪽에 비눗방울을 부는 실험이고, (나)는 열기구의 모습입니다. 물음에 답하시오.

(가)　　　　　(나)

(1) 위 (가)와 같이 비눗방울을 불었을 때 비눗방울의 움직임을 쓰시오.

_____

(2) 위 (1)번의 답을 참고하여 (나)의 열기구가 위로 올라가는 까닭을 쓰시오.

1 온도의 의미와 온도 변화

- 온도: 물질의 차갑거나 따뜻한 정도를 나타낸 것으로, 숫자에 단위 ℃(섭씨도)를 붙여 나타냄.
- 온도계 사용법

알코올 온도계	적외선 온도계	귀 체온계
 주로 액체나 기체의 온도를 측정할 때 사용함.	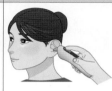 주로 고체의 온도를 측정할 때 사용함.	체온을 측정할 때 사용함.

- 온도가 다른 두 물질이 접촉할 때 나타나는 두 물질의 온도 변화
  - 따뜻한 물질의 온도는 점점 낮아지고, 차가운 물질의 온도는 점점 높아짐.
  - 두 물질이 접촉한 채로 시간이 지나면 두 물질의 온도는 같아짐.
  - 접촉한 두 물질의 온도가 변하는 까닭: 열의 이동 때문임.
  - 접촉한 두 물질 사이에서 열은 온도가 높은 물질에서 온도가 낮은 물질로 이동함.

- 온도가 다른 두 물질이 접촉할 때 열의 이동

온도가 높은 삶은 달걀 / 온도가 낮은 물

온도가 높은 프라이팬 / 온도가 낮은 달걀

2 고체에서 열의 이동

- 전도: 고체에서 온도가 높은 곳에서 온도가 낮은 곳으로 고체 물질을 따라 열이 이동하는 것
- 세 가지 모양의 구리판을 가열할 때 열의 이동

- 열은 구리판을 따라 이동함.
- 열은 가열한 부분에서 멀어지는 방향으로 이동함.
- 구리판이 끊겨 있으면 열은 그 방향으로 이동하지 않음.

- 고체 물질의 종류에 따라 열이 이동하는 빠르기

구리판 유리판 / 철판 / 뜨거운 물

  - 구리판, 철판, 유리판의 순서로 열이 빠르게 이동함.
  - 유리보다 금속에서 열이 더 빠르게 이동함.
  - 금속의 종류에 따라서 열이 이동하는 빠르기가 다름.
  - 고체 물질의 종류에 따라 열이 이동하는 빠르기가 다름.

3 액체 또는 기체에서 열의 이동

- 대류: 액체와 기체에서 온도가 높아진 물질이 위로 올라가고, 위에 있던 물질이 아래로 밀려 내려오는 과정
- 액체에서 열의 이동

물이 담긴 냄비를 가열하면 온도가 높아진 물은 위로 올라가고, 위에 있던 물은 아래로 밀려 내려오는 과정이 반복되면서 물 전체가 따뜻해짐.

- 기체에서 열의 이동

난방 기구 주변의 온도가 높아진 공기는 위로 올라가고 위에 있던 공기는 아래로 밀려 내려옴. 공기가 대류하면서 집 안 전체의 공기가 따뜻해짐

대단원 마무리

2. 온도와 열

01 물체의 차갑거나 따뜻한 정도를 정확하게 알 수 있는 방법은 어느 것입니까? (   )

① 물체의 색깔을 관찰한다.
② 물체의 온도를 측정한다.
③ 물체에서 김이 나는지 관찰한다.
④ 물체에 손을 가까이하거나 만져 본다.
⑤ 물체의 표면에 물방울이 맺혔는지 관찰한다.

⊏중요⊐
02 온도에 대한 설명으로 옳지 <u>않은</u> 것은 어느 것입니까? (   )

① 온도계로 측정한다.
② 7.0 ℃는 '칠 도씨'로 읽는다.
③ 두 물질의 차갑거나 따뜻한 정도를 비교할 수 있다.
④ 물질의 차갑거나 따뜻한 정도를 정확하게 나타낼 수 있다.
⑤ 공기의 온도는 기온, 물의 온도는 수온, 몸의 온도는 체온이라고 한다.

03 우리 생활에서 온도를 정확하게 측정해야 하는 경우로 옳은 것을 보기 에서 모두 골라 기호를 쓰시오.

보기

㉠ 국을 끓일 때
㉡ 계곡에서 물놀이할 때
㉢ 비닐 온실에서 배추를 재배할 때
㉣ 어항 속 물의 온도가 물고기가 살기에 적절한지 확인할 때

(   )

04 온도계에 대해 잘못 말한 친구의 이름을 쓰시오.

• 미진: 귀 체온계는 몸의 온도를 측정할 때 사용해.
• 현주: 적외선 온도계는 주로 기체의 온도를 측정할 때 사용해.
• 소정: 알코올 온도계는 주로 액체의 온도를 측정할 때 사용해.

(   )

05 다음 온도계를 사용하여 측정할 수 있는 물질을 바르게 짝 지은 것은 어느 것입니까? (   )

(가)   (나)

	(가)	(나)
①	몸의 온도	책상의 온도
②	물의 온도	공기의 온도
③	책상의 온도	물의 온도
④	책상의 온도	철봉의 온도
⑤	공기의 온도	물의 온도

⊏서술형⊐
06 알코올 온도계의 눈금을 읽는 방법을 쓰시오.

_____

_____

07 다음은 나무 그늘에 있는 흙과 햇빛이 비치는 곳에 있는 흙의 온도를 동시에 측정한 결과입니다. (　) 안에 들어갈 알맞은 말을 쓰시오.

> 같은 물질이라도 (　　　　)의 양에 따라 온도가 다를 수 있다.

(　　　　　　　　　　)

[08~09] 다음은 차가운 물이 담긴 음료수 캔을 따뜻한 물이 담긴 비커에 넣고 두 물의 온도 변화를 측정하는 실험입니다. 물음에 답하시오.

08 위 실험에 대한 설명으로 옳지 <u>않은</u> 것은 어느 것입니까? (　　　)

① 비커에 담긴 물의 온도는 낮아진다.
② 음료수 캔에 담긴 물의 온도는 높아진다.
③ 물의 온도 변화는 알코올 온도계로 측정한다.
④ 시간이 지날수록 음료수 캔과 비커에 담긴 물의 온도 차이는 커진다.
⑤ 비커에 담긴 물과 음료수 캔에 담긴 물의 온도가 변하는 것은 열의 이동 때문이다.

⊏서술형⊐
09 이 실험 결과로 알 수 있는 열의 이동 방향을 쓰시오.

_____

_____

10 다음과 같이 열이 나는 이마에 얼음주머니를 올려놓았을 때 열의 이동 방향을 (　　) 안에 화살표로 나타내시오.

> 열이 나는 이마 (　　　　) 얼음주머니

11 온도가 다른 두 물질이 접촉할 때 온도가 낮아지는 것은 어느 것입니까? (　　　)

① 손난로를 잡은 손
② 얼음 위에 올려놓은 생선
③ 프라이팬 위에서 굽는 고기
④ 공기 중에 놓아둔 아이스크림
⑤ 갓 삶은 달걀을 넣어 둔 차가운 물

12 온도가 다른 두 물질이 접촉한 채로 시간이 지났을 때 두 물질의 온도 변화에 대한 설명으로 옳은 것을 보기 에서 골라 기호를 쓰시오.

> **보기**
>
> ㉠ 두 물질의 온도는 같아진다.
> ㉡ 두 물질의 온도 차이는 더 커진다.
> ㉢ 온도가 높은 물질의 온도는 더 높아진다.
> ㉣ 온도가 낮은 물질의 온도는 더 낮아진다.

(　　　　　　　　　　)

[13~14] 다음은 열 변색 붙임딱지를 붙인 세 가지 모양의 구리판을 가열하여 고체에서 열의 이동을 알아보기 위한 실험입니다. 물음에 답하시오.

⊂서술형⊃

13 위와 같이 세 가지 모양의 구리판을 가열했을 때 열의 이동 방향이 잘못된 것을 보기 에서 고르고, 그 까닭을 쓰시오.

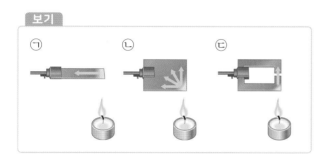

---

14 위 실험을 보고, 구리판에서 열의 이동에 대한 설명으로 옳지 않은 것은 어느 것입니까? ( )

① 열은 구리판을 따라 이동한다.
② 가열한 곳의 온도는 높아진다.
③ 가열한 곳에서 멀리 떨어진 곳의 온도는 낮다.
④ 열은 온도가 낮은 곳에서 높은 곳으로 이동한다.
⑤ 열은 가열한 곳에서 멀어지는 방향으로 이동한다.

15 다음은 뜨거운 찌개에 넣어 둔 숟가락에서 열의 이동에 대한 설명입니다. ( ) 안에 들어갈 알맞은 말을 쓰시오.

뜨거운 찌개에 넣어 두어 온도가 높아진 숟가락의 아래쪽에서 온도가 낮은 숟가락의 위쪽으로 열이 이동한다. 이러한 고체에서 열의 이동을 ( )(이)라고 한다.

( )

[16~17] 다음은 열 변색 붙임딱지를 붙인 구리판, 유리판, 철판에서 열이 이동하는 빠르기를 비교하는 실험입니다. 물음에 답하시오.

16 위 실험에서 열 변색 붙임딱지의 색깔이 빨리 변하는 것부터 순서대로 쓰시오.

( ) → ( ) → ( )

⊂중요⊃

17 위 16번 답을 보고 알 수 있는 사실로 옳은 것은 어느 것입니까? ( )

① 철은 구리보다 열이 더 빠르게 이동한다.
② 유리는 철보다 열이 더 빠르게 이동한다.
③ 유리는 구리보다 열이 더 빠르게 이동한다.
④ 금속의 종류에 따라 열이 이동하는 빠르기가 다르다.
⑤ 고체 물질의 종류와 상관없이 열이 이동하는 빠르기는 모두 같다.

18 다음 보기 에서 열이 잘 이동하지 않는 물질로 만들어진 것을 모두 고른 것은 어느 것입니까? ( )

보기

㉠ 컵 싸개   ㉡ 냄비 받침
㉢ 국자의 손잡이   ㉣ 다리미의 바닥

① ㉠, ㉡
② ㉡, ㉢
③ ㉢, ㉣
④ ㉠, ㉡, ㉢
⑤ ㉠, ㉡, ㉢, ㉣

19 단열재의 재료로 옳지 <u>않은</u> 것은 어느 것입니까?

( )

① 솜
② 천
③ 구리
④ 나무
⑤ 플라스틱

20 다음과 같이 차가운 물이 담긴 사각 수조의 바닥에 파란색 잉크를 넣고, 파란색 잉크의 아랫부분에 뜨거운 물이 담긴 종이컵을 놓은 뒤 관찰한 내용으로 옳은 것에 ○표 하시오.

뜨거운 물이 담긴 종이컵
파란색 잉크

(1) 파란색 잉크는 위로 올라간다. ( )
(2) 파란색 잉크는 움직이지 않는다. ( )
(3) 파란색 잉크는 바닥을 따라 좌우로 퍼진다.
( )

⊏서술형⊐
21 다음은 물이 담긴 주전자를 가열할 때 물 전체가 뜨거워지는 현상을 순서대로 나타낸 것입니다. ( ) 안에 들어갈 알맞은 내용을 쓰시오.

⑦ 물이 담긴 주전자를 가열하면 바닥에 있는 물의 온도가 높아진다.
㉯ ( ), 위에 있던 물은 아래로 밀려 내려온다.
㉰ 시간이 지나면 이 과정이 반복되면서 물 전체가 따뜻해진다.

_____

_____

22 다음과 같이 욕조에 따뜻한 물을 채운 후 잠시 가만히 두었을 때 ㉠과 ㉡ 부분에 있는 물의 온도를 비교하여 ( ) 안에 >, =, <로 나타내시오.

㉠ 부분에 있는 물의 온도	( )	㉡ 부분에 있는 물의 온도

⊏중요⊐
23 다음에서 설명하는 것으로 옳은 것에 ○표 하시오.

• 액체 또는 기체에서 열이 이동하는 방법이다.
• 온도가 높아진 물질은 위로 올라가고, 위에 있던 물질은 아래로 밀려 내려오는 과정이다.

(1) 전도 ( ) (2) 대류 ( ) (3) 단열 ( )

24 다음과 같이 알코올램프에 불을 붙였을 때 삼발이 위쪽에 분 비눗방울이 알코올램프 주변에서 위로 올라가는 까닭으로 옳은 것에 ○표 하시오.

(1) 뜨거워진 공기가 위로 이동했기 때문이다.
( )
(2) 차가워진 공기가 위로 이동했기 때문이다.
( )
(3) 불을 붙인 알코올램프 주변의 공기가 차가워졌기 때문이다. ( )

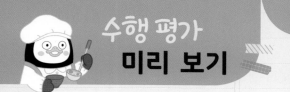

1 다음 온도계를 보고, 물음에 답하시오.

(1) 위 온도계의 이름과 각 온도계를 이용해 주로 측정하는 것을 한 가지씩 쓰시오.

기호	온도계의 이름	주로 측정하는 것
㉠		
㉡		
㉢		

(2) 우리 생활에서 온도계로 온도를 정확하게 측정해야 하는 경우를 한 가지 쓰시오.

| |

2 다음은 우리 생활에서 열의 이동을 관찰할 수 있는 경우입니다. 물음에 답하시오.

▲ 뜨거운 찌개에 넣어 둔 숟가락

▲ 가열하는 냄비 속 물

(1) 위의 ㉠과 ㉡을 보고, 물질에 따른 열의 이동에 대해 쓰시오.

㉠	( ) 물질을 따라 온도가 높은 곳에서 온도가 낮은 곳으로 열이 이동하는 것을 ( )(이)라고 한다.
㉡	( )에서 온도가 높은 물질은 위로 올라가고, 온도가 낮은 물질은 아래로 밀려 내려오면서 열이 이동하는 과정을 ( )(이)라고 한다.

(2) 위의 ㉠과 ㉡에서 공통으로 알 수 있는 열의 이동 방향을 온도와 관련지어 쓰시오.

| |

3단원

태양계와 별

밤하늘에서 반짝반짝 빛나는 별을 보고 있으면 참 신비하고 아름답습니다. 그런데 별들은 왜 낮에는 보이지 않고 밤에만 보이는 것일까요? 사실 별은 낮과 밤 모두 하늘에 떠 있지만 낮에는 태양계에서 유일한 별인 태양이 너무 밝은 빛을 내는 바람에 보이지 않는 것이지요. 지구는 태양의 주위를 도는 행성으로 스스로 빛을 내지는 못하지만 태양 빛을 받아 동물과 식물, 사람들이 살아갈 수 있습니다.

이 단원에서는 태양계의 구성원에는 어떤 것이 있는지 알아봅니다. 또 태양계 밖을 벗어나 먼 곳에 있는 북쪽 밤하늘의 별들을 살펴보고, 별자리와 북극성에 대해서도 알아봅니다.

단원 학습 목표

(1) 태양계의 구성원
  • 태양이 우리에게 미치는 영향을 알아봅니다.
  • 태양계는 어떻게 구성되어 있는지 알아봅니다.
  • 행성의 크기와 행성은 태양에서 얼마나 떨어져 있는지 알아봅니다.
(2) 밤하늘의 별
  • 행성과 별은 어떻게 다른지 알아봅니다.
  • 별자리가 무엇인지 알아봅니다.
  • 밤하늘에서 북극성을 어떻게 찾는지 알아봅니다.

단원 진도 체크

회차	학습 내용		진도 체크
1차	(1) 태양계의 구성원	교과서 내용 학습 + 핵심 개념 문제	✓
2차			✓
3차		중단원 실전 문제 + 서술형·논술형 평가 돋보기	✓
4차	(2) 밤하늘의 별	교과서 내용 학습 + 핵심 개념 문제	✓
5차		중단원 실전 문제 + 서술형·논술형 평가 돋보기	✓
6차	대단원 정리 학습 + 대단원 마무리 + 수행 평가 미리 보기		✓

해당 부분을 공부한 후 ✓표를 하세요.

(1) 태양계의 구성원

▶ 태양이 생물과 우리 생활에 미치는 영향 더 알아보기
• 오징어를 말립니다.

• 태양 빛으로 가로등을 켤 수 있습니다.

▶ 과일의 맛과 햇빛의 관계
과일을 따기 전에 햇빛을 많이 받으면 달고 맛있는 과일이 됩니다.

▶ 우리 건강과 햇빛의 관계
뼈를 튼튼하게 만드는 비타민D의 하루 필요량은 하루 15분 정도 햇볕을 쬐는 것으로 보충할 수 있다고 합니다.

낱말 사전

에너지 일이나 활동을 할 수 있게 하는 힘
일광욕 치료나 건강을 위하여 햇볕에 몸을 쬐는 일
대기 천체의 표면을 둘러싸고 있는 기체로, 공기를 다르게 이르는 말
반점 얼룩얼룩한 점

1 태양이 우리에게 미치는 영향

(1) 태양이 생물과 우리 생활에 미치는 영향 알아보기

지구를 따뜻하게 하여 생물이 살아가기에 알맞은 환경을 만들고, 주변을 밝게 비춘다.	낮에 물체를 볼 수 있고, 야외 활동을 할 수 있다.	지표면의 물이 증발하여 지구의 물이 순환할 수 있도록 에너지를 공급한다.

태양 빛으로 전기를 만들어 생활에 이용한다.	태양 빛으로 빨래를 말리면 잘 마르고, 세균을 없앨 수 있다.	염전에서 태양 빛으로 바닷물이 증발하면 소금을 얻을 수 있다.

태양 빛으로 일광욕을 즐길 수 있다.	식물은 태양 빛으로 양분을 만들어 자란다.	일부 동물은 식물이 만든 양분을 먹고 살아간다.

(2) 태양이 생물에게 소중한 까닭
① 생물은 태양으로부터 에너지를 얻어 살아가기 때문입니다. ➡ 태양이 없다면 식물이 자라지 못하고 동물도 살기 어려워질 것입니다.
② 태양은 생물이 살아가는 데 알맞은 환경을 만들어 주기 때문입니다. ➡ 태양이 없다면 지구는 생물이 살기에 적당한 온도가 되지 않아 생물이 살기 어려워질 것이고, 낮에도 어두워서 야외 활동을 하기 어려워질 것입니다.

2 태양계의 구성

(1) **태양계**: 태양과 태양의 영향을 받는 천체들 그리고 그 공간을 말합니다.
(2) **태양계의 구성원**: 태양, 행성, 위성, 소행성, 혜성 등으로 구성됩니다.

태양	태양계의 중심에 위치하며, 태양계에서 유일하게 스스로 빛을 내는 천체이다.
행성	태양의 주위를 도는 둥근 천체이고, 수성, 금성, 지구, 화성, 목성, 토성, 천왕성, 해왕성이 있다.
위성	행성의 주위를 도는 천체이다. ⑩ 지구 주위를 도는 달

(3) 태양계 행성의 특징

구분	모양	색깔	표면 상태	고리	그 밖의 특징
수성		회색	암석	없다.	• 태양계 행성 중 가장 작다. • 대기가 거의 없다. • 행성 중 달의 표면 모습과 가장 비슷하다.
금성		노란색	암석	없다.	• 표면이 두꺼운 대기로 둘러싸여 있다. • 행성 중에서 가장 밝게 보인다.
지구		초록색, 파란색	암석	없다.	• 표면의 약 70 %가 바다로 덮여 있다. • 생물이 살 수 있는 환경을 갖추고 있다.
화성		붉은색	암석	없다.	• 대기가 있으나, 지구보다 훨씬 적다. • 지구의 사막처럼 암석과 흙으로 되어 있다.
목성		하얀색, 갈색	기체	있다.	• 태양계 행성 중 가장 크다. • 적도와 나란한 줄무늬가 있다. • 남반구에 붉은색 거대한 반점이 있다.
토성		옅은 갈색	기체	있다.	• 적도와 나란한 줄무늬가 있다. • 행성 중에서 가장 뚜렷한 고리를 가지고 있다.
천왕성		청록색	기체	있다.	• 세로 방향으로 희미한 고리가 있지만, 잘 보이지 않는다.
해왕성		파란색	기체	있다.	• 태양계에서 태양으로부터 가장 멀리 떨어져 있는 행성이다. • 표면에 거대한 반점이 있다.

▶ 소행성
• 행성처럼 태양 주위를 돌지만, 크기는 행성보다 작습니다.
• 태양계에 소행성은 흩어져 있는데, 특히 화성과 목성 사이에 많이 있습니다.

▶ 혜성
• 먼지와 얼음 등으로 이루어져 있습니다.
• 혜성이 태양과 가까워지면 긴 꼬리가 생기기도 합니다.

▶ 태양계 행성 중 위성이 있는 행성과 없는 행성
• 위성이 있는 행성: 지구, 화성, 목성, 토성, 천왕성, 해왕성
• 위성이 없는 행성: 수성, 금성

개념 확인 문제

1 태양은 지구에 있는 물이 순환하는 데 필요한 (　　　)을/를 공급합니다.

2 태양의 주위를 도는 둥근 천체를 (행성 , 위성)이라고 합니다.

정답 1 에너지 2 행성

▶ 행성의 크기 비교
행성의 크기를 비교할 때는 행성의 고리를 제외한 크기로 비교합니다. 행성의 고리는 표면에 떠서 돌기 때문에 행성의 크기에 포함되지 않기 때문입니다.

▶ 지구의 크기가 반지름이 1 cm인 구슬과 같다면, 다른 행성들의 크기는 어떤 물체에 비유할 수 있을까요?

행성	비유한 물체	반지름 (cm)
수성	콩	약 0.5
화성	콩	약 0.5
지구	구슬	1.0
금성	구슬	약 1.0
천왕성	야구공	약 3.5
해왕성	야구공	약 3.5
토성	핸드볼공	약 9.0
목성	축구공	약 11.0

낱말 사전

상대적 다른 것과 견주어서 비교되는 관계에 있는 것
고속 열차 시속 200 km 이상의 빠른 속도로 운행되는 열차

(4) 태양계 행성의 공통점과 차이점
① 공통점: 모두 태양 주위를 돌고 있으며, 둥근 모양을 하고 있습니다.
② 차이점: 색깔, 표면의 상태, 고리의 유무 등이 다릅니다.

3 태양계 행성의 크기 비교

(1) 태양과 지구의 크기 비교
① 태양의 반지름은 지구의 반지름보다 약 109배 큽니다.
② 태양과 지구의 크기를 비교하면 지구는 작은 점처럼 보입니다.

▲ 태양과 지구의 크기 비교

(2) 태양계 행성의 상대적인 크기 비교
① 지구의 반지름을 1로 보았을 때 태양계 행성의 상대적인 크기 비교

행성	수성	금성	지구	화성	목성	토성	천왕성	해왕성
상대적인 크기	0.4	0.9	1.0	0.5	11.2	9.4	4.0	3.9

② 태양계 행성을 상대적인 크기가 큰 것부터 순서대로 나열하면 목성, 토성, 천왕성, 해왕성, 지구, 금성, 화성, 수성입니다.
③ 가장 크기가 큰 행성은 목성이고, 가장 크기가 작은 행성은 수성입니다.
④ 상대적인 크기가 비슷한 행성끼리 분류하면 수성과 화성, 금성과 지구, 천왕성과 해왕성의 크기가 비슷합니다.
⑤ 상대적으로 크기가 작은 행성과 큰 행성으로 분류하기

상대적으로 크기가 작은 행성	상대적으로 크기가 큰 행성
수성, 금성, 지구, 화성	목성, 토성, 천왕성, 해왕성

(3) 태양과 행성의 크기 비교
① 지구의 반지름을 1로 보았을 때, 태양계 행성들의 반지름을 모두 합한 값은 31.3입니다. 태양계 행성들의 반지름을 모두 합하여도 태양의 반지름이 더 큽니다.
② 태양계에서 가장 큰 행성인 목성도 태양과 비교하면 작습니다.

4 태양계 행성까지의 거리 비교

(1) 지구에서 태양까지 가는 데 걸리는 시간

① 한 시간에 4 km를 걸어서 가면 약 4300년이 걸립니다.

② 한 시간에 300 km를 가는 고속 열차를 타고 가면 약 57년이 걸립니다.

③ 한 시간에 900 km를 가는 비행기를 타고 가면 약 19년이 걸립니다.

(2) 태양에서 행성까지의 상대적인 거리 비교

① 태양에서 지구까지의 거리를 1로 보았을 때 태양에서 행성까지의 상대적인 거리 비교

행성	수성	금성	지구	화성	목성	토성	천왕성	해왕성
상대적인 거리	0.4	0.7	1.0	1.5	5.2	9.6	19.1	30.0

목성 5.2   토성 9.6   천왕성 19.1   해왕성 30.0

수성 금성 지구 화성
0.4 0.7 1.0 1.5

② 태양에서 행성까지의 상대적인 거리가 가까운 것부터 순서대로 나열하면 수성, 금성, 지구, 화성, 목성, 토성, 천왕성, 해왕성입니다.

• 태양에서 가장 가까운 행성은 수성입니다.

• 태양에서 가장 먼 행성은 해왕성입니다.

• 지구에서 가장 가까운 행성은 금성입니다.

③ 태양에서 지구보다 가까이 있는 행성은 수성, 금성이고, 태양에서 지구보다 멀리 있는 행성은 화성, 목성, 토성, 천왕성, 해왕성입니다.

(3) 태양에서 행성까지의 상대적인 거리 비교로 알 수 있는 것

① 수성, 금성, 지구, 화성은 상대적으로 태양 가까이에 있고, 목성, 토성, 천왕성, 해왕성은 상대적으로 태양으로부터 멀리 있습니다.

② 상대적으로 크기가 작은 행성은 태양 가까이에 있고, 크기가 큰 행성은 태양으로부터 멀리 떨어져 있습니다.

③ 태양에서 행성까지의 거리가 멀어질수록 행성 사이의 거리도 대체로 멀어집니다.

▶ 태양계에서 가장 큰 천체인 태양을 지구에서 보았을 때 작게 보이는 까닭

태양이 지구에서 매우 멀리 떨어져 있기 때문입니다. ➡ 지구에서 태양까지의 거리는 약 1억 5천만 km입니다.

▶ 태양계 행성 중 지구에서 생물이 살 수 있는 까닭

• 지구는 태양으로부터 적당한 온도를 유지할 수 있는 거리에 있기 때문입니다.

• 태양에서 지구까지의 거리가 지금보다 더 가까워진다면 지구가 뜨거워져 빙하가 녹고 생물이 살기 힘든 환경이 될 것입니다.

• 태양에서 지구까지의 거리가 지금보다 더 멀어진다면 지구가 얼어붙어 생물이 살기 힘든 환경이 될 것입니다.

개념 확인 문제

1 태양계에서 가장 크기가 큰 행성은 (   )이고, 가장 크기가 작은 행성은 (   )입니다.

2 수성, 금성, 지구, 화성은 상대적으로 크기가 (큰 , 작은) 행성입니다.

3 태양에서 가장 가까운 행성은 (   )이고, 가장 먼 행성은 (   )입니다.

4 태양에서 지구보다 가까이 있는 행성은 (금성 , 화성)입니다.

정답 1 목성, 수성 2 작은 3 수성, 해왕성 4 금성

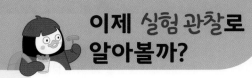

이제 실험 관찰로 알아볼까?

태양에서 행성까지 상대적인 거리 비교하기

[준비물] 두루마리 휴지, 가위, 행성 크기 비교 모형, 셀로판테이프

[실험 방법]

① 탐구하기 적당한 곳에서 태양의 위치를 표시합니다.

② 태양에서 지구까지의 거리를 두루마리 휴지 한 칸으로 정했을 때, 태양에서 각 행성까지는 두루마리 휴지가 얼마나 필요한지 생각합니다.

③ 태양에서 각 행성까지의 상대적인 거리에 맞게 두루마리 휴지를 자릅니다.

④ 자른 두루마리 휴지의 한쪽 끝을 태양의 위치에 맞추고 다른 쪽 끝에 행성 크기 비교 모형을 놓은 뒤, 휴지를 셀로판테이프로 고정합니다.

⑤ 태양에서 행성까지의 상대적인 거리를 비교하고, 태양에서 지구보다 가까이 있는 행성과 멀리 있는 행성으로 분류합니다.

두루마리 휴지

태양의 위치

주의할 점

• 태양의 위치를 표시할 때는 멀리 있는 해왕성까지의 거리를 고려하여 공간의 한쪽 끝에 정하는 것이 좋습니다.

• 두루마리 휴지로 상대적인 거리를 표현할 때 소수점은 두루마리 휴지 한 칸을 접어서 표현할 수 있습니다. 수성(0.4)은 반보다 조금 짧게, 금성(0.7)은 반의 반 칸만 접어 표현할 수 있습니다.

중요한 점

태양에서 각 행성까지의 실제 거리는 매우 멀어 km로 나타내면 매우 복잡하고, 실제 거리로는 비교하기 어려우므로 상대적인 거리로 비교한다는 것을 이해하는 것이 중요합니다.

[실험 결과]

① 태양에서 지구까지의 거리를 두루마리 휴지 한 칸으로 정했을 때 태양에서 각 행성까지 필요한 두루마리 휴지의 칸 수 측정하기

행성	휴지 칸 수(칸)	행성	휴지 칸 수(칸)
수성	0.4	목성	5.2
금성	0.7	토성	9.6
지구	1.0	천왕성	19.1
화성	1.5	해왕성	30.0

② 태양에서 지구보다 가까이 있는 행성과 멀리 있는 행성으로 분류하기

태양에서 지구보다 가까이 있는 행성	태양에서 지구보다 멀리 있는 행성
수성, 금성	화성, 목성, 토성, 천왕성, 해왕성

탐구 문제

정답과 해설 **11쪽**

1 오른쪽은 태양에서 행성까지의 상대적인 거리에 맞게 두루마리 휴지를 자르고 고정하는 모습입니다. 휴지의 칸 수가 가장 많이 필요한 행성의 이름을 쓰시오.

두루마리 휴지

태양의 위치

(   )

2 다음은 태양에서 지구까지의 거리를 두루마리 휴지 한 칸으로 정했을 때 태양에서 각 행성까지 필요한 두루마리 휴지의 칸 수를 측정한 표입니다. 지구에서 가장 가까운 행성의 이름을 쓰시오.

행성	수성	금성	지구	화성	목성
휴지 칸 수	0.4	0.7	1.0	1.5	5.2

(   )

개념 1 · 태양이 우리 생활에 미치는 영향을 묻는 문제

(1) 지구를 따뜻하게 하여 생물이 살아가기에 알맞은 환경을 만듦.

(2) 지표면의 물이 증발하여 지구의 물이 순환할 수 있도록 에너지를 공급함.

(3) 태양 빛으로 전기를 만들어 생활에 이용함.

(4) 태양 빛으로 일광욕을 즐길 수 있음.

(5) 태양 빛으로 바닷물이 증발하면 소금을 얻을 수 있음.

(6) 식물은 태양 빛으로 양분을 만들어 자라고, 일부 동물은 식물이 만든 양분을 먹고 살아감.

01 다음은 태양이 우리 생활에 미치는 영향을 나타낸 것입니다. 이에 대한 설명으로 옳은 것은 어느 것입니까? ( )

① 일광욕을 즐긴다.
② 과일의 맛을 좋게 한다.
③ 생선이나 오징어를 말린다.
④ 태양 빛으로 에너지를 만든다.
⑤ 바닷물을 증발시켜 소금을 만든다.

02 다음 ( ) 안에 공통으로 들어갈 알맞은 말을 쓰시오.

> • 식물은 태양 빛으로 ( )을/를 만들어 자란다.
> • 어떤 동물은 식물이 만든 ( )을/를 먹고 살아간다.

( )

개념 2 · 태양이 생물에게 소중한 까닭을 묻는 문제

(1) 생물은 태양으로부터 에너지를 얻어 살아감. ➡ 태양이 없다면 식물이 자라지 못하고 동물도 살기 어려워짐.

(2) 태양은 생물이 살아가는 데 알맞은 환경을 만들어 줌.
  • 태양이 없다면 지구는 생물이 살기에 적당한 온도가 되지 않아 생물이 살기 어려워짐.
  • 태양이 없다면 낮에도 어두워서 야외 활동을 하기 어려워짐.

03 다음은 태양이 없는 상황을 상상하여 나눈 대화입니다. 바르게 말한 친구의 이름을 모두 쓰시오.

> • 수연: 태양이 없으면 지구가 차갑게 얼어붙을 거야.
> • 준우: 태양이 없으면 빙하가 녹아 해수면이 높아질 거야.
> • 지아: 태양이 없으면 낮에도 어두워서 야외 활동을 하기 어려울 거야.
> • 영준: 태양이 없으면 초식 동물은 식물이 아닌 다른 것으로부터 양분을 얻어 잘 살 수 있을 거야.

( )

04 지구에 사는 생물에게 태양이 소중한 까닭으로 알맞지 <u>않은</u> 것은 어느 것입니까? ( )

① 태양은 생물의 에너지원이기 때문이다.
② 식물의 광합성에 태양이 필요하기 때문이다.
③ 태양은 동물이 살아가는 데 알맞은 환경을 만들어 주기 때문이다.
④ 태양은 생물이 살아가는 데 알맞은 온도를 유지해 주기 때문이다.
⑤ 모든 생물은 태양 빛이 비치는 밝은 낮에만 움직일 수 있기 때문이다.

개념 3 • 태양계의 구성을 묻는 문제

(1) **태양계**: 태양과 태양의 영향을 받는 천체들 그리고 그 공간을 말함.

(2) **태양계의 구성원**: 태양, 행성, 위성, 소행성, 혜성 등으로 구성됨.

• **태양**: 태양계의 중심에 위치하고, 태양계에서 유일하게 스스로 빛을 내는 천체임.

• **행성**: 태양 주위를 도는 둥근 천체이고, 수성, 금성, 지구, 화성, 목성, 토성, 천왕성, 해왕성이 있음.

• **위성**: 행성 주위를 도는 천체임. 예 지구 주위를 도는 달

05 다음 ( ) 안에 들어갈 알맞은 말을 쓰시오.

> 태양과 태양의 영향을 받는 천체들 그리고 그 공간을 ( )(이)라고 한다.

( )

06 태양계를 구성하는 천체와 그에 대한 설명으로 옳은 것에 ○표 하시오.

(1) 태양: 태양계의 중심에 위치한다. ( )

(2) 행성: 지구 주위를 도는 천체이다. ( )

(3) 위성: 태양 주위를 도는 천체이다. ( )

(4) 달: 태양계에서 유일하게 스스로 빛을 내는 천체이다. ( )

개념 4 • 태양계 행성의 특징을 묻는 문제

행성	색깔	표면 상태	고리의 유무
수성	회색	암석	×
금성	노란색	암석	×
지구	초록색, 파란색	암석	×
화성	붉은색	암석	×
목성	하얀색, 갈색	기체	○
토성	옅은 갈색	기체	○
천왕성	청록색	기체	○
해왕성	파란색	기체	○

07 다음 행성에 대한 설명으로 옳은 것은 어느 것입니까? ( )

▲ 목성

① 고리가 없다.

② 반점이 없다.

③ 줄무늬가 있다.

④ 태양계 행성 중 가장 작다.

⑤ 표면이 암석으로 되어 있다.

08 다음에서 설명하는 행성의 이름을 쓰시오.

> • 적도와 나란한 줄무늬가 있다.
> • 옅은 갈색이며, 태양계 행성 중에서 가장 뚜렷한 고리를 가지고 있다.

( )

(1) **공통점**: 모두 태양 주위를 돌고 있으며, 둥근 모양을 하고 있음.

(2) **차이점**: 색깔, 표면의 상태, 고리의 유무 등이 다름.

09 다음 (   ) 안에 들어갈 분류 기준으로 알맞은 것에 ○표 하시오.

분류 기준: (   )

그렇다.	그렇지 않다.
수성, 금성, 지구, 화성	목성, 토성, 천왕성, 해왕성

(1) 고리가 있는가?　　　　　　　　　(　　)

(2) 색깔이 푸른색인가?　　　　　　　(　　)

(3) 표면이 암석으로 되어 있는가?　　(　　)

10 다음 보기 의 행성을 분류 기준에 따라 분류하여 빈 칸에 기호를 쓰시오.

보기

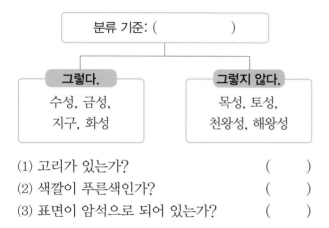

㉠ ▲ 수성	㉡ ▲ 지구
㉢ ▲ 목성	㉣ ▲ 천왕성

분류 기준: 표면이 기체로 되어 있는가?

그렇다.	그렇지 않다.
(1)	(2)

(1) **태양과 지구의 크기 비교**: 태양의 반지름은 지구의 반지름보다 약 109배 큼.

(2) **지구의 반지름을 1로 보았을 때 태양계 행성의 상대적인 크기 비교**

행성	수성	금성	지구	화성	목성	토성	천왕성	해왕성
상대적인 크기	0.4	0.9	1.0	0.5	11.2	9.4	4.0	3.9

(3) 행성의 상대적인 크기가 큰 것부터 순서대로 나열하면 목성, 토성, 천왕성, 해왕성, 지구, 금성, 화성, 수성임.

11 태양과 행성의 크기에 대한 설명으로 옳은 것을 보기 에서 모두 골라 기호를 쓰시오.

보기

㉠ 태양은 지구보다 약 109배 크다.

㉡ 가장 큰 행성인 목성과 태양의 크기는 비슷하다.

㉢ 태양계 행성의 크기를 모두 합하면 태양보다 크다.

㉣ 태양과 지구의 크기를 비교하면 지구는 작은 점과 같다.

(　　　　　　　　)

12 다음은 지구의 반지름을 1로 보았을 때 태양계 행성의 상대적인 크기를 나타낸 표입니다. ㉠과 ㉡에 들어갈 알맞은 행성의 이름을 쓰시오.

행성	수성	금성	지구	㉠	㉡	토성	천왕성	해왕성
상대적인 크기	0.4	0.9	1.0	0.5	11.2	9.4	4.0	3.9

㉠ (   ), ㉡ (   )

개념 7 • **태양계 행성을 상대적인 크기로 분류하는 문제**

(1) 지구의 반지름을 1로 보았을 때 상대적인 크기가 비슷한 행성끼리 분류
 • 수성(0.4)과 화성(0.5)의 크기가 비슷함.
 • 금성(0.9)과 지구(1.0)의 크기가 비슷함.
 • 천왕성(4.0)과 해왕성(3.9)의 크기가 비슷함.

(2) 상대적인 크기가 작은 행성과 큰 행성으로 분류
 • 상대적으로 크기가 작은 행성: 수성, 금성, 지구, 화성
 • 상대적으로 크기가 큰 행성: 목성, 토성, 천왕성, 해왕성

13 다음 태양계 행성을 상대적인 크기가 비슷한 것끼리 바르게 선으로 연결하시오.

(1) 화성 • • ㉠ 해왕성

(2) 금성 • • ㉡ 수성

(3) 천왕성 • • ㉢ 지구

14 다음 ( ) 안에 들어갈 행성의 이름으로 옳지 <u>않은</u> 것은 어느 것입니까? ( )

( )은 지구에 비해 상대적으로 크기가 큰 행성이다.

① 토성
② 목성
③ 금성
④ 천왕성
⑤ 해왕성

개념 8 • **태양에서 행성까지의 상대적인 거리 비교를 묻는 문제**

(1) 태양에서 지구까지의 거리를 1로 보았을 때 태양계 행성의 상대적인 거리 비교

행성	수성	금성	지구	화성	목성	토성	천왕성	해왕성
상대적인 크기	0.4	0.7	1.0	1.5	5.2	9.6	19.1	30.0

(2) 태양에서 행성까지의 상대적인 거리 비교로 알 수 있는 것
 • 상대적으로 크기가 작은 행성은 태양 가까이에 있고, 크기가 큰 행성은 태양으로부터 멀리 떨어져 있음.
 • 태양에서 행성까지의 거리가 멀어질수록 행성 사이의 거리도 대체로 멀어짐.

15 다음은 태양에서 지구까지의 거리를 1로 보았을 때 태양에서 행성까지의 상대적인 거리를 나타낸 것입니다. 이에 대한 설명으로 옳은 것은 어느 것입니까? ( )

목성 5.2 토성 9.6   천왕성 19.1   해왕성 30.0
수성 금성 지구 화성
0.4 0.7 1.0 1.5

① 지구에서 가장 먼 행성은 해왕성이다.
② 태양에서 가장 먼 행성은 천왕성이다.
③ 지구에서 가장 가까운 행성은 목성이다.
④ 태양에서 가장 가까운 행성은 금성이다.
⑤ 태양에 가까울수록 행성의 크기가 큰 편이다.

16 태양에서 지구보다 멀리 있는 행성을 보기 에서 모두 골라 기호를 쓰시오.

보기
㉠ 금성   ㉡ 목성
㉢ 화성   ㉣ 토성

( )

01 다음 ( ) 안에 공통으로 들어갈 알맞은 말은 어느 것입니까? ( )

> • ( )은/는 지구에 낮과 밤을 만들고, 지구를 따뜻하게 한다.
> • 생물은 ( )(으)로부터 에너지를 얻어 살아간다.

① 달   ② 별   ③ 행성
④ 태양   ⑤ 대기

02 다음은 태양이 우리 생활에 미치는 영향을 나타낸 모습입니다. 이에 대한 설명으로 옳은 것에 ○표, 옳지 않은 것에 ✕표 하시오.

(1) 태양은 지표면의 물을 증발시킨다.   ( )
(2) 태양 빛이 약할 때 증발이 잘 일어난다. ( )
(3) 태양에 의해 증발한 물은 구름이 되어 비로 내린다.   ( )

⊏서술형⊐
03 다음 (가)와 (나)에서 공통으로 태양을 이용하는 방법을 쓰시오.

(가)

(나)

_____

_____

04 태양이 생물과 우리 생활에 미치는 영향을 설명한 것으로 옳지 않은 것은 어느 것입니까? ( )

① 태양 빛을 많이 받은 과일이 더 달다.
② 태양 빛이 강할 때 빨래가 더 잘 마른다.
③ 태양 빛이 강할 때 오징어가 더 잘 마른다.
④ 태양 빛이 강할 때 더 많은 전기를 만들 수 있다.
⑤ 태양 빛이 약할 때 염전에서 소금을 더 많이 얻을 수 있다.

⊏중요⊐
05 태양이 소중한 까닭을 바르게 말한 친구의 이름을 모두 쓰시오.

> • 영진: 태양이 없다면 식물과 식물을 먹는 동물이 살 수 없어.
> • 형식: 태양이 없다면 낮에도 어두워서 야외에서 활동하기가 어려워.
> • 미수: 태양이 없다면 빙하가 모두 녹아 생물이 살 수 있는 땅이 없어져.

( )

06 다음에서 설명하는 것을 보기 에서 골라 기호를 쓰시오.

> • 태양계의 구성원이다.
> • 태양의 주위를 도는 둥근 천체이다.
> • 수성, 금성, 지구, 화성, 목성, 토성, 천왕성, 해왕성이 있다.

보기
㉠ 혜성   ㉡ 태양
㉢ 행성   ㉢ 위성

( )

07 다음은 태양계를 구성하는 천체에 대한 설명입니다. ( ) 안에 들어갈 알맞은 말을 쓰시오.

- 태양계의 중심에 위치하며, 태양계에서 유일하게 스스로 빛을 내는 천체는 (㉠)이다.
- 지구의 주위를 도는 달처럼 행성의 주위를 도는 천체는 (㉡)이다.

㉠ (   ), ㉡ (   )

08 다음 보기 에서 태양계 행성이 <u>아닌</u> 것을 모두 골라 기호를 쓰시오.

보기

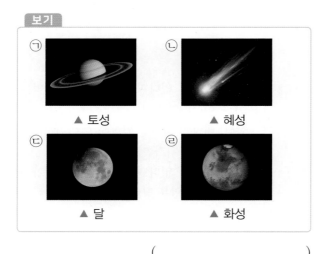

㉠ ▲ 토성 ㉡ ▲ 혜성
㉢ ▲ 달 ㉣ ▲ 화성

(   )

09 다음은 태양계 행성을 조사한 뒤 기록한 것입니다. 이 행성의 이름을 쓰시오.

- 표면 상태: 기체
- 고리: 있다.
- 위성: 있다.
- 기타: 태양계에서 가장 멀리 떨어져 있다.

(   )

10 오른쪽 태양계 행성을 보고 ○ × 퀴즈 맞히기를 하고 있습니다. ( ) 안의 ○, × 중 알맞은 기호를 고르시오.

Q1 고리가 있는가? (○ , ×)
Q2 표면이 암석으로 되어 있는가? (○ , ×)
Q3 이름이 목성인가? (○ , ×)

11 다음 태양계 행성 ⑺와 ⑻에 대한 설명으로 옳지 <u>않은</u> 것은 어느 것입니까? (   )

⑺  ⑻

① ⑺는 고리가 없다.
② ⑻는 고리가 없다.
③ ⑺와 ⑻ 모두 둥근 모양이다.
④ ⑻는 태양계 행성 중 가장 크다.
⑤ ⑺는 표면의 약 70 %가 바다로 덮여 있다.

⊏서술형⊐
12 다음 금성과 토성의 특징을 비교하여 한 가지 쓰시오.

▲ 금성 ▲ 토성

_____

_____

13 다음은 분류 기준을 정하여 태양계의 행성을 분류한 결과입니다. (　　　) 안에 들어갈 알맞은 분류 기준을 한 가지 쓰시오.

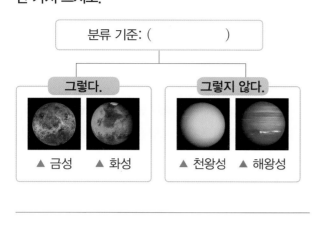

분류 기준: (　　　　　　)

그렇다.
▲ 금성　▲ 화성

그렇지 않다.
▲ 천왕성　▲ 해왕성

_____

_____

⊏중요⊐

14 태양계 행성의 공통점으로 옳은 것을 두 가지 고르시오. (　　,　　)

① 모두 둥근 모양이다.
② 색깔이 모두 비슷하다.
③ 모두 고리를 가지고 있다.
④ 모두 태양 주위를 돌고 있다.
⑤ 표면이 모두 암석으로 되어 있다.

15 다음은 수성과 목성을 비교하여 설명한 것입니다. (　　) 안의 알맞은 말에 ○표 하시오.

• 수성은 고리가 ㉠ (있고 , 없고), 목성은 고리가 ㉡ (있다 , 없다).
• 수성의 표면은 ㉢ (암석 , 기체)(으)로 되어 있고, 목성의 표면은 ㉣ (암석 , 기체)(으)로 되어 있다.

16 다음 태양계 행성을 상대적인 크기가 큰 행성부터 순서대로 기호를 쓰시오.

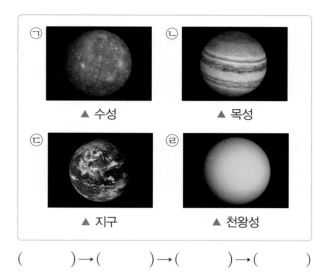

㉠ ▲ 수성　㉡ ▲ 목성
㉢ ▲ 지구　㉣ ▲ 천왕성

(　　　)→(　　　)→(　　　)→(　　　)

[17~18] 다음은 지구의 반지름을 1로 보았을 때 태양계 행성의 상대적인 크기를 나타낸 표입니다. 물음에 답하시오.

행성	수성	금성	지구	화성	목성	토성	천왕성	해왕성
상대적인 크기	0.4	0.9	1.0	0.5	11.2	9.4	4.0	3.9

17 위 표를 보고 알 수 있는 사실로 옳지 <u>않은</u> 것은 어느 것입니까? (　　　)

① 지구는 화성보다 2배 정도 크다.
② 가장 크기가 큰 행성은 목성이다.
③ 가장 크기가 작은 행성은 수성이다.
④ 지구와 크기가 가장 비슷한 행성은 금성이다.
⑤ 금성, 지구, 화성은 상대적으로 크기가 큰 행성이다.

18 지구의 크기가 반지름이 **1 cm**인 구슬과 같다면, 위 표를 보고 해왕성에 비유할 수 있는 물체로 알맞은 것에 ○표 하시오.

⑴ 반지름이 약 0.5 cm인 콩　　　　　　　(　　　)
⑵ 반지름이 약 3.5 cm인 야구공　　　　(　　　)
⑶ 반지름이 약 9.0 cm인 핸드볼공　　(　　　)

[19~21] 다음은 지구의 반지름을 1로 보았을 때 태양계 행성의 상대적인 크기를 나타낸 것입니다. 물음에 답하시오.

19 위에서 상대적인 크기가 비슷한 행성끼리 바르게 짝지은 것은 어느 것입니까? (   )

① 수성, 금성
② 지구, 화성
③ 목성, 토성
④ 토성, 천왕성
⑤ 천왕성, 해왕성

20 다음은 위의 행성을 보고 분류한 결과입니다. (   ) 안에 들어갈 분류 기준으로 알맞은 것은 어느 것입니까? (   )

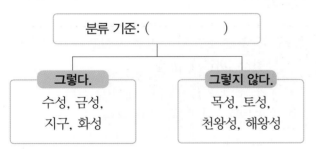

① 고리가 있는가?
② 줄무늬가 있는가?
③ 색깔이 붉은색인가?
④ 태양 주위를 돌고 있는가?
⑤ 상대적으로 크기가 작은 편인가?

21 위 태양계 행성을 상대적인 크기가 큰 것부터 순서대로 나열하였을 때, 다섯 번째로 큰 행성의 이름은 무엇인지 쓰시오.

(   )

22 지구에서 태양까지의 거리에 대한 설명으로 옳지 않은 것을 보기 에서 골라 기호를 쓰시오.

보기

⊙ 지구에서 태양까지의 거리는 약 1억 5천만 km이다.
ⓛ 지구에서 태양까지의 거리가 더 멀어지면 생물이 살기에 더 좋은 환경이 될 것이다.
ⓒ 태양이 지구에서 매우 멀리 떨어져 있기 때문에 지구에서 보았을 때 태양이 작게 보인다.

(   )

[23~24] 다음은 태양에서 지구까지의 거리를 1로 보았을 때 태양에서 행성까지의 상대적인 거리를 나타낸 것입니다. 물음에 답하시오.

┌중요┐
23 위에 대한 설명으로 옳은 것에 ○표 하시오.

(1) 태양에서 거리가 가까울수록 행성의 크기가 커진다. (   )
(2) 태양에서 행성까지의 거리가 멀어질수록 행성 사이의 거리는 가까워진다. (   )
(3) 태양에서 각 행성까지의 거리가 매우 멀어서 상대적인 거리로 비교하는 것이다. (   )

24 다음 (   ) 안에 들어갈 알맞은 태양계 행성의 이름을 모두 쓰시오.

태양과 지구 사이에 위치하는 행성은 (   ) 이다.

(   )

학교에서 출제되는 서술형·논술형 평가를 미리 준비하세요.

연습 문제

정답과 해설 14쪽

🔍 **문제 해결 전략**
태양계는 태양, 행성, 위성, 소행성, 혜성 등으로 구성됩니다.

🔍 **핵심 키워드**
태양의 주위를 도는 둥근 천체, 행성

1 다음은 태양계 행성을 나타낸 것입니다. 물음에 답하시오.

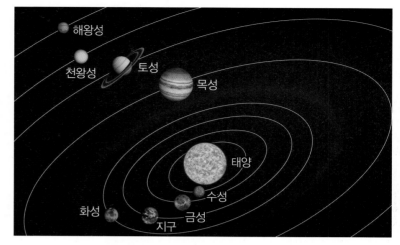

(1) 위 태양계 행성의 공통점을 쓰시오.

> • 태양계 행성은 (　　　　　　　　) 주위를 돌고 있다.
> • 태양계 행성은 (　　　　　　　　) 모양이다.

(2) 위 태양계 행성의 차이점을 쓰시오.

> 각 행성의 색깔이나 표면 상태가 서로 (　　　　　　).

🔍 **문제 해결 전략**
실제 행성은 매우 크기 때문에 상대적인 크기를 이용하면 행성의 크기를 비교하기 쉽습니다. 행성의 상대적인 크기로 분류 기준을 정하여 행성을 분류할 수 있습니다.

🔍 **핵심 키워드**
상대적인 크기, 분류

2 다음은 지구의 반지름을 1로 보았을 때 태양계 행성의 상대적인 크기를 나타낸 표입니다. 물음에 답하시오.

행성	수성	금성	지구	화성	목성	토성	천왕성	해왕성
상대적인 크기	0.4	0.9	1.0	0.5	11.2	9.4	4.0	3.9

(1) 위 행성 중 상대적인 크기가 비슷한 것끼리 쓰시오.

> 수성과 (　　　　　　), 금성과 (　　　　　　), 천왕성과
> (　　　　　　)의 크기가 비슷하다.

(2) 위 행성을 상대적인 크기로 분류하여 쓰시오.

> 상대적으로 크기가 (　　　　　　) 행성은 수성, 금성, 지구, 화
> 성이고, 상대적으로 크기가 (　　　　　　) 행성은 목성, 토성,
> 천왕성, 해왕성이다.

실전 문제

1 다음은 태양이 우리 생활에 미치는 영향을 나타낸 것입니다. 이를 보고, 태양이 생물에게 소중한 까닭을 두 가지 쓰시오.

_____

_____

2 다음은 태양과 지구의 모습입니다. 물음에 답하시오.

▲ 태양   ▲ 지구

(1) 위 태양과 지구의 크기를 비교하여 >, =, < 로 나타내시오.

태양　　◯　　지구

(2) 위 태양과 지구의 공통점과 차이점을 각각 한 가지씩 쓰시오.

_____

_____

3 다음과 같이 행성을 분류한 기준을 쓰시오.

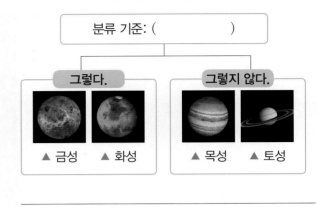

분류 기준: (　　　　　　　)

그렇다.　　　　　　　그렇지 않다.

▲ 금성　▲ 화성　　▲ 목성　▲ 토성

_____

_____

_____

4 다음은 태양에서 지구까지의 거리를 1로 보았을 때 태양에서 각 행성까지의 상대적인 거리를 막대 그래프로 나타낸 것입니다. 이 막대 그래프로 알 수 있는 사실을 한 가지 쓰시오.

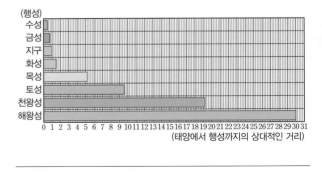

_____

_____

_____

교과서
내용 학습

(2) 밤하늘의 별

▶ 떠돌이별과 붙박이별
- 행성은 별에 비해 눈에 보일 만큼 위치가 변하며, 그 변화가 불규칙해 보일 때가 있습니다. 그래서 떠돌이별이라는 뜻을 가진 행성(行星)으로 불립니다.
- 별은 여러 날 동안 관찰해도 위치가 거의 변하지 않기 때문에 붙박이별이라는 뜻을 가진 항성(恒星)이라고 부릅니다.

1 별

(1) **별**: 태양처럼 스스로 빛을 내는 천체입니다.

(2) 별이 매우 먼 거리에 있어서 나타나는 현상
  ① 반짝이는 밝은 점으로 보입니다.
  ② 항상 같은 위치에서 움직이지 않는 것처럼 보입니다.

(3) 태양은 태양계에서 유일한 별입니다.

2 행성과 별의 차이점

(1) 밤하늘에 떠 있는 천체에는 별뿐만 아니라 행성도 있습니다.

(2) 행성과 별을 여러 날 동안 같은 장소에서 같은 시각에 관측하기
  ① 별은 위치가 거의 변하지 않습니다.
  ② 행성의 위치는 조금씩 변합니다.

▶ 금성, 화성, 목성, 토성이 주위의 별보다 더 밝고 또렷하게 보이는 까닭 별보다 지구로부터 떨어져 있는 거리가 훨씬 가까이 있기 때문입니다.

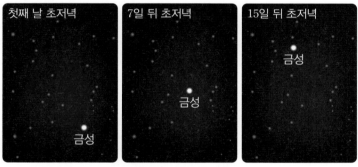

첫째 날 초저녁 · 7일 뒤 초저녁 · 15일 뒤 초저녁

금성

▲ 여러 날 동안 관측한 금성과 별

(3) 행성과 별의 차이점

행성	별
• 스스로 빛을 내는 것이 아니라, 태양 빛이 반사되어 우리에게 보인다. • 행성은 태양 주위를 돌며, 별보다 지구에 가까이 있기 때문에 여러 날 동안 관측하면 별자리 사이에서 위치가 조금씩 변한다.	• 태양처럼 스스로 빛을 낸다. • 별은 행성보다 지구에서 매우 먼 거리에 있기 때문에 여러 날 동안 관측하면 거의 움직이지 않는 것처럼 보인다.

3 별자리

(1) **별자리**: 밤하늘에 무리 지어 있는 별을 연결해 사람이나 동물 또는 물건의 이름을 붙인 것입니다.

(2) 별자리의 모습과 이름은 지역과 시대에 따라 다릅니다.

낱말 사전

관측 눈이나 기기로 자연현상(천체)의 상태 또는 변화를 관찰하여 측정하는 일
반사 빛이 일정한 방향으로 나아가다가 다른 물체에 부딪쳐 빛의 방향이 바뀌는 성질
나침반 자석으로 된 바늘이 남쪽과 북쪽을 가리키는 특성을 이용하여 만든 방향 지시 도구

(3) 옛날 사람들이 별자리를 만든 까닭

    ① 별의 위치를 쉽게 기억하기 위해서입니다.

    ② 밤하늘의 별을 쉽게 찾기 위해서입니다.

(4) 북쪽 밤하늘의 별자리 관측하기

    ① 별자리를 관측할 시각과 장소를 정합니다.

      • 관측하는 날짜와 시각, 위치에 따라 관측되는 별자리가 달라집니다.

      • 해가 진 뒤 약 1시간 정도 지나 별이 보일 정도로 어두워지면 관측합니다.

      • 별을 관측하기에 적당한 곳은 주변이 탁 트이고 밝지 않은 곳입니다.

    ② 정해진 시각에 정해진 장소에서 나침반을 이용하여 북쪽을 확인합니다.

    ③ 북쪽 밤하늘의 별자리를 관측합니다. ➡ 북쪽 밤하늘의 별자리는 계절에 상관없이 일
년 내내 북반구에 위치한 우리나라 어느 곳에서나 관측할 수 있습니다.

    ④ 주변 건물이나 나무 등의 위치를 표현하고, 별자리의 위치와 모양을 기록합니다.

(5) 북쪽 밤하늘의 별자리

북두칠성	작은곰자리	카시오페이아자리
• 일곱 개의 별로 되어 있다. • 국자 모양이다. • 북극성을 찾는 데 이용한다.	• 일곱 개의 별로 되어 있다. • 북두칠성과 닮은 모양이다. • 북극성을 포함하고 있다.	• 다섯 개의 별로 되어 있다. • W자 또는 M자 모양이다. • 북극성을 찾는 데 이용한다.

▶ 우리나라 별자리

• 「천상열차분야지도」는 하늘의 별자리를 그린 조선 시대의 대표적인 천문도입니다.

• 둥근 원 안에 1467개의 별을 별빛의 세기에 따라 다양한 크기의 점으로 새겨 넣었습니다.

▲ 천상열차분야지도

▶ 큰곰자리와 북두칠성

• 북두칠성은 큰곰자리의 꼬리에 해당하는 부분입니다.

• '북두'는 북쪽의 국자라는 뜻입니다.

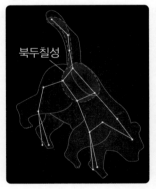

🐭 **개념 확인 문제**

1 스스로 빛을 내는 천체를 (행성 , 별)이라 하고, 태양은 태양계에서 유일한 (행성 , 별)입니다.

2 여러 날 동안 관측했을 때 위치가 조금씩 변하는 천체는 (별 , 행성)입니다.

3 밤하늘에 무리 지어 있는 별을 연결해 사람이나 동물, 물건의 이름을 붙인 것을 (　　　　)(이)라고 합니다.

4 북쪽 밤하늘에서 다섯 개의 별이 W자 또는 M자 모양을 이루는 별자리는 (작은곰자리 , 카시오페이아자리)입니다.

정답 **1** 별, 별 **2** 행성 **3** 별자리 **4** 카시오페이아자리

▶ 북극성이 가장 밝은 별일까요?
• 밤하늘에서 북극성을 보고 방위
를 알 수 있어서 가장 밝은 별이
라고 생각할 수 있지만, 실제로
가장 밝은 별은 아닙니다.
• 별의 밝기는 밝은 순서대로 1~6
등성까지 분류되어 있고, 북극
성은 2등성으로 밝은 편에 속합
니다.
• 밤하늘에서 가장 밝은 별은 시리
우스라는 별입니다.

▶ 실외에서 직접 북극성을 관측할 때
주의할 점
• 반드시 보호자와 함께 하고, 어두
운 곳에서 발생할 수 있는 안전사
고에 주의합니다.
• 손전등과 겉옷을 준비합니다.

4 밤하늘에서 북극성 찾기

(1) 북극성의 이용

① 항상 북쪽에 있어서 북극성을 찾으면 방위
를 알 수 있습니다.

② 바다 한가운데에서 항해하는 배가 뱃길을
찾을 때 북극성을 이용하였습니다.

③ 북극성을 찾아 북쪽을 알아내면 다른 방위
도 알 수 있습니다.

(2) 북두칠성을 이용해 북극성 찾아보기

북두칠성의 국자 모양 끝부분에서 별 ①,
②를 찾습니다.

별 ①과 ②를 연결한 뒤, 그 거리의 다섯
배만큼 떨어진 곳에 있는 별이 북극성입
니다.

(3) 카시오페이아자리를 이용해 북극성 찾아보기

카시오페이아자리에서 바깥쪽 두 선을
연장해 만나는 점 ㉠을 찾습니다.

점 ㉠과 가운데에 있는 별 ㉡을 연결한
거리의 다섯 배만큼 떨어진 곳에 있는 별
이 북극성입니다.

(4) 장소와 지역, 시각에 따라 북두칠성과 카시오페이아자리 중 더 잘 보이는 별자리를
이용하여 북극성을 찾습니다.

(5) 북극성을 찾아 바라보고 섰을 때 방위 찾기: 앞쪽은 북쪽, 뒤쪽은 남쪽, 오른쪽은
동쪽, 왼쪽은 서쪽이 됩니다.

🎓 낱말 사전

방위 동서남북을 기준으로 하
여 나타내는 위치
연장 시간이나 거리를 본래보
다 길게 늘리는 일
모형 실물을 모방하거나 줄여
서 만든 물건

5 우주 교실 꾸미기

(1) 우주 교실을 꾸미기 위한 계획을 세웁니다.

① 우주 교실을 어떤 내용으로 꾸미면 좋을지 생각합니다.

> • 태양계를 구성하는 태양, 여덟 개의 행성, 위성, 소행성 등을 표현합니다.
> • 태양계 행성의 상대적인 크기를 고려한 행성 크기 비교 모형을 사용합니다.
> • 태양계 행성의 상대적인 거리를 고려해 꾸밉니다.
> • 별은 태양보다 멀리 있으므로 교실 벽이나 천장에 붙입니다.
> • 북쪽 밤하늘의 별자리를 모양에 맞게 붙입니다.

② 어떤 재료를 사용하면 좋을지 생각합니다.

> • 태양계 행성은 도화지에 그립니다.
> • 색 끈이나 낚싯줄을 이용해 행성 크기 비교 모형을 교실 천장에 매답니다.
> • 야광별 붙임딱지를 이용해 별과 별자리를 만듭니다.

(2) 세운 계획에 따라 친구들과 함께 역할을 나눕니다.

(3) 정해진 역할에 따라 우주 교실로 꾸밉니다.

① 별과 행성을 그림으로 꾸밉니다.

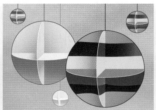
② 행성 크기 비교 모형을 천장에 매답니다.

③ 별과 별자리를 만듭니다.

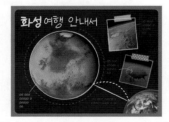
④ 태양계 행성 여행 안내서를 만들어 우주 교실에 전시합니다.

⑤ 태양계와 별에 관한 책을 만들어 우주 교실에 전시합니다.

(4) 꾸민 우주 교실을 감상합니다.

▶ 말판놀이
태양계와 별의 내용으로 보드게임 (말판놀이)을 만들어 우주 교실에서 친구들과 함께 놀이를 할 수 있습니다.

개념 확인 문제

1 일 년 내내 항상 북쪽에 있어서 방위를 알 수 있는 별은 (　　　)입니다.

2 북극성을 찾은 뒤 바라보고 섰을 때 앞쪽은 (북쪽 , 남쪽), 뒤쪽은 (북쪽 , 남쪽)입니다.

3 우주 교실을 꾸밀 때 태양계 행성 모형은 태양으로부터 상대적인 (크기 , 거리)를 고려하여 매답니다.

정답 1 북극성 2 북쪽, 남쪽 3 거리

이제 실험 관찰로 알아볼까?

행성과 별의 차이점 알아보기

[준비물] 투명 필름, 색깔이 다른 유성펜 세 개(빨간색, 파란색, 초록색), 셀로판테이프

[실험 방법]

① 여러 날 동안 같은 장소에서 같은 시각에 밤하늘을 관측하여 나타낸 다음 그림을 관찰합니다.

▲ 첫째 날 초저녁   ▲ 7일 뒤 초저녁   ▲ 15일 뒤 초저녁

② 첫째 날 그림 위에 투명 필름을 덮고, 모든 천체의 위치를 빨간색 유성펜으로 표시합니다.

③ 7일 뒤, 15일 뒤 그림도 각각 투명 필름을 덮고, 모든 천체의 위치를 각각 파란색, 초록색 유성펜으로 표시합니다.

④ 천체의 위치를 표시한 투명 필름 세 장을 순서대로 겹쳐보고, 위치가 변한 것이 있는지 확인합니다.

⑤ 투명 필름의 천체 중에서 행성을 찾아 표시합니다.

> **주의할 점**
> • 천체의 크기만큼 유성펜으로 색칠하여 천체가 모두 가려지도록 합니다.
> • 세 장의 투명 필름을 정확하게 포개어 관찰합니다.

> **중요한 점**
> • 행성은 태양 주위를 돌고 있으며 별보다 지구에 가까이 있어서 금성, 화성, 목성, 토성 등은 별보다 밝고 또렷하게 관측되며, 조금씩 움직여 위치가 변합니다.
> • 별은 실제로는 움직이지만, 행성보다 지구에서 아주 먼 거리에 있어서 위치가 변하지 않는 것처럼 보임을 이해하는 것이 중요합니다.

[탐구 결과]

① 천체의 위치를 표시한 투명 필름 세 장을 순서에 맞게 겹친 결과

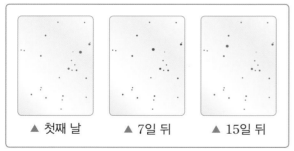 

▲ 첫째 날   ▲ 7일 뒤   ▲ 15일 뒤   ▲ 겹치기

② 세 장을 겹쳤을 때 위치가 달라진 천체가 행성입니다.

③ 별의 위치는 거의 변하지 않았습니다.

탐구 문제

정답과 해설 15쪽

1 여러 날 동안 같은 장소에서 같은 시각에 밤하늘을 관측한 각 그림에서 행성을 찾아 ○표 하시오.

첫째 날   7일 뒤   15일 뒤

2 위 실험 결과, 여러 날 동안 천체의 위치를 표시한 투명 필름 세 장을 겹쳐보고 알 수 있는 사실로 옳은 것에 ○표 하시오.

(1) 별의 위치는 변하지 않는다.   (　　)

(2) 행성의 위치는 변하지 않는다.   (　　)

(3) 투명 필름에 나타난 행성의 개수는 세 개이다.

    (　　)

개념 1 ⟩ 행성과 별의 차이점을 알아보는 실험을 묻는 문제

(1) 여러 날 동안 밤하늘을 관측하면 별은 위치가 거의 변하지 않음.

(2) 여러 날 동안 밤하늘을 관측하면 행성의 위치는 조금씩 변함.

01 다음은 여러 날 동안 같은 장소에서 같은 시각에 밤하늘을 관측한 결과입니다. 이를 보고 알 수 있는 사실로 옳지 않은 것을 보기 에서 골라 기호를 쓰시오.

첫째 날 초저녁
금성

7일 뒤 초저녁
금성

15일 뒤 초저녁
금성

보기

ㄱ 별은 점으로 보인다.
ㄴ 별은 매일 조금씩 움직인다.
ㄷ 행성은 위치가 조금씩 변한다.

(   )

02 다음은 여러 날 동안 같은 장소에서 같은 시각에 밤하늘을 관측하고 투명 필름 세 장에 천체의 위치를 표시한 뒤, 겹쳐보았을 때 위치가 변한 천체를 표시한 결과에 대한 설명입니다. ( ) 안의 알맞은 말에 ○표하시오.

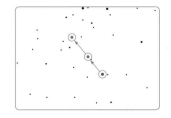

여러 날 동안 밤하늘을 관측했을 때 위치가 조금씩 변한 천체는 (별 , 행성)이다.

개념 2 ⟩ 행성과 별의 차이점을 묻는 문제

(1) 행성은 스스로 빛을 내는 것이 아니라 태양 빛이 반사되어 우리에게 보이고, 별은 태양처럼 스스로 빛을 냄.

(2) 행성은 별보다 지구에 가까이 있고, 별은 행성보다 지구에서 매우 먼 거리에 있음.

(3) 행성은 여러 날 동안 관측하면 별들 사이에서 위치가 조금씩 변하고, 별은 여러 날 동안 관측하면 거의 움직이지 않는 것처럼 보임.

03 행성과 별에 대한 설명으로 옳은 것은 어느 것입니까? (   )

① 행성은 태양처럼 스스로 빛을 낸다.
② 별은 행성보다 지구에 가까이 있다.
③ 행성은 별보다 지구에서 매우 멀리 있다.
④ 별은 태양 빛이 반사되어 우리에게 보이는 것이다.
⑤ 여러 날 동안 밤하늘을 관측하면 행성은 별들 사이에서 위치가 조금씩 변한다.

04 밤하늘의 별이 반짝이는 점으로 보이는 까닭으로 옳은 것은 어느 것입니까? (   )

① 별이 매우 작기 때문이다.
② 별이 노란색이기 때문이다.
③ 별이 태양 빛을 반사시키기 때문이다.
④ 별이 지구에서 매우 멀리 있기 때문이다.
⑤ 별이 지구에 매우 가까이 있기 때문이다.

개념3 별자리에 대해 묻는 문제

(1) 별자리: 밤하늘에 무리 지어 있는 별을 연결해 사람이나 동물 또는 물건의 이름을 붙인 것임.

(2) 별자리의 모습과 이름은 지역과 시대에 따라 다름.

(3) 북쪽 밤하늘의 별자리를 관측하는 방법
① 별자리를 관측할 시각과 장소를 정함.
② 정해진 시각과 장소에서 나침반을 이용하여 북쪽을 확인함.
③ 북쪽 밤하늘의 별자리를 관측하고, 위치와 모양을 기록함.

05 별자리에 대한 설명으로 옳지 <u>않은</u> 것은 어느 것입니까? (   )

① 별자리는 해가 지자마자 관측한다.
② 별자리의 이름은 지역과 시대에 따라 다르다.
③ 밤하늘에 무리 지어 있는 별을 연결한 것이다.
④ 사람이나 동물 또는 물건의 이름을 붙인 것이다.
⑤ 날짜와 시각, 위치에 따라 관측되는 별자리가 다르다.

06 별자리를 관측하는 방법을 <u>잘못</u> 말한 친구의 이름을 쓰시오.

• 예은: 부모님께 함께 가실 수 있는지 여쭤보고, 손전등도 준비하자.
• 예지: 높은 건물이 별을 가리지 않는 주변이 탁 트인 곳이면 좋겠어.
• 시진: 너무 어두우면 위험하니까 아파트 근처 밝은 공원에서 관측하자.

(   )

개념4 북쪽 밤하늘의 별자리의 특징을 묻는 문제

북두칠성	• 일곱 개의 별로 되어 있음. • 국자 모양임. • 큰곰자리의 꼬리 부분에 해당함. • 북극성을 찾는 데 이용함.
작은곰자리	• 일곱 개의 별로 되어 있음. • 북두칠성과 닮은 모양임. • 북극성을 포함하고 있음.
카시오페이아자리	• 다섯 개의 별로 되어 있음. • W자 또는 M자 모양임. • 북극성을 찾는 데 이용함.

07 다음 별자리의 모습과 이름을 바르게 선으로 연결하시오.

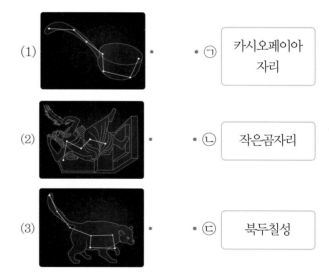

(1) •   • ㉠ 카시오페이아자리

(2) •   • ㉡ 작은곰자리

(3) •   • ㉢ 북두칠성

08 다음 보기 에서 계절에 상관없이 북쪽 밤하늘에서 항상 볼 수 있는 별자리를 모두 고른 것은 어느 것입니까? (   )

보기
㉠ 북두칠성   ㉡ 사자자리
㉢ 백조자리   ㉣ 쌍둥이자리
㉤ 작은곰자리

① ㉠, ㉡   ② ㉠, ㉢   ③ ㉠, ㉤
④ ㉡, ㉤   ⑤ ㉠, ㉡, ㉤

개념 5 ᐧ 북극성에 대해 묻는 문제

(1) 북극성은 항상 북쪽에 있어서 북극성을 찾으면 방위를 알 수 있음.
(2) 바다 한가운데에서 항해하는 배가 뱃길을 찾을 때 북극성을 이용하였음.
(3) 북극성을 찾아 북쪽을 알아내면 다른 방위도 알 수 있음. ➡ 북극성을 바라보고 섰을 때 앞쪽은 북쪽, 뒤쪽은 남쪽, 오른쪽은 동쪽, 왼쪽은 서쪽이 됨.

09 북극성에 대한 설명으로 옳지 <u>않은</u> 것은 어느 것입니까? ( )

① 항상 북쪽에 있다.
② 북극성은 스스로 빛을 낸다.
③ 북극성은 태양 주위를 돈다.
④ 북극성은 행성보다 지구에서 매우 먼 거리에 있다.
⑤ 나침반이 없을 때 북극성을 보고 방위를 알 수 있다.

10 다음은 북극성을 찾아 바라보고 섰을 때 방위를 판단하는 방법입니다. ㉠과 ㉡에 알맞은 방위를 쓰시오.

㉠ ( ), ㉡ ( )

개념 6 ᐧ 북쪽 밤하늘의 별자리를 이용해 북극성을 찾는 방법을 묻는 문제

(1) 북두칠성을 이용하는 방법: 북두칠성의 국자 모양 끝부분에서 별 ①, ②를 찾아 연결한 뒤, 그 거리의 다섯 배만큼 떨어진 곳에 있는 별이 북극성임.

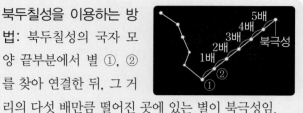

(2) 카시오페이아자리를 이용하는 방법: 카시오페이아자리에서 바깥쪽 두 선을 연장해 만나는 점 ㉠을 찾고, 이 점과 가운데에 있는 별 ㉡을 연결한 거리의 다섯 배만큼 떨어진 곳에 있는 별이 북극성임.

11 다음은 북쪽 밤하늘을 관측한 모습입니다. 북극성을 찾아 기호를 쓰시오.

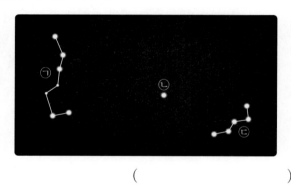

( )

12 다음은 북쪽 밤하늘에서 북두칠성을 이용하여 북극성을 찾는 방법입니다. ( ) 안에 들어갈 알맞은 말을 쓰시오.

북두칠성의 국자 모양 끝부분에서 두 별을 찾아 연결한 뒤, 그 거리의 ( ) 배만큼 떨어진 곳에 있는 별이 북극성이다.

( )

01 별과 태양에 대한 설명으로 옳지 <u>않은</u> 것을 보기 에서 골라 기호를 쓰시오.

보기

ㄱ 태양은 태양계에서 유일한 별이다.
ㄴ 별은 행성보다 지구에서 매우 먼 거리에 있다.
ㄷ 별은 태양 빛이 반사되어 우리에게 보이는 것이다.

( )

ㄷ서술형ㄱ

02 밤하늘의 별은 반짝이는 점처럼 작게 보이지만, 태양은 같은 별이지만 크게 보입니다. 그 까닭은 무엇인지 쓰시오.

_____

_____

03 행성과 별에 대한 설명으로 옳지 <u>않은</u> 것은 어느 것입니까? ( )

① 행성은 스스로 빛을 내지 않는다.
② 별은 밤하늘에 떠 있는 천체이다.
③ 행성 중 금성과 화성은 별보다 밝고 또렷하게 보인다.
④ 별은 항상 같은 위치에서 거의 움직이지 않는 것처럼 보인다.
⑤ 행성은 실제로는 움직이지 않지만, 위치가 변하는 것처럼 보인다.

[04~05] 다음은 여러 날 동안 같은 장소에서 같은 시각에 밤하늘을 관측해 나타낸 그림입니다. 물음에 답하시오.

첫째 날 초저녁 7일 뒤 초저녁 15일 뒤 초저녁

04 위 세 그림에서 위치가 변한 천체를 찾아 ○표 하시오.

05 위 **04**번에서 ○표 한 천체에 대한 설명으로 옳은 것은 어느 것입니까? ( )

① 스스로 빛을 낸다.
② 태양계 밖에 있다.
③ 지구 주위를 돌고 있다.
④ 둥근 모양을 하고 있다.
⑤ 별보다 지구에서 매우 먼 거리에 있다.

06 다음은 밤하늘에서 목성과 토성이 주위의 별보다 더 밝고 또렷하게 보이는 까닭입니다. ( ) 안에 들어갈 알맞은 말을 쓰시오.

목성과 토성은 (㉠)보다 지구로부터 떨어져 있는 거리가 훨씬 (㉡) 때문에 주위의 별보다 더 밝고 또렷하게 보인다.

㉠ ( ), ㉡ ( )

07 별자리에 대한 설명으로 옳지 <u>않은</u> 것을 보기 에서 골라 기호를 쓰시오.

> 보기
>
> ㉠ 별자리는 동물의 이름으로만 짓는다.
> ㉡ 별자리의 모습은 지역과 시대에 따라 다르다.
> ㉢ 밤하늘에 무리 지어 있는 별을 연결한 것이다.
> ㉣ 옛날 사람들은 별의 위치를 쉽게 기억하기 위해 별자리를 만들었다.

( )

08 별자리를 관측하기에 알맞은 곳을 보기 에서 모두 고른 것은 어느 것입니까? ( )

> 보기
>
> ㉠ 밝지 않은 곳
> ㉡ 주변이 탁 트인 곳
> ㉢ 가로등이 켜져 있는 곳
> ㉣ 나무나 건물이 많은 곳

① ㉠, ㉡   ② ㉠, ㉢
③ ㉠, ㉣   ④ ㉡, ㉢
⑤ ㉡, ㉣

09 북쪽 밤하늘의 별자리를 관측하는 방법으로 옳은 것을 세 가지 고르시오. (, ,)

① 해가 지자마자 관측한다.
② 나침반으로 북쪽을 확인한다.
③ 맑은 날을 피해 흐린 날 관측한다.
④ 어두운 곳에서 발생하는 안전사고에 주의한다.
⑤ 관측 결과는 주변 건물이나 나무의 위치와 함께 기록한다.

10 다음은 북쪽 밤하늘의 대표적인 별자리에 대한 설명입니다. 이 별자리의 이름을 쓰시오.

> • 북극성을 찾는 데 이용하는 별자리이다.
> • 일곱 개의 별이 국자 모양으로 무리 지어 있다.
> • 큰곰자리의 꼬리 부분에 해당하는 별자리이다.

( )

11 다음 별자리에 대한 설명으로 옳지 <u>않은</u> 것은 어느 것입니까? ( )

① 북쪽 밤하늘에서 볼 수 있다.
② 작은곰자리의 꼬리 부분에 해당한다.
③ 북극성을 찾는 데 이용하는 별자리이다.
④ 별자리의 이름은 카시오페이아자리이다.
⑤ 보이는 위치에 따라 W자 또는 M자 모양이다.

12 다음 별자리는 어느 쪽 밤하늘에서 볼 수 있는지 쓰시오.

> 큰곰자리, 작은곰자리, 카시오페이아자리

( )

⌐중요⌐
13 다음은 북극성에 대한 설명입니다. ( ) 안에 들어갈 알맞은 말을 쓰시오.

> • 북극성은 항상 (㉠) 하늘에 있다.
> • 북극성을 찾으면 동서남북의 (㉡)을/를 알 수 있다.

㉠ ( ), ㉡ ( )

14 다음은 북극성을 찾아 바라보고 섰을 때의 모습입니다. ㉠~㉣에 알맞은 방위를 바르게 짝 지은 것은 어느 것입니까? ( )

	㉠	㉡	㉢	㉣
①	북쪽	동쪽	남쪽	서쪽
②	북쪽	서쪽	남쪽	동쪽
③	북쪽	남쪽	서쪽	동쪽
④	남쪽	동쪽	북쪽	서쪽
⑤	남쪽	서쪽	북쪽	동쪽

⌐서술형⌐
15 옛날 사람들이 북쪽 밤하늘의 북극성을 중요하게 생각했던 까닭을 한 가지 쓰시오.

_____

_____

16 다음은 북쪽 밤하늘의 모습입니다. 별자리 ㉠, ㉡의 이름을 바르게 짝 지은 것은 어느 것입니까? ( )

	㉠	㉡
①	북두칠성	작은곰자리
②	북두칠성	카시오페이아자리
③	작은곰자리	북두칠성
④	작은곰자리	카시오페이아자리
⑤	카시오페이아자리	북두칠성

[17~18] 다음은 북쪽 밤하늘의 별자리를 이용하여 북극성을 찾는 방법입니다. 물음에 답하시오.

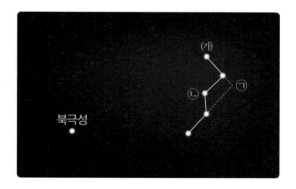

17 위 별자리 ㈎의 이름을 쓰시오.

( )

⌐서술형⌐
18 위 별자리 ㈎를 이용하여 북극성을 찾는 방법을 쓰시오.

_____

_____

서술형·논술형 평가 돋보기

학교에서 출제되는 서술형·논술형 평가를 미리 준비하세요.

연습 문제

1 다음은 여러 날 동안 같은 장소에서 같은 시각에 관측한 행성과 별을 나타낸 것입니다. 물음에 답하시오.

첫째 날 초저녁

7일 뒤 초저녁

15일 뒤 초저녁

(1) 위 관측 결과를 통해 알 수 있는 사실을 쓰시오.

> 여러 날 동안 밤하늘을 관측하면 (   )은/는 위치가 거의 변하지 않지만, (   )은/는 위치가 조금씩 변한다.

(2) 위 (1)번과 같이 답을 쓴 까닭을 쓰시오.

> (   )은/는 태양 주위를 돌며 (   )보다 지구에 (   ) 있기 때문에 위치가 조금씩 변한다.

문제 해결 전략
여러 날 동안 밤하늘을 관측하면 행성과 별을 볼 수 있습니다.

핵심 키워드
행성, 별, 지구와의 거리

2 다음은 민수가 밤하늘에서 북극성을 관측하는 모습입니다. 물음에 답하시오.

북극성

(1) 위와 같이 민수가 북극성을 바라보고 섰을 때 알 수 있는 방위를 쓰시오.

> 민수의 앞쪽은 (   ), 뒤쪽은 (   ), 오른쪽은 (   ), 왼쪽은 (   )이 된다.

(2) 위 (1)번 답을 보고, 북극성을 이용해 바다 한가운데에서 뱃길을 찾을 수 있었던 까닭을 쓰시오.

> 북극성은 항상 (   )쪽에 있어서 북극성을 찾으면 (   )을/를 알 수 있기 때문이다.

문제 해결 전략
나침반이나 지도가 없을 때, 북극성을 보면 길을 찾을 수 있습니다.

핵심 키워드
북극성

실전 문제

1 다음과 같이 밤하늘을 관측할 때, 목성과 토성이 주위의 별보다 밝게 보이는 까닭을 쓰시오.

_____

_____

_____

2 다음 큰곰자리는 서양의 별자리이고, 큰곰자리의 꼬리 부분에 해당하는 북두칠성은 우리나라를 포함한 동양의 별자리입니다. 이와 같이 별자리의 모습과 이름을 다르게 부르는 까닭을 쓰시오.

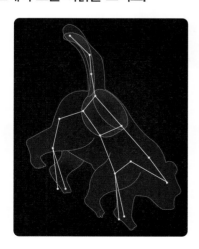

_____

_____

_____

3 다음 별자리를 보고, 물음에 답하시오.

(가)   (나)

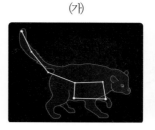 

(1) 위 별자리 (가)와 (나)에 대한 설명입니다. (   ) 안에 공통으로 들어갈 알맞은 말을 쓰시오.

> • (가)는 작은곰자리이고, (   )을/를 포함하고 있다.
> • (나)는 카시오페이아자리이고, (   )을/를 찾는 데 이용하는 별자리이다.

(   )

(2) 위와 같은 별자리를 관측하기에 적당한 장소를 쓰시오.

_____

_____

4 다음 북두칠성을 이용하여 북극성을 찾는 방법을 쓰시오.

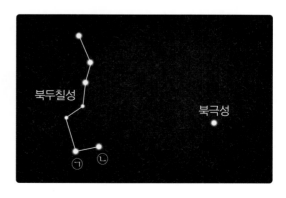

_____

_____

1 태양이 우리에게 미치는 영향

식물은 태양 빛으로 양분을 만들어 자람.

일부 동물은 식물이 만든 양분을 먹고 살아감.

태양은 주변을 밝게 비추고, 지구를 따뜻하게 함.

지표면의 물이 증발하여 지구의 물이 순환할 수 있도록 함.

2 태양계

• 태양계의 구성: 태양, 행성, 위성, 소행성, 혜성 등으로 구성됨.

태양	• 태양계의 중심에 위치함. • 태양계에서 유일하게 스스로 빛을 내는 천체임.
행성	• 태양의 주위를 도는 둥근 천체임. • 태양계에는 여덟 개의 행성인 수성, 금성, 지구, 화성, 목성, 토성, 천왕성, 해왕성이 있음.
위성	• 행성의 주위를 도는 천체임. • 달은 지구 주위를 도는 위성임.

• 지구의 반지름을 1로 보았을 때 태양계 행성의 상대적인 크기

토성 9.4   목성 11.2   해왕성 3.9   천왕성 4.0   수성 0.4   화성 0.5   금성 0.9   지구 1.0

• 태양에서 지구까지의 거리를 1로 보았을 때 태양에서 행성까지의 상대적인 거리

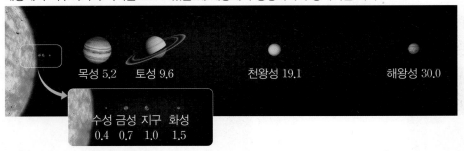

목성 5.2   토성 9.6   천왕성 19.1   해왕성 30.0

수성 금성 지구 화성
0.4 0.7 1.0 1.5

3 별과 별자리

• 별과 행성의 차이점
  - 별은 태양처럼 스스로 빛을 내지만, 행성은 스스로 빛을 내는 것이 아니라 태양 빛이 반사되어 우리에게 보임.
  - 별은 여러 날 동안 관측하면 거의 움직이지 않는 것처럼 보이지만, 행성은 여러 날 동안 관측하면 별들 사이에서 위치가 조금씩 변함.

• 북두칠성을 이용해 북극성을 찾는 방법

북두칠성의 국자 모양 끝부분에서 별 ①, ②를 찾아 연결한 뒤, 그 거리의 다섯 배만큼 떨어진 곳에 있는 별이 북극성임.

• 카시오페이아자리를 이용해 북극성을 찾는 방법

카시오페이아자리의 바깥쪽 두 선을 연장한 선이 만나는 점 ㉠을 찾아 가운데에 있는 별 ㉡과 연결한 뒤, 그 거리의 다섯 배만큼 떨어진 곳에 있는 별이 북극성임.

대단원 마무리

3. 태양계와 별

01 다음에서 설명하는 것은 무엇인지 쓰시오.

> • 낮과 밤을 만들며, 낮에 야외 활동을 할 수 있게
> 해 준다.
> • 식물과 동물이 살아가는 데 필요한 에너지를
> 공급한다.
> • 지구를 따뜻하게 하여 생물이 살아가기에 알맞
> 은 환경을 만든다.

(   )

02 다음 (가)와 (나)에 대한 설명으로 옳지 <u>않은</u> 것은 어느
것입니까? (   )

(가)   (나)

① (가)의 식물은 태양 빛으로 양분을 만든다.
② 태양이 없다면 (가)의 식물은 살기 어렵다.
③ 태양이 없어도 (나)의 동물은 잘 살 수 있다.
④ (나)의 동물은 식물이 만든 양분을 먹고 살아간다.
⑤ (가)와 (나)를 통해 태양이 생물에게 영향을 미친
다는 것을 알 수 있다.

03 다음은 지표면의 물이 증발하여 구름이 된 뒤 비가 내
리는 모습입니다. 이와 같이 물이 순환할 수 있게 에
너지를 공급하는 것은 어느 것입니까? (   )

① 달   ② 별   ③ 태양
④ 지구   ⑤ 우주

04 다음 천체를 서로 관련 있는 것끼리 바르게 선으로 연
결하시오.

(1) 별   •   • ㉠ 달

(2) 행성   •   • ㉡ 태양

(3) 위성   •   • ㉢ 지구

[05~06] 다음은 태양계의 구성원을 나타낸 것입니다. 물음
에 답하시오.

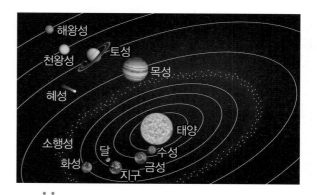

05 ⌐중요⌐
위 태양계의 구성원에 대한 설명으로 옳지 <u>않은</u> 것은
어느 것입니까? (   )

① 달은 지구의 위성이다.
② 태양계의 중심에는 태양이 있다.
③ 태양과 행성은 스스로 빛을 낸다.
④ 태양계에는 여덟 개의 행성이 있다.
⑤ 행성은 색깔, 표면의 상태 등이 다르다.

06 ⌐서술형⌐
위 태양계 행성의 공통점을 쓰시오.

_____

_____

07 다음 보기 의 천체를 태양계의 구성원인 것과 구성원이 아닌 것으로 분류하여 기호를 쓰시오.

보기
⊙ 달   ⓒ 행성
ⓒ 북극성   ⓔ 북두칠성

(1) 태양계의 구성원인 것	(2) 태양계의 구성원이 아닌 것

08 다음 행성에 대한 설명으로 옳지 않은 것은 어느 것입니까? (   )

① 줄무늬가 있다.
② 표면이 기체로 되어 있다.
③ 태양계 행성 중 가장 크다.
④ 태양에서 지구보다 멀리 있다.
⑤ 태양계에서 가장 뚜렷한 고리를 가지고 있다.

09 다음은 어떤 행성에 대한 설명인지 보기 에서 골라 기호를 쓰시오.

• 지구와 가장 가까운 행성이다.
• 행성 중에서 가장 밝게 보이는 천체이다.
• 표면의 암석이 두꺼운 대기로 둘러싸여 있다.

보기
⊙ 수성   ⓒ 금성
ⓒ 화성   ⓔ 목성

(   )

[10~12] 다음은 지구의 반지름을 1로 보았을 때 태양계 행성의 상대적인 크기를 나타낸 표입니다. 물음에 답하시오.

행성	수성	금성	지구	화성	목성	토성	천왕성	해왕성
상대적인 크기	0.4	0.9	1.0	0.5	11.2	9.4	4.0	3.9

⊏중요⊐
10 위 태양계 행성의 크기를 바르게 비교한 것은 어느 것입니까? (   )

① 금성은 지구보다 크다.
② 화성은 지구보다 크다.
③ 수성은 화성보다 크다.
④ 목성이 토성보다 크다.
⑤ 해왕성은 천왕성보다 크다.

11 위 태양계 행성의 상대적인 크기를 보기 에 있는 물체를 이용하여 비교하려고 합니다. 지구의 크기를 반지름이 1 cm인 구슬이라고 할 때, 다음 행성에 비유할 수 있는 물체를 골라 기호를 쓰시오.

보기
⊙ 반지름이 약 0.5 cm인 콩
ⓒ 반지름이 약 3.5 cm인 야구공
ⓒ 반지름이 약 11.0 cm인 축구공

(1) 목성에 비유할 수 있는 물체: (   )
(2) 천왕성에 비유할 수 있는 물체: (   )

⊏서술형⊐
12 위 태양계 행성을 상대적으로 크기가 작은 것과 큰 것으로 분류하여 쓰시오.

_____

_____

[13~14] 다음은 태양에서 지구까지의 거리를 두루마리 휴지 한 칸으로 정했을 때, 태양에서 행성까지 필요한 휴지의 칸 수를 표로 나타낸 것입니다. 물음에 답하시오.

행성	휴지 칸 수(칸)	행성	휴지 칸 수(칸)
수성	0.4	목성	5.2
금성	0.7	토성	9.6
지구	1.0	천왕성	19.1
화성	1.5	해왕성	30.0

13 위 표를 보고, 두루마리 휴지가 세 번째로 많이 필요한 행성은 어느 것입니까? (   )

① 화성
② 목성
③ 토성
④ 천왕성
⑤ 해왕성

14 위 표를 보고, 태양과 지구 사이에 있는 행성끼리 바르게 짝 지은 것은 어느 것입니까? (   )

① 수성, 금성
② 천왕성, 해왕성
③ 수성, 금성, 화성
④ 화성, 목성, 토성
⑤ 화성, 목성, 토성, 천왕성, 해왕성

15 태양에서 지구까지의 거리가 지금보다 더 가까워질 때 나타날 수 있는 현상을 보기 에서 골라 기호를 쓰시오.

보기

㉠ 아무 변화가 없다.
㉡ 지구가 뜨거워져 빙하가 녹는다.
㉢ 지구가 얼어붙어 생물이 살기 힘들다.

(   )

[16~17] 다음은 여러 날 동안 같은 장소에서 같은 시각에 밤하늘을 관측하여 나타낸 그림에 투명 필름을 덮고 모든 천체의 위치를 표시한 뒤, 투명 필름 세 장을 순서대로 겹친 것입니다. 물음에 답하시오.

▲ 첫째 날   ▲ 7일 뒤   ▲ 15일 뒤   ▲ 겹치기

16 위와 같이 천체의 위치를 표시한 투명 필름 세 장을 겹쳤을 때 행성과 별 중 위치가 변한 천체는 무엇인지 쓰시오.

(   )

17 ⌐중요⌐ 위와 같이 여러 날 동안 밤하늘을 관측하여 알 수 있는 사실로 옳지 않은 것은 어느 것입니까? (   )

① 위치가 변하지 않은 천체는 한 개이다.
② 위치가 변한 천체는 태양 주위를 돈다.
③ 위치가 변하지 않은 천체는 스스로 빛을 낸다.
④ 위치가 변한 천체는 태양 빛이 반사되어 보이는 것이다.
⑤ 위치가 변한 천체는 위치가 변하지 않은 천체보다 지구에 가까이 있다.

18 밤하늘에서 볼 수 있는 별에 대한 설명으로 옳은 것은 어느 것입니까? (   )

① 별은 위치가 거의 변하지 않는다.
② 밤하늘에서 볼 수 있는 천체는 모두 별이다.
③ 밤하늘에 있는 수많은 별은 태양계의 구성원이다.
④ 별은 행성보다 지구에 가까이 있으므로 밝고 또렷하게 보인다.
⑤ 별은 스스로 빛을 내지 못하고 태양 빛이 반사되어 우리에게 보인다.

19 다음은 별자리에 대한 설명입니다. ( ) 안에 공통으로 들어갈 알맞은 말을 쓰시오.

> • 별자리는 밤하늘에 무리 지어 있는 별을 연결해 사람이나 동물 또는 물건의 ( )을/를 붙인 것이다.
> • 별자리의 모습과 ( )은/는 지역과 시대에 따라 다르다.

( )

⊏서술형⊐

20 다음은 밤하늘의 별자리를 관측하는 방법입니다. 옳지 <u>않은</u> 것을 찾아 기호를 쓰고, 바르게 고쳐 쓰시오.

> ㉠ 별자리를 관측할 시각과 장소를 정한다.
> ㉡ 해가 진 직후 어두워지기 시작할 때 바로 관측한다.
> ㉢ 주변이 탁 트이고 밝지 않은 곳에서 관측한다.
> ㉣ 나침반을 이용해 북쪽을 확인하여 관측한다.

_____

_____

21 다음과 같이 바다 한가운데에서 항해하는 배가 나침반이나 지도가 없을 때 밤하늘에서 방위를 찾기 위해 이용하는 별은 무엇인지 쓰시오.

( )

22 북쪽 밤하늘에서 항상 볼 수 있는 별이나 별자리가 <u>아닌</u> 것은 어느 것입니까? ( )

① 북극성
② 사자자리
③ 북두칠성
④ 작은곰자리
⑤ 카시오페이아자리

[23~24] 다음은 북쪽 밤하늘을 관측한 모습입니다. 물음에 답하시오.

23 위에 대한 설명으로 옳지 <u>않은</u> 것은 어느 것입니까?
( )

① ㉠은 국자 모양의 북두칠성이다.
② ㉠은 큰곰자리의 꼬리 부분에 해당한다.
③ ㉡은 북쪽 밤하늘에서 가장 밝은 별이다.
④ 별자리 ㉠과 ㉢을 이용하여 별 ㉡을 찾을 수 있다.
⑤ ㉢은 W자 또는 M자 모양의 카시오페이아자리이다.

⊏중요⊐

24 다음은 별자리 ㉠을 이용하여 별 ㉡을 찾는 방법입니다. ( ) 안에 들어갈 알맞은 말을 쓰시오.

> 별자리 ㉠의 국자 모양 끝부분에서 두 별을 찾아 연결한 뒤, 그 거리의 ( ) 배만큼 떨어진 곳에서 별 ㉡을 찾을 수 있다.

( )

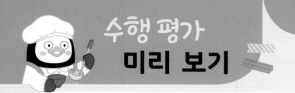

1 다음은 태양에서 지구까지의 거리를 1로 보았을 때 태양에서 행성까지의 상대적인 거리를 나타낸 것입니다. 물음에 답하시오.

(1) 위 태양계 행성을 태양에서 지구보다 가까이 있는 행성과 지구보다 멀리 있는 행성으로 분류하여 쓰시오.

㈎ 태양에서 지구보다 가까이 있는 행성	㈏ 태양에서 지구보다 멀리 있는 행성

(2) 위 태양계 행성의 상대적인 크기와 태양에서 행성까지의 거리를 관련지어 쓰시오.

2 다음 북쪽 밤하늘의 별자리를 보고, 물음에 답하시오.

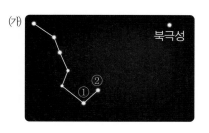

(1) 위 별자리를 이용하여 북극성을 찾는 방법을 각각 쓰시오.

㈎	(　　　　　　)의 국자 모양 끝부분에서 별 ①, ②를 찾아 연결한 뒤, 그 거리의 (　　　　) 배만큼 떨어진 곳에 있는 별이 북극성이다.
㈏	(　　　　　　)에서 바깥쪽 두 선을 연장해 만나는 점 ㉠을 찾은 뒤, 이 점과 별 ㉡ 사이 거리의 (　　　) 배만큼 떨어진 곳에 있는 별이 북극성이다.

(2) 위 (1)번과 같이 북극성을 찾는 경우를 그 까닭과 관련지어 쓰시오.

4단원

용해와 용액

우리는 생활에서 다양한 가루 물질을 물에 녹여 이용합니다. 국을 끓일 때 소금을 넣거나 코코아 가루를 물에 녹여 마시는 경우가 그 예입니다.

이 단원에서는 물질이 물에 녹는 현상을 통해 용해와 용액에 대해 알아보고, 용질의 종류에 따라 물에 용해되는 양과 물의 온도에 따라 용질이 용해되는 양을 각각 비교해 봅니다. 또한 용액의 진하기를 비교하는 도구의 원리에 대해 알아봅니다.

단원 학습 목표

(1) 용해, 용질의 무게 비교, 용질의 종류와 용해되는 양
- 물질이 물에 녹는 현상을 통해 용해와 용액에 대해 알아봅니다.
- 각설탕의 용해 과정을 통해 용질이 물에 용해될 때의 특성에 대해 알아봅니다.
- 용질의 종류에 따라 물에 용해되는 양이 달라지는 것을 알아봅니다.
(2) 물의 온도와 용질이 용해되는 양, 용액의 진하기
- 물의 온도에 따라 용질이 용해되는 양을 비교합니다.
- 용액의 진하기를 비교하는 여러 가지 방법에 대해 알아봅니다.
- 용액의 진하기를 비교하는 도구의 원리에 대해 알아봅니다.

단원 진도 체크

회차	학습 내용		진도 체크
1차	(1) 용해, 용질의 무게 비교, 용질의 종류와 용해되는 양	교과서 내용 학습 + 핵심 개념 문제	✓
2차			✓
3차		중단원 실전 문제 + 서술형·논술형 평가 돋보기	✓
4차	(2) 물의 온도와 용질이 용해되는 양, 용액의 진하기	교과서 내용 학습 + 핵심 개념 문제	✓
5차			✓
6차		중단원 실전 문제 + 서술형·논술형 평가 돋보기	✓
7차	대단원 정리 학습 + 대단원 마무리 + 수행 평가 미리 보기		✓

해당 부분을 공부한 후 ✓표를 하세요.

(1) 용해, 용질의 무게 비교, 용질의 종류와 용해되는 양

▶ 일상생활에서 볼 수 있는 용액
분말주스 용액, 식초, 구강 청정제,
손 세정제 등

▲ 분말주스 용액   ▲ 구강 청정제

▶ **용액의 특징**
• 오래 두어도 가라앉거나 떠 있는
  것이 없습니다.
• 거름 장치로 걸렀을 때 거름종이
  에 남는 것이 없습니다.
• 용액의 어느 부분이든지 물질이
  섞여 있는 정도가 같습니다.

▶ **미숫가루를 탄 물도 용액일까요?**
미숫가루를 탄 물은 시간이 지나면
바닥에 가라앉는 물질이 생깁니다.
따라서 미숫가루를 탄 물은 용액이
아닙니다.

낱말 사전

물질 물체를 만드는 재료
변화 사물의 형상이나 성질 등
이 달라짐.
투명 흐리지 않고 속까지 환히
트여 맑음.

---

1 용해

(1) 물에 여러 가지 가루 물질을 넣었을 때의 변화

구분	물에 넣고 저을 때	10분 동안 가만히 두었을 때
소금	• 소금이 물에 녹는다.	• 투명하다. • 뜨거나 가라앉은 것이 없다.
설탕	• 설탕이 물에 녹는다.	• 투명하다. • 뜨거나 가라앉은 것이 없다.
멸치 가루	• 멸치 가루가 물과 섞여 뿌옇게 변한다.	• 멸치 가루가 물 위에 뜨거나 바닥에 가 라앉았다.

➡ 물에 여러 가지 가루 물질을 넣으면 어떤 물질은 녹고, 어떤 물질은 녹지 않습니다.

(2) 용해, 용질, 용매, 용액

소금(용질)   물(용매)   용해 ➡   소금물(용액)

① 용해: 어떤 물질이 다른 물질에 녹아 골고루 섞이는 현상 ⑩ 소금이 물에 녹는 현상
② 용질: 다른 물질에 녹는 물질 ⑩ 소금
③ 용매: 다른 물질을 녹이는 물질 ⑩ 물
④ 용액: 녹는 물질이 녹이는 물질에 골고루 섞여 있는 물질 ⑩ 소금물

(3) 용액과 용액이 아닌 것 구별하기
① 설탕이 물에 녹아 설탕물이 될 때 설탕이 물에 녹는 현상을 용해라고 합니다. 또, 이
   때 만들어진 설탕물을 용액이라고 합니다.
② 멸치 가루는 물에 녹지 않고 시간이 지났을 때 물 위에 뜨거나 바닥에 가라앉으므로
   용액이라고 할 수 없습니다.
③ 상점에서 판매되는 주스는 일반적으로 뜨거나 가라앉는 물질이 없고, 여러 가지 물질
   이 골고루 섞여 있으므로 용액이라고 합니다. 그러나 과일을 갈아서 만든 주스는 가만
   히 두었을 때 과일 층과 물 층으로 분리되어 뜨거나 가라앉는 것이 생기므로 용액이라
   고 할 수 없습니다.

(1) 각설탕을 물에 넣었을 때 시간에 따른 변화

① 각설탕을 물에 넣은 직후 각설탕에서 거품이 생겨 위로 올라가고, 거품과 함께 아지랑이 같은 것이 보입니다.

② 시간이 지남에 따라 큰 각설탕이 작은 설탕 가루로 부서지면서 크기가 작아지고, 아지랑이 같은 물질이 많이 생깁니다.

③ 작아진 설탕은 더 작은 크기의 설탕으로 나뉘어 물에 골고루 섞이고, 완전히 용해되어 눈에 보이지 않게 됩니다.

(2) 각설탕이 물에 용해되기 전과 후의 무게 비교

① 물을 넣은 비커와 시약포지, 각설탕, 유리 막대를 전자저울에 함께 올려놓고 무게를 측정합니다.

② 각설탕을 물에 넣은 뒤 유리 막대로 저으면서 용해되는 모습을 관찰합니다.

➡ 큰 각설탕이 작은 설탕 가루로 나누어지고, 결국 물에 섞여 보이지 않게 됩니다.

③ 각설탕이 다 용해되면 설탕물이 담긴 비커와 빈 시약포지, 유리 막대를 전자저울에 올려놓고 무게를 측정합니다.

④ 각설탕이 물에 용해되기 전과 용해된 후의 무게를 비교합니다.

➡ 각설탕이 물에 용해되기 전과 후의 무게는 같습니다.

▲ 각설탕이 물에 용해되기 전

▲ 각설탕이 물에 용해된 후

(3) 용질이 용해되기 전과 후의 무게가 같은 까닭: 용질이 물에 용해되면 없어지는 것이 아니라 매우 작아져 물과 골고루 섞여 용액이 되기 때문입니다.

▶ 소금이나 설탕이 물에 용해되면 눈에 보이지 않는 까닭은 무엇일까요?
소금이나 설탕이 물에 용해되면 원래의 크기보다 매우 작게 변해 물과 섞이게 됩니다. 이 크기는 돋보기나 현미경으로도 보이지 않을 만큼 매우 작아서 우리 눈에 보이지 않는 것입니다.

▶ 전자저울을 사용할 때 주의할 점
무게를 측정하기 전에 영점 단추를 눌러 영점을 맞춥니다.

▶ 용해되기 전과 후에 무게를 측정할 때 차이가 나는 경우
전자저울을 사용하여 용해되기 전과 후의 무게를 측정할 때 측정값에 차이가 나는 경우가 있습니다. 이는 용해 과정에서 물이 증발하거나 도구로 물을 젓는 과정에서 물이 줄어들 수 있기 때문입니다.

개념 확인 문제

1 설탕이나 소금을 물에 녹이면 (투명하게 , 뿌옇게) 되고, 뜨거나 가라앉은 것이 (있습니다 , 없습니다).

2 소금물처럼 소금과 같은 녹는 물질이 물과 같은 녹이는 물질에 골고루 섞여 있는 물질을 (   )(이)라고 합니다.

3 각설탕이 물에 용해되어 눈에 보이지 않는 것은 각설탕이 없어졌기 때문입니다. (○ , ×)

4 용질이 물에 용해되기 전과 후의 무게는 (같습니다 , 다릅니다).

정답 **1** 투명하게, 없습니다 **2** 용액 **3** × **4** 같습니다

▶ **포화 용액**
용질이 어떤 온도에서 최대한 용해되어 있는 상태를 '포화 상태'라고 합니다. 물에 소금을 넣고 계속 녹이다 보면 더는 소금이 녹지 않게 되는데, 이때 용질이 더 이상 용해되지 않는 가장 진한 용액을 '포화 용액'이라고 합니다.

▶ **같은 온도의 용매에 더 많은 양의 용질을 용해시키려면 어떻게 해야 할까요?**
소금이나 베이킹 소다의 경우 용질의 양이 어느 정도 많아지면 더 이상 용해되지 않습니다. 이런 경우 용매의 양을 늘리면 용질을 더 용해시킬 수 있습니다.

낱말 사전

베이킹 소다 빵이나 과자를 만들 때 쓰는 첨가물. 반죽을 팽창하게 하여 맛을 좋게 하고, 연하게 만들어 줌.
백반 명반석에서 추출한 흰색의 고체 덩어리. 일상생활에서 주로 섬유에 염색이 잘되도록 도와주는 물질로 사용됨.

개념 확인 문제

3 용질의 종류에 따라 물에 용해되는 양

(1) 여러 가지 용질이 물에 용해되는 양 비교

① 온도가 같은 물 50 mL에 소금, 설탕, 베이킹 소다를 각각 한 숟가락씩 넣으면서 유리 막대로 저어 용해되는 양을 비교합니다.

소금, 설탕, 베이킹 소다를 각각 한 숟가락씩 넣었을 때

➡ 소금, 설탕, 베이킹 소다가 다 용해되었다 .

소금, 설탕, 베이킹 소다를 각각 두 숟가락씩 넣었을 때

➡ 소금과 설탕은 다 용해되었지만, 베이킹 소다는 다 용해되지 않고 가라앉았다.

소금, 설탕, 베이킹 소다를 각각 여덟 숟가락씩 넣었을 때

➡ 설탕은 다 용해되었지만, 소금과 베이킹 소다는 다 용해되지 않고 가라앉았다.

② 온도와 양이 같은 물에 소금, 설탕, 베이킹 소다를 한 숟가락씩 더 넣으면서 유리 막대로 저었을 때의 결과

(용질이 다 용해되면 ○, 용질이 다 용해되지 않고 바닥에 남으면 △)

구분	약숟가락으로 넣은 횟수(회)							
	1	2	3	4	5	6	7	8
소금	○	○	○	○	○	○	○	△
설탕	○	○	○	○	○	○	○	○
베이킹 소다	○	△	△	△	△	△	△	△

③ 온도와 양이 같은 물에 설탕이 가장 많이 용해되고, 다음으로 소금이 많이 용해되며, 베이킹 소다가 가장 적게 용해됩니다.

(2) 여러 가지 용질이 물에 용해되는 양: 물의 온도와 양이 같아도 용질마다 물에 용해되는 양은 서로 다릅니다.

1 온도와 양이 같은 물에 넣었을 때 가장 많은 양이 용해되는 용질은 (소금 , 설탕 , 베이킹 소다)입니다.

2 온도와 양이 같은 물에 여러 가지 용질을 넣었을 때 용질마다 물에 용해되는 양은 서로 (같습니다 , 다릅니다).

정답 **1** 설탕 **2** 다릅니다

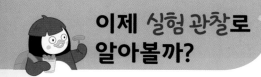

여러 가지 용질이 물에 용해되는 양 비교하기

[준비물] 물, 비커(100 mL) 세 개, 눈금실린더(100 mL), 설탕, 소금, 백반, 약숟가락 세 개, 페트리 접시 세 개, 유리 막대 세 개, 실험복, 실험용 장갑, 보안경

[실험 방법]

① 비커 세 개에 온도가 같은 물을 각각 50 mL씩 넣습니다.

② 비커에 설탕, 소금, 백반을 각각 한 숟가락씩 넣고 유리 막대로 저은 뒤, 완전히 용해되었는지 관찰합니다.

> 주의할 점
> • 약숟가락으로 용질을 비커에 넣을 때 한 숟가락의 양을 같게 맞추도록 합니다.
> • 바닥에 검은색 종이를 깔면 용질이 얼마나 용해되었는지 쉽게 비교할 수 있습니다.

설탕   소금   백반

③ 설탕, 소금, 백반이 완전히 용해되면 각 용질을 한 숟가락씩 더 넣고 저어 봅니다.

④ 설탕, 소금, 백반이 더 이상 용해되지 않을 때까지 위의 과정을 반복합니다.

⑤ 물의 온도와 양이 같을 때 용질의 종류에 따라 용질이 물에 용해되는 양을 알아봅니다.

> 중요한 점
> 물의 온도와 양이 같을 때 용질의 종류에 따라 물에 용해되는 양이 다름을 아는 것이 중요합니다.

[실험 결과]

① 여러 가지 용질이 물에 용해되는 양

(용질이 다 용해되면 ○, 용질이 다 용해되지 않고 바닥에 남으면 △)

구분	약숟가락으로 넣은 횟수(회)									
	1	2	3	4	5	6	7	8	9	10
설탕	○	○	○	○	○	○	○	○	○	○
소금	○	○	○	○	○	○	○	△	△	△
백반	○	○	△	△	△	△	△	△	△	△

② 온도와 양이 같은 물에 소금, 설탕, 백반이 용해되는 양은 서로 다릅니다.

탐구 문제

정답과 해설 20쪽

1 위 실험에서 온도와 양이 같은 물에 설탕, 소금, 백반을 각각 한 숟가락씩 넣으면서 유리 막대로 저은 결과로 옳은 것에 ○표, 옳지 않은 것에 ×표 하시오.

(1) 설탕은 소금보다 더 많이 용해된다.   (   )

(2) 소금은 백반보다 더 많이 용해된다.   (   )

(3) 백반을 네 숟가락 넣어도 모두 용해된다.   (   )

(4) 물에 가장 많은 양이 용해되는 용질은 설탕이다.
                                                 (   )

2 위 실험에서 다르게 한 조건과 같게 한 조건을 보기 에서 골라 기호를 쓰시오.

> 보기
>
> ㉠ 물의 양   ㉡ 물의 온도
> ㉢ 용매의 종류   ㉣ 용질의 종류

(1) 다르게 한 조건: (   )

(2) 같게 한 조건: (   )

개념 1 | **물에 여러 가지 가루 물질을 넣었을 때 변화를 묻는 문제**

(1) 물에 소금, 설탕, 멸치 가루를 넣었을 때의 변화

구분	물에 넣고 저을 때	10분 동안 가만히 두었을 때
소금	• 물에 녹음.	• 투명함. • 뜨거나 가라앉은 것이 없음.
설탕		
멸치 가루	• 물과 섞여 뿌옇 게 변함.	• 물 위에 뜨거나 바닥에 가라 앉았음.

(2) 물에 여러 가지 가루 물질을 넣으면 어떤 물질은 녹고, 어떤 물질은 녹지 않음.

[01~02] 다음과 같이 온도가 같은 물이 **60 mL**씩 담긴 비커 세 개에 소금, 설탕, 멸치 가루를 각각 두 숟가락씩 넣고 저었습니다. 물음에 답하시오.

01 위 실험에서 소금, 설탕, 멸치 가루 중 물에 녹지 않는 물질을 골라 쓰시오.

( )

02 위 실험에서 소금, 설탕, 멸치 가루를 넣은 비커를 10분 동안 가만히 두었을 때의 변화로 옳은 것은 어느 것입니까? ( )

① (가)는 뿌옇게 흐려진다.
② (나)는 투명한 상태이다.
③ (다)는 투명한 상태이다.
④ (가)는 물 위에 뜨거나 가라앉은 것이 있다.
⑤ (다)는 물 위에 뜨거나 가라앉은 것이 없다.

개념 2 | **용해, 용질, 용매, 용액을 묻는 문제**

(1) 용해: 어떤 물질이 다른 물질에 녹아 골고루 섞이는 현상 예 소금이 물에 녹는 현상
(2) 용질: 다른 물질에 녹는 물질 예 소금
(3) 용매: 다른 물질을 녹이는 물질 예 물
(4) 용액: 녹는 물질이 녹이는 물질에 골고루 섞여 있는 물질 예 소금물

03 다음 ( ) 안에 들어갈 알맞은 말을 쓰시오.

소금처럼 물에 녹는 물질을 (㉠)(이)라고 하고, 물처럼 소금을 녹이는 물질을 (㉡)(이)라고 한다.

㉠ ( ), ㉡ ( )

04 다음 보기 는 같은 온도의 물이 **60 mL**씩 담긴 비커 세 개에 소금, 설탕, 멸치 가루를 각각 두 숟가락씩 넣고 저은 뒤 10분 동안 그대로 둔 모습입니다. 용액이라고 할 수 없는 것을 골라 기호를 쓰시오.

보기

㉠	㉡	㉢
▲ 소금	▲ 설탕	▲ 멸치 가루

( )

개념 3 ● **용질이 용해되기 전과 후의 무게 비교를 묻는 문제**

(1) 각설탕이 물에 용해되기 전 각설탕과 물의 무게의 합은 용해된 후 설탕물의 무게와 같음.

(2) 물에 완전히 용해된 각설탕은 눈에 보이지 않지만, 없어진 것이 아니라 매우 작게 변하여 물속에 골고루 섞여 있음.

[05~06] 다음은 각설탕이 물에 용해되기 전과 후의 무게를 측정한 실험입니다. 물음에 답하시오.

▲ 각설탕이 물에 용해되기 전

▲ 각설탕이 물에 용해된 후

05 위의 실험에 대한 설명으로 옳지 <u>않은</u> 것을 [보기]에서 골라 기호를 쓰시오.

> **보기**
>
> ㉠ 각설탕이 물에 녹아 용액이 된다.
> ㉡ 각설탕이 물에 용해되면 물속에 골고루 섞여 있다.
> ㉢ 무게를 잴 때 시약포지의 무게는 가벼우므로 재지 않아도 된다.

( )

06 위의 실험 결과, 각설탕이 물에 용해되기 전과 용해된 후의 무게를 바르게 비교한 것에 ○표 하시오.

(1) 각설탕이 물에 용해되기 전의 무게와 용해된 후의 무게는 같다. ( )

(2) 각설탕이 물에 용해되기 전의 무게가 용해된 후의 무게보다 무겁다. ( )

(3) 각설탕이 물에 용해되기 전의 무게가 용해된 후의 무게보다 가볍다. ( )

개념 4 ● **용질이 용해되기 전과 용해된 후의 무게가 같은 까닭을 묻는 문제**

(1) 용질이 용매에 용해되기 전과 용해된 후의 무게는 같음.

(2) 용질이 물에 용해되면 없어지는 것이 아니라 물에 골골고루 섞여 용액이 됨.

[07~08] 다음은 소금이 물에 용해되기 전과 용해된 후의 무게를 측정하여 나타낸 표입니다. 물음에 답하시오.

구분	용해되기 전의 무게(g)		용해된 후의 무게(g)
	소금이 놓인 시약포지	물이 담긴 비커	빈 시약포지 + 소금물이 담긴 비커
(가)	5	95	100
(나)	8	102	㉠
(다)	㉡	100	105

07 위 표의 ㉠과 ㉡에 들어갈 알맞은 수를 쓰시오.

㉠ ( ), ㉡ ( )

08 위 **07**번 답을 보고, 알 수 있는 사실은 어느 것입니까? ( )

① 용질은 물에 섞이지 않는다.
② 용질은 물과 섞이지 않고 바닥에 가라앉는다.
③ 용질이 물에 용해되어도 무게는 변화가 없다.
④ 용질을 물에 넣으면 크기가 점점 커지다가 물과 섞인다.
⑤ 용질이 물에 용해되면 크기가 점점 작아지고 결국 없어지게 된다.

개념 5 여러 가지 용질이 물에 용해되는 양의 비교를 묻는 문제

(1) 온도가 같은 물 50 mL에 소금, 설탕, 베이킹 소다를 각각 한 숟가락씩 넣고 유리 막대로 저어 주면 다 용해됨.

(2) 온도가 같은 물 50 mL에 소금, 설탕, 베이킹 소다를 각각 두 숟가락씩 넣고 용해되는 양을 비교하면 소금, 설탕은 다 용해되었으나 베이킹 소다는 다 용해되지 않고 바닥에 가라앉음.

(3) 온도가 같은 물 50 mL에 소금, 설탕, 베이킹 소다를 각각 여덟 숟가락씩 넣고 용해되는 양을 비교하면 설탕은 다 용해되었으나 소금과 베이킹 소다는 다 용해되지 않고 바닥에 가라앉음.

(4) 온도와 양이 같은 물에 설탕이 가장 많이 용해되고, 다음으로 소금이 많이 용해되며, 베이킹 소다가 가장 적게 용해됨.

09 다음은 온도와 양이 같은 물에 소금, 설탕, 베이킹 소다를 각각 두 숟가락씩 넣고 유리 막대로 저었을 때의 모습입니다. 이 실험에 대한 설명으로 옳은 것을 보기 에서 모두 골라 기호를 쓰시오.

보기

㉠ 소금은 다 용해되었다.
㉡ 설탕은 다 용해되지 않았다.
㉢ 베이킹 소다는 다 용해되지 않고 바닥에 가라앉았다.

(   )

10 위 09번 실험을 보고, 온도와 양이 같은 물에 소금, 설탕, 베이킹 소다를 각각 넣었을 때, 용해되는 양이 가장 적은 것은 무엇인지 쓰시오.

(   )

개념 6 용질마다 물에 용해되는 양이 다름을 묻는 문제

(1) 온도와 양이 같은 물에 같은 양의 여러 가지 용질을 넣고 저었을 때 어떤 용질은 다 용해되고, 어떤 용질은 어느 정도 용해되면 더 이상 용해되지 않고 바닥에 가라앉음.

(2) 온도와 양이 같은 물에 용해되는 용질의 양은 용질의 종류에 따라 다름.

(3) 용매의 양을 늘리면 용질을 더 많이 용해시킬 수 있음.

[11~12] 다음은 온도와 양이 같은 물에 용질 (가)와 (나)를 넣고 유리 막대로 충분히 저었을 때 관찰한 결과를 나타낸 표입니다. 물음에 답하시오.

구분	용질 (가)	용질 (나)
한 숟가락 넣었을 때	다 용해됨.	다 용해됨.
세 숟가락 넣었을 때	다 용해됨.	바닥에 가라앉음.
다섯 숟가락 넣었을 때	바닥에 가라앉음.	바닥에 가라앉음.

11 위의 표를 보고, (   ) 안에 들어갈 알맞은 말을 쓰시오.

물의 온도와 양이 같아도 (㉠   )마다 물에 (㉡   )되는 양이 서로 다르다.

㉠ (   ), ㉡ (   )

12 위 실험에서 물의 양을 2배로 늘렸을 때 더 많이 용해되는 용질은 어느 것인지 기호를 쓰시오.

(   )

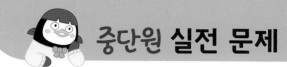
[01~02] 다음은 온도가 같은 물을 60 mL씩 넣은 세 개의 비커에 소금, 설탕, 멸치 가루를 각각 두 숟가락씩 넣고 유리 막대로 저은 뒤 변화를 관찰하는 실험입니다. 물음에 답하시오.

01 위의 실험에서 각 비커를 10분 동안 그대로 두었을 때의 변화로 옳은 것은 어느 것입니까? (　　　)

① 소금이 물에 뜬다.
② 설탕이 바닥에 가라앉는다.
③ 설탕이 물에 모두 녹아 투명하다.
④ 멸치 가루가 물에 모두 녹아 투명하다.
⑤ 멸치 가루가 물 위에 뜨거나 바닥에 가라앉은 것이 없다.

02 위의 실험 결과에 대한 설명으로 옳은 것을 보기 에서 골라 기호를 쓰시오.

보기

ㄱ 소금은 물에 모두 녹았다.
ㄴ 멸치 가루는 물에 모두 녹았다.
ㄷ 설탕은 물에 녹지 않고 바닥에 가라앉았다.

(　　　　　　　)

03 다음과 같은 현상을 무엇이라고 하는지 쓰시오.

소금이나 설탕을 물에 넣으면 물에 녹아 골고루 섞인다.

(　　　　　　　)

04 다음은 소금을 물에 넣어 소금물이 만들어지는 과정을 나타낸 것입니다. 소금물과 같이 용질이 용매에 골고루 섞여 있는 물질을 무엇이라고 하는지 쓰시오.

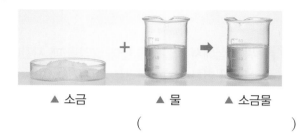

▲ 소금　　　　▲ 물　　　　▲ 소금물

(　　　　　　　　　)

05 다음은 설탕물이 만들어지는 과정을 설명한 것입니다. 용질과 용매에 해당하는 물질은 무엇인지 각각 쓰시오.

각설탕을 물에 녹여 설탕물을 만들었다.

(1) 용질: (　　　　　　　　)
(2) 용매: (　　　　　　　　)

06 용액이 아닌 것은 어느 것입니까? (　　　)

① 소금을 넣어 모두 녹인 물
② 각설탕을 넣어 모두 녹인 물
③ 베이킹 소다를 넣어 모두 녹인 물
④ 분말주스를 녹여서 만든 아이스티
⑤ 과일을 생으로 갈아서 만든 과일 주스

[07~09] 다음은 각설탕을 물에 넣었을 때 시간에 따른 변화를 순서 없이 나열한 것입니다. 물음에 답하시오.

ㄱ  ㄴ  ㄷ

07 위 실험에서 각설탕을 물에 넣었을 때 시간에 따라 각설탕이 변화하는 순서대로 기호를 쓰시오.

( ) → ( ) → ( )

08 위 실험에 대한 설명으로 옳은 것은 어느 것입니까?

( )

① 물의 양이 점점 많아진다.
② 각설탕이 작게 부스러져 없어진다.
③ 각설탕이 물에 용해되는 과정이다.
④ 시간이 지나면서 각설탕의 양이 많아진다.
⑤ 시간이 지나면 각설탕은 대부분 물 위에 떠 있다.

09 위 **07**번 답과 같은 순서로 비커의 무게를 측정하였을 때, 무게를 바르게 예상한 것은 어느 것입니까?

( )

① ㄱ의 무게가 가장 무거울 것이다.
② ㄴ의 무게가 가장 무거울 것이다.
③ ㄷ의 무게가 가장 무거울 것이다.
④ ㄱ, ㄴ, ㄷ의 무게가 모두 같을 것이다.
⑤ ㄱ과 ㄴ의 무게는 같고, ㄷ이 가장 가벼울 것이다.

10 각설탕을 물에 넣은 뒤 시간에 따라 변하는 모습을 관찰한 것으로 옳지 않은 것은 어느 것입니까? ( )

① 아지랑이 같은 것이 보인다.
② 각설탕 주변에 기포가 생긴다.
③ 큰 각설탕이 작은 설탕 가루로 부서진다.
④ 작은 설탕 가루가 물 위에 뜨거나 바닥에 가라앉는다.
⑤ 시간이 지나면 각설탕이 모두 용해되어 투명한 설탕물이 된다.

[11~12] 다음은 각설탕이 물에 용해되기 전과 용해된 후의 무게를 측정한 모습입니다. 물음에 답하시오.

▲ 각설탕이 물에 용해되기 전   ▲ 각설탕이 물에 용해된 후

11 위 실험에서 각설탕이 물에 용해되기 전의 무게가 122.8 g이었다면 각설탕이 물에 용해된 후의 무게는 몇 g인지 쓰시오.

( ) g

⊏서술형⊐
12 위 **11**번 답과 같이 쓴 까닭은 무엇인지 쓰시오.

_____

_____

_____

13 다음 ( ) 안에 들어갈 말을 바르게 나타낸 것은 어느 것입니까? ( )

> 각설탕을 물에 넣으면 (㉠) 크기의 설탕 가루로 나뉘어 물에 골고루 섞이기 때문에 각설탕이 물에 용해되기 전과 후의 (㉡)은/는 같다.

	㉠	㉡		㉠	㉡
①	큰	크기	②	큰	무게
③	큰	모양	④	작은	무게
⑤	작은	모양			

14 다음 ( ) 안에 들어갈 알맞은 내용은 어느 것입니까? ( )

> 소금 5 g을 물 50 g에 완전히 용해시키면 ( )이 된다.

① 물 50 g
② 물 55 g
③ 소금물 45 g
④ 소금물 50 g
⑤ 소금물 55 g

15 가장 무거운 용액은 어느 것입니까? ( )

① 물 50 g에 소금 5 g이 용해되어 있는 용액
② 물 50 g에 설탕 20 g이 용해되어 있는 용액
③ 물 100 g에 소금 5 g이 용해되어 있는 용액
④ 물 100 g에 설탕 10 g이 용해되어 있는 용액
⑤ 물 100 g에 소금 15 g이 용해되어 있는 용액

[16~17] 다음은 온도와 양이 같은 물에 용질 ㈎와 용질 ㈏를 넣고 유리 막대로 충분히 저은 뒤 관찰한 결과입니다. 물음에 답하시오.

구분	용질 ㈎	용질 ㈏
두 숟가락 넣었을 때	다 용해됨.	다 용해됨.
여덟 숟가락 넣었을 때	다 용해됨.	바닥에 가라앉음.

16 위의 용질 ㈎와 ㈏ 중에서 더 많이 용해되는 용질은 어느 것인지 기호를 쓰시오.

( )

17 위의 실험 결과로 알 수 있는 사실로 옳은 것을 보기 에서 골라 기호를 쓰시오.

> **보기**
>
> ㉠ 용질 ㈎의 알갱이 크기가 용질 ㈏의 알갱이 크기보다 크다.
> ㉡ 용질 ㈎와 용질 ㈏는 온도와 양이 같은 물에 용해되는 양이 서로 다르다.
> ㉢ 온도가 같은 물의 양을 반으로 줄여도 용질 ㈎와 용질 ㈏가 용해되는 양은 위 실험 결과와 같다.

( )

18 여러 가지 용질이 물에 용해되는 양에 대한 설명으로 옳은 것을 보기 에서 골라 기호를 쓰시오.

> **보기**
>
> ㉠ 용질의 종류에 따라 물에 용해되는 양이 다르다.
> ㉡ 용질의 색깔이 같으면 물에 용해되는 양이 같다.
> ㉢ 물의 온도와 양이 같으면 용질의 종류와 상관없이 물에 용해되는 양은 같다.

( )

[19~22] 다음은 온도가 같은 물을 각각 50 mL씩 넣은 비커 세 개에 소금, 설탕, 베이킹 소다를 넣었을 때 용해되는 양을 표로 나타낸 것입니다. 물음에 답하시오.

(용질이 다 용해되면 ○, 용질이 다 용해되지 않고 바닥에 남으면 △)

구분	약숟가락으로 넣은 횟수(회)							
	1	2	3	4	5	6	7	8
소금	○	○	○	○	○	○	○	△
설탕	○	○	○	○	○	○	○	○
베이킹 소다	○	△	△	△	△	△	△	△

19 위의 표에 대한 설명으로 옳지 <u>않은</u> 것을 보기 에서 골라 기호를 쓰시오.

보기

⊙ 베이킹 소다는 물에 전혀 용해되지 않는다.
ⓒ 물에 소금을 두 숟가락 넣었을 때 다 용해된다.
ⓒ 물에 설탕을 여덟 숟가락 넣었을 때 다 용해된다.
② 물에 소금, 설탕, 베이킹 소다를 각각 네 숟가락씩 넣었을 때 소금과 설탕은 다 용해되었지만, 베이킹 소다는 다 용해되지 않는다.

( )

20 위의 표를 보고, 물에 용해되는 양이 많은 용질부터 순서대로 쓰시오.

( ), ( ), ( )

⊏서술형⊐
21 위의 표를 보고, 소금과 베이킹 소다를 각각 아홉 숟가락씩 넣었을 때 예상되는 변화를 한 가지 쓰시오.

_____

_____

_____

22 이 실험의 세 가지 용질을 온도가 같은 물 100 mL에 각각 넣었을 때 용해되는 양을 예상한 결과로 옳은 것에 ○표 하시오.

(1) 소금이 가장 많이 용해될 것이다. ( )
(2) 설탕이 가장 적게 용해될 것이다. ( )
(3) 베이킹 소다를 두 숟가락 넣었을 때 다 용해될 것이다. ( )
(4) 설탕을 여덟 숟가락 넣었을 때 다 용해되지 않을 것이다. ( )

23 다음은 서로 다른 양의 물이 든 비커에 베이킹 소다를 각각 다섯 숟가락씩 넣고 저은 결과입니다. 물의 양이외의 조건이 모두 같다면, 물의 양이 가장 많은 비커를 보기 에서 골라 기호를 쓰시오.

보기

⊙	ⓒ	ⓒ
거의 용해되지 않음.	바닥에 조금 가라앉음.	모두 용해됨.

( )

24 다음은 같은 온도의 물 50 mL에 같은 양의 용질을 넣고 저었을 때의 결과입니다. 이 결과로 알 수 있는 사실을 보기 에서 골라 기호를 쓰시오.

소금	분말주스	설탕
바닥에 가라앉음.	다 용해됨.	다 용해됨.

보기

⊙ 물의 양이 같으면 용질이 용해되는 양은 모두 같다.
ⓒ 물의 양이 많아져도 소금이 용해되는 양이 가장 적을 것이다.
ⓒ 분말주스와 설탕은 알갱이의 크기가 같기 때문에 물에 용해되는 양이 같다.

( )

학교에서 출제되는 서술형·논술형 평가를 미리 준비하세요.

연습 문제

정답과 해설 22쪽

1 다음은 온도와 양이 같은 물에 소금, 설탕, 멸치 가루를 각각 두 숟가락씩 넣고 유리 막대로 저은 뒤 10분 동안 그대로 둔 모습입니다. 물음에 답하시오.

▲ 소금

▲ 설탕

▲ 멸치 가루

(1) 위의 ㉠~㉢ 중에서 가루 물질이 물에 모두 녹지 <u>않은</u> 것을 골라 기호를 쓰시오.

(   )

(2) 위의 실험 결과를 보고, 알 수 있는 사실을 쓰시오.

(   )와/과 (   )이/가 물에 녹는 것처럼 녹는 물질이 녹이는 물질에 녹아 골고루 섞이는 현상을 (   )(이)라고 한다.

2 다음은 각설탕이 물에 용해되기 전과 용해된 후의 무게를 측정하는 모습입니다. 물음에 답하시오.

▲ 각설탕이 물에 용해되기 전   ▲ 각설탕이 물에 용해된 후

(1) 위의 실험에서 각설탕이 물에 용해된 후에 측정한 무게는 얼마인지 쓰시오.

각설탕이 담긴 시약포지와 유리 막대의 무게는 20.1 g이고, 물이 담긴 비커의 무게는 123.2 g이다. 각설탕을 물에 넣고 완전히 용해될 때까지 유리 막대로 저은 뒤, 설탕물이 담긴 비커와 빈 시약포지, 유리 막대를 전자저울에 올려놓고 측정한 무게는 (   ) g이다.

(2) 위의 실험 결과로 알 수 있는 사실을 쓰시오.

각설탕이 물에 용해되면 없어지는 것이 아니라 물에 골고루 섞인다. 따라서 각설탕이 물에 용해되기 전과 용해된 후의 무게는 (   ).

실전 문제

1 다음과 같이 설탕을 물에 넣었더니 녹아서 뜨거나 가라앉은 물질이 없었습니다. 이때의 변화를 용질, 용매, 용액, 용해라는 단어를 모두 포함하여 쓰시오.

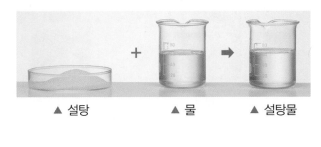

▲ 설탕   ▲ 물   ▲ 설탕물

_____

_____

_____

2 다음은 용액에 대한 친구들의 대화입니다. 물음에 답하시오.

> • 민서: 비가 많이 와서 운동장에 흙탕물이 고여 있어.
> • 선경: 흙이 물에 용해되어 흙탕물 용액이 되었나봐.
> • 민서: 아니야. 흙탕물은 용액이라고 볼 수 없어.
> • 선경: 무슨 소리야? 흙탕물은 흙이 물과 함께 섞여 있는 용액이야.

(1) 위에서 용액에 대해 잘못 말한 친구의 이름을 쓰시오.

(   )

(2) 위 (1)번의 답과 같이 생각한 까닭을 쓰시오.

_____

_____

_____

3 다음은 온도와 양이 같은 물 50 mL에 세 가지 용질을 넣고 저었을 때의 결과를 나타낸 표입니다. 물음에 답하시오.

구분	용질 (가)	용질 (나)	용질 (다)
두 숟가락씩 넣었을 때			
여덟 숟가락씩 넣었을 때			

(1) 위의 실험에서 온도와 양이 같은 물에 용해되는 양이 가장 적은 용질을 골라 기호를 쓰시오.

(   )

(2) 위 (1)번의 답과 같이 생각한 까닭을 쓰시오.

_____

_____

_____

4 다음은 물이 담긴 비커에 베이킹 소다를 두 숟가락 넣고 저은 모습입니다. 베이킹 소다를 모두 용해하려면 어떻게 해야 하는지 물의 양과 관련지어 쓰시오.

_____

_____

(2) 물의 온도와 용질이 용해되는 양, 용액의 진하기

▶ 유리 막대로 빠르게 저으면 용질이 더 많이 용해될까요?

용질을 유리 막대로 빠르게 저어 주면 빨리 용해되거나 더 많이 용해되는 것은 아닙니다. 용질이 빨리 용해되는 것과 많이 용해되는 것은 다른 현상입니다. 용질을 더 많이 용해하려면 일반적으로 용액의 온도를 높이거나 용매를 더 넣어야 합니다.

1 물의 온도와 용질이 용해되는 양

(1) 물의 온도에 따라 백반이 용해되는 양 비교

① 실험에서 다르게 해야 할 조건과 같게 해야 할 조건을 정합니다.

다르게 해야 할 조건	물의 온도
같게 해야 할 조건	물의 양, 물에 넣는 백반의 양, 유리 막대로 젓는 횟수 등 (물의 온도를 제외한 모든 조건)

② 눈금실린더로 40 ℃의 따뜻한 물과 10 ℃의 차가운 물을 60 mL씩 측정해 두 비커에 각각 담습니다.

③ 각 비커에 백반을 한 숟가락씩 넣고 모두 용해될 때까지 유리 막대로 젓습니다.

④ 백반이 바닥에 가라앉을 때까지 ③의 과정을 반복하고 용해된 백반의 양을 비교합니다.

⑤ 각 비커에 넣은 백반이 용해된 양을 비교해 봅니다.

따뜻한 물	차가운 물
백반이 다 용해된다.	어느 정도 용해되다가 용해되지 않은 백반이 바닥에 남아 있다.

➡ 물의 온도가 높을수록 백반이 더 많이 용해됩니다.

🐑 낱말 사전

조건 어떤 일을 이루게 하거나 이루지 못하게 하기 위해 갖추어야 할 상태
눈금실린더 액체의 부피를 잴 수 있도록 만든 실험 기구. 일정한 간격으로 눈금과 숫자가 표시되어 있음.

🐹 개념 확인 문제

1 물의 온도에 따라 백반이 용해되는 양을 비교하는 실험을 할 때 다르게 해야 할 조건은 (물의 온도 , 물의 양)입니다.

2 물의 양이 같을 때 물의 온도가 (높을수록 , 낮을수록) 백반이 더 많이 용해됩니다.

정답 1 물의 온도 2 높을수록

(2) 물의 온도에 따라 용질이 용해되는 양
① 물의 온도에 따라 용질이 물에 용해되는 양이 달라집니다.
② 일반적으로 물의 온도가 높을수록 용질이 많이 용해됩니다.
③ 용질이 다 용해되지 않고 남아 있을 때 물의 온도를 높이면 남아 있던 용질을 더 많이 용해할 수 있습니다.

(3) 물의 온도에 따라 백반이 용해되는 양의 변화
① 차가운 물에 백반이 다 용해되지 않고 바닥에 가라앉아 있는 비커를 가열하여 온도를 높였을 때의 변화: 비커 바닥에 가라앉았던 백반 알갱이가 다 용해되어 백반 용액이 투명해졌습니다.

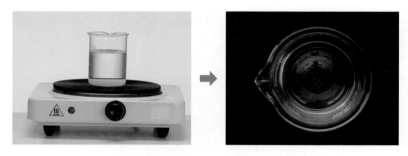

② 따뜻한 물에서 모두 용해된 백반 용액이 든 비커를 얼음물에 넣어 온도를 낮추었을 때의 변화: 온도가 낮아져 다 용해되지 못한 백반 알갱이가 다시 생겨 바닥에 가라앉았습니다.

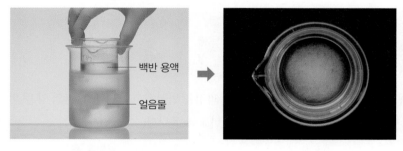

백반 용액

얼음물

③ 물의 온도에 따라 용질이 용해되는 양이 달라집니다.

2 용액의 진하기

(1) 용액의 진하기
① 같은 양의 용매에 용해된 용질의 많고 적은 정도를 용액의 진하기라고 합니다.
② 용매의 양이 같을 때 용액에 용해된 용질의 양이 많을수록 진한 용액입니다.

(2) 용액의 진하기를 비교하는 방법
① 맛이나 색깔로 비교합니다.
② 무게를 측정해 비교합니다.
③ 비커에 담긴 용액의 높이를 측정해 비교합니다.

▶ 물의 온도가 높아지면 용질이 용해되는 양이 계속 증가할까요?
대부분의 용질은 물의 온도가 높아질수록 용해되는 양이 증가합니다. 하지만 증가하는 정도가 용질마다 다르며, 계속 용해되는 양이 증가하는 것은 아닙니다. 예를 들어 설탕은 물의 온도가 높을수록 용해되는 양이 늘어나지만, 소금은 물의 온도가 높아져도 용해되는 양의 차이가 크지 않습니다.

▶ 용액의 진하기를 비교할 때 주의할 점
• 용액의 맛을 보는 것도 진하기를 비교할 수 있는 방법이지만, 실험에 사용하는 물질들은 맛을 보지 않습니다.
• 용액의 진하기를 무게를 측정하여 비교하거나 비커에 담긴 용액의 높이로 비교할 때는 용매의 양이 같아야 합니다.

▶ **거름종이를 이용해 용액의 진하기를 비교하는 방법**
황설탕 용액이 거름종이에 번지는 정도를 이용하여 용액의 진하기를 비교할 수 있습니다. 스포이트로 용액을 거름종이에 한 방울 떨어뜨리면 용액이 진할수록 더 많이 퍼집니다.

(3) 황설탕 용액의 진하기 비교하기

① 눈금실린더를 이용하여 비커 두 개에 물을 각각 150 mL씩 넣습니다.

② 한 비커에는 황색 각설탕 한 개, 다른 비커에는 황색 각설탕 열 개를 넣고 유리 막대로 저으면서 완전히 용해합니다.

황색 각설탕

③ 두 용액의 진하기를 비교합니다.

맛으로 용액의 진하기 비교하기	색깔로 용액의 진하기 비교하기

용액이 진할수록 맛이 더 달다.

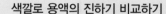

ㅡ흰 종이

용액이 진할수록 색깔이 더 진하다.

무게로 용액의 진하기 비교하기	용액의 높이로 용액의 진하기 비교하기

용액이 진할수록 더 무겁다.

용액이 진할수록 용액의 높이가 더 높다.

(4) 용액의 진하기 비교하기

① 맛을 볼 수 있는 용액은 맛이 강할수록 더 진한 용액입니다.

② 색깔이 있는 용액은 색깔이 진할수록 더 진한 용액입니다.

③ 용매의 양이 같을 때 용액의 무게가 무거울수록 더 진한 용액입니다.

④ 용매의 양이 같을 때 용액의 높이가 높을수록 더 진한 용액입니다.

🐑 **낱말 사전**

측정 일정한 양을 기준으로 하여 같은 종류의 다른 양의 크기를 잼.

🐭 **개념 확인 문제**

1 백반이 모두 용해된 백반 용액이 든 비커를 얼음물에 넣으면 백반 알갱이가 다시 생깁니다. (○ , ×)

2 같은 양의 용매에 용해된 용질의 많고 적은 정도를 용액의 (   )(이)라고 합니다.

3 황설탕 용액의 색깔이 (연할수록 , 진할수록) 더 진한 용액입니다.

4 용매의 양이 같을 때 용액의 높이가 (높을수록 , 낮을수록) 더 묽은 용액입니다.

정답 1 ○ 2 진하기 3 진할수록 4 낮을수록

(5) 물체가 뜨는 정도로 용액의 진하기 비교

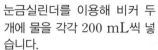

눈금실린더를 이용해 비커 두 개에 물을 각각 200 mL씩 넣습니다.

한 비커에는 흰색 각설탕 한 개를 넣고, 다른 비커에는 흰색 각설탕 열 개를 넣은 다음 유리 막대로 저어 완전히 용해합니다.

흰색 각설탕 한 개를 용해한 비커에 방울토마토를 넣고, 용액에서 방울토마토가 뜨는 정도를 관찰합니다.

숟가락으로 방울토마토를 꺼내 휴지로 잘 닦습니다.

흰색 각설탕 열 개를 용해한 비커에 방울토마토를 넣고 용액에서 방울토마토가 뜨는 정도를 관찰합니다.

각설탕 한 개를 용해한 용액	각설탕 열 개를 용해한 용액
방울토마토가 바닥에 가라앉아 있다.	방울토마토가 용액 위로 떠오른다.

(6) 투명한 용액의 진하기를 비교하는 방법

① 색깔로 구별할 수 없는 용액의 진하기는 용액의 진하기에 따라 뜨고 가라앉을 수 있는 물체를 용액에 넣어 비교할 수 있습니다.

② 용액에 물체를 넣었을 때 용액이 진할수록 물체가 높이 떠오릅니다.

(7) 생활에서 물체가 뜨는 정도로 용액의 진하기를 확인하는 예: 장을 담글 때 적당한 소금물의 진하기를 맞추기 위해 달걀을 띄워 달걀이 떠오르는 정도로 진하기를 확인합니다.

▶ 용액의 진하기를 비교하기 위해 사용할 수 있는 물체

• 설탕물이나 소금물 등의 용액의 진하기를 비교하려면 방울토마토, 청포도, 메추리알 등을 띄워 볼 수 있습니다.

• 용액의 진하기를 비교하기 위해 사용하는 물체는 무게가 너무 가볍거나 무겁지 않아야 합니다.

▶ 우리나라의 바다에서와 달리 사해에서 사람이 가만히 있어도 물에 뜨는 까닭

사해는 이스라엘과 요르단에 걸쳐 있는 소금 호수로, 물속에 소금이 많이 포함되어 있어서 우리나라의 바다보다 더 진합니다.

▶ 장을 담글 때 달걀로 소금물의 진하기 확인하기

🐹 개념 확인 문제

1 소금물이나 설탕물과 같은 투명한 용액의 진하기는 색깔로 비교할 수 있습니다. (○ , ×)

2 용액에 방울토마토를 넣었을 때 용액이 (묽을수록 , 진할수록) 방울토마토가 높이 떠오릅니다.

정답 **1** × **2** 진할수록

이제 실험 관찰로 알아볼까?

용액의 진하기를 비교하는 도구 만들기

[준비물] 주름 빨대, 가위, 자, 유성 펜, 고무줄, 고무찰흙, 비커(300 mL) 세 개, 눈금실린더, 물, 흰색 각설탕, 유리 막대 세 개, 핀셋, 실험복, 실험용 장갑, 보안경

[실험 방법]

① 주름 빨대를 구부려 길이에 맞게 자릅니다.

③ 주름 빨대를 구부려 고무줄로 묶습니다.

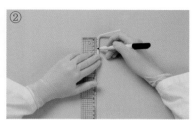

② 자를 이용하여 자른 빨대에 일정한 간격으로 눈금을 표시합니다.

④ 주름 빨대의 끝에 고무찰흙을 붙입니다.

⑤ 완성한 도구로 설탕물의 진하기를 비교합니다.

[실험 결과]

→ 용액의 진하기를 비교하는 도구가 가장 높이 떠오른 용액이 가장 진한 용액이고, 가장 낮게 떠오른 용액이 가장 묽은 용액이다.

주의할 점
- 물의 양이 늘어나거나 줄어드는 경우 빨대의 길이를 조절해야 합니다.
- 용액의 진하기를 정확하게 비교하기 위해 눈금 사이의 간격을 3~5 mm 정도의 간격으로 표시합니다.
- 용액의 진하기에 따라 뜨고 가라앉는 정도를 비교할 수 있도록 무게를 조절합니다.
- 도구를 용액에 넣었을 때 기울어지지 않도록 고무찰흙으로 균형을 맞춥니다.

중요한 점
용액에서 물체가 뜨는 정도를 확인하여 용액의 진하기를 비교합니다.

탐구 문제

정답과 해설 23쪽

1 용액의 진하기를 비교하는 도구를 만들 때 고려해야 할 점으로 옳은 것은 어느 것입니까? (   )

① 빨대를 최대한 짧게 만든다.
② 도구를 최대한 예쁘게 만든다.
③ 고무찰흙을 최대한 많이 붙여서 만든다.
④ 눈금 간격을 최대한 좁게 표시하도록 한다.
⑤ 용액에 넣었을 때 기울어지지 않도록 균형을 잡을 수 있게 만든다.

2 다음은 진하기가 다른 설탕물에 용액의 진하기를 비교하는 도구를 넣었을 때의 모습입니다. 가장 진한 설탕물을 골라 기호를 쓰시오.

ㄱ 　ㄴ 　ㄷ

(　　　　　)

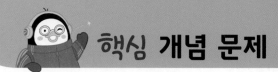

핵심 개념 문제

개념 1 · 물의 온도에 따라 백반이 용해되는 양을 비교하는 실험을 묻는 문제

(1) 다르게 해야 할 조건: 물의 온도
(2) 같게 해야 할 조건: 물의 양, 물에 넣는 백반의 양, 유리 막대로 젓는 횟수 등 물의 온도를 제외한 모든 조건은 같게 해야 함.

[01~02] 다음은 백반이 물에 용해되는 양을 비교하는 실험입니다. 물음에 답하시오.

(가) (   )(으)로 40 ℃의 따뜻한 물과 10 ℃의 차가운 물을 60 mL씩 측정해 두 비커에 각각 담는다.
(나) 각 비커에 백반을 한 숟가락씩 넣고 모두 용해될 때까지 유리 막대로 젓는다.
(다) 백반이 바닥에 가라앉을 때까지 (나)의 과정을 반복하고 용해된 백반의 양을 비교한다.

01 위의 실험 과정 (가)의 (   ) 안에 들어갈 알맞은 실험 도구는 어느 것입니까? (   )

① 약숟가락
② 유리 막대
③ 눈금실린더
④ 알코올램프
⑤ 페트리 접시

02 위의 실험에서 다르게 한 조건을 보기 에서 골라 기호를 쓰시오.

보기
㉠ 물의 양
㉡ 물의 온도
㉢ 백반의 양

(   )

개념 2 · 물의 온도에 따라 백반이 용해되는 양을 묻는 문제

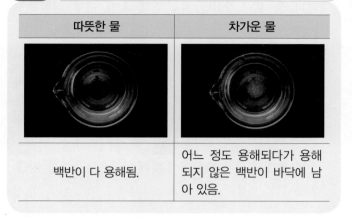

따뜻한 물	차가운 물
백반이 다 용해됨.	어느 정도 용해되다가 용해되지 않은 백반이 바닥에 남아 있음.

[03~04] 다음은 온도가 다른 물이 60 mL씩 담긴 두 비커에 각각 같은 양의 백반을 넣고 유리 막대로 저은 결과입니다. 물음에 답하시오.

(가)   (나)

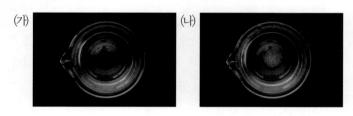

03 위의 (가)과 (나) 중에서 비커에 담긴 물의 온도가 더 높은 것을 골라 기호를 쓰시오.

(   )

04 위의 (나)에서 비커 바닥에 가라앉은 백반을 모두 용해할 수 있는 방법으로 옳은 것을 보기 에서 골라 기호를 쓰시오.

보기
㉠ 비커를 가열한다.
㉡ 비커에 담긴 물을 덜어낸다.
㉢ 유리 막대로 10분간 저어 준다.

(   )

개념 3 ◦ 물의 온도에 따라 용질이 용해되는 양을 묻는 문제

(1) 물의 온도에 따라 용질이 물에 용해되는 양이 달라짐.

(2) 일반적으로 물의 온도가 높을수록 용질이 많이 용해됨.

(3) 용질이 다 용해되지 않고 남아 있을 때 물의 온도를 높이면 남아 있는 용질을 더 많이 용해할 수 있음.

05 용질이 물에 다 용해되지 않고 남아 있을 때, 남아 있는 용질을 더 많이 용해할 수 있는 방법으로 옳은 것은 어느 것입니까? (　　　)

① 물의 양을 줄인다.

② 용질을 더 넣는다.

③ 물의 온도를 낮춘다.

④ 따뜻한 물을 넣어준다.

⑤ 유리 막대로 계속 저어 준다.

06 다음은 물에 코코아 가루를 넣고 저은 후 그대로 두었을 때 코코아 가루가 바닥에 가라앉은 모습입니다. 이 컵을 전자레인지에 넣고 데웠을 때의 변화로 옳은 것에 ○표 하시오.

(1) 가라앉은 코코아 가루가 녹는다. (　　　)

(2) 가라앉은 코코아 가루가 물 위에 뜬다. (　　　)

(3) 컵 바닥에 코코아 가루가 더 많이 가라앉는다. (　　　)

개념 4 ◦ 물의 온도에 따라 백반이 용해되는 양의 변화를 묻는 문제

(1) 백반이 모두 용해되지 않고 바닥에 가라앉아 있는 백반 용액의 온도를 높이면 가라앉아 있던 백반 알갱이가 모두 용해되어 백반 용액이 투명해짐.

(2) 백반이 모두 용해된 백반 용액의 온도를 낮추면 다시 백반 알갱이가 생겨서 비커 바닥에 가라앉음.

[07~08] 다음은 백반이 모두 용해된 백반 용액이 든 비커를 얼음물에 넣는 모습입니다. 물음에 답하시오.

백반 용액

얼음물

07 위의 실험에서 나타나는 현상으로 옳은 것은 어느 것입니까? (　　　)

① 아무런 변화가 없다.

② 백반 용액의 양이 늘어난다.

③ 백반 용액이 더욱 투명해진다.

④ 백반 용액이 담긴 비커가 따뜻해진다.

⑤ 백반 용액이 담긴 비커 바닥에 가라앉는 물질이 생긴다.

08 위의 실험으로 알 수 있는 사실로 옳은 것은 어느 것입니까? (　　　)

① 백반은 물에 용해되지 않는다.

② 물의 온도가 낮을수록 백반이 덜 용해된다.

③ 물의 온도가 높을수록 백반이 덜 용해된다.

④ 물의 온도가 낮을수록 백반이 많이 용해된다.

⑤ 물의 온도가 달라져도 백반이 용해되는 양은 같다.

개념 5 용액의 진하기를 비교하는 방법을 묻는 문제

(1) 맛을 보거나 색깔로 비교함.

(2) 무게를 측정해 비교함.

(3) 비커에 담긴 용액의 높이로 비교함.

[09~10] 다음은 같은 양의 물에 각각 다른 양의 황색 각설탕을 용해한 용액입니다. 물음에 답하시오

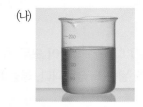

(가) (나)

09 위의 용액에 대한 설명으로 옳은 것에 ◯표 하시오.

(1) (가)는 (나)보다 무게가 가볍다. (   )

(2) (나)는 (가)보다 용액의 맛이 더 달다. (   )

(3) (가)는 (나)보다 용액의 높이가 더 낮다. (   )

(4) (가)는 (나)보다 용액에 녹아 있는 황색 각설탕의 양이 더 많다. (   )

10 위의 (가)와 (나) 중에서 더 진한 용액은 어느 것인지 골라 기호를 쓰시오.

(   )

개념 6 용액의 진하기가 진한 용액의 특징을 묻는 문제

(1) 용액의 맛이 강할수록 더 진한 용액임.

(2) 용액의 색깔이 진할수록 더 진한 용액임.

(3) 용액의 무게가 무거울수록 더 진한 용액임.

(4) 용액의 높이가 높을수록 더 진한 용액임.

11 온도와 양이 같은 물에 황색 각설탕의 개수를 다르게 넣어 진하기가 다른 황설탕 용액을 만들었습니다. 가장 진한 용액은 어느 것입니까? (   )

① 황색 각설탕 한 개를 녹인 용액

② 황색 각설탕 세 개를 녹인 용액

③ 황색 각설탕 다섯 개를 녹인 용액

④ 황색 각설탕 일곱 개를 녹인 용액

⑤ 황색 각설탕 아홉 개를 녹인 용액

12 황설탕 용액의 진하기를 비교한 것으로 옳지 <u>않은</u> 것은 어느 것입니까? (   )

① 용액이 진할수록 더 무겁다.

② 용액이 진할수록 맛이 더 강하다.

③ 용액이 진할수록 색깔이 더 진하다.

④ 용액이 진할수록 용액의 온도가 더 높다.

⑤ 용액이 진할수록 용액의 높이가 더 높다.

개념 **7** 투명한 용액의 진하기를 비교하는 방법을 묻는 문제

(1) 설탕물처럼 투명한 용액의 진하기를 비교하려면 방울 토마토가 뜨는 정도를 관찰해 비교할 수 있음.

(2) 용액이 진할수록 방울토마토가 높이 떠오름.

(3) 용액의 진하기를 비교하기 위해 청포도, 메추리알 등을 사용할 수 있음.

[13~14] 다음은 각각 진하기가 다른 설탕물이 담긴 비커에 같은 방울토마토를 넣은 모습입니다. 물음에 답하시오.

(가)  (나)

13 위의 설탕물 중에서 단맛이 더 강한 용액은 어느 것인지 골라 기호를 쓰시오.

(   )

14 위의 (나) 설탕물에 물을 더 넣었을 때 나타나는 변화로 옳은 것에 ○표 하시오.

(1) 방울토마토의 크기가 커진다. (   )

(2) 방울토마토의 색깔이 변한다. (   )

(3) 방울토마토가 위로 떠오른다. (   )

(4) 방울토마토가 아래로 내려간다. (   )

개념 **8** 용액의 진하기를 비교하는 도구 만드는 방법을 묻는 문제

(1) 빨대, 수수깡, 플라스틱 스포이트 등 다양한 재료로 만들 수 있음.

(2) 진한 용액에서는 뜨고 묽은 용액에서는 가라앉도록 적당한 무게를 가진 도구를 만들어야 함.

(3) 용액의 진하기를 쉽게 비교할 수 있도록 적당한 간격으로 일정하게 눈금을 그려야 함.

(4) 도구가 용액 속에서 기울어지지 않도록 균형을 맞춰야 함.

15 오른쪽은 주름 빨대를 이용해서 만든 용액의 진하기를 비교하는 도구입니다. 보기 의 만드는 과정 중으로 옳지 <u>않은</u> 것을 골라 기호를 쓰시오.

보기

ㄱ 주름 빨대를 구부려 길이에 맞게 자른다.
ㄴ 빨대에 일정한 간격으로 눈금을 표시한다.
ㄷ 주름 빨대를 구부려 고무줄로 묶는다.
ㄹ 주름 빨대의 끝에 고무찰흙을 최대한 조금만 붙여서 가볍게 만든다.

(   )

16 위 15번의 주름 빨대를 이용해 만든 용액의 진하기를 비교하는 도구를 진하기가 다른 두 설탕물에 넣었더니 두 설탕물에서 모두 도구가 비커 바닥에 가라앉았습니다. 두 설탕물의 진하기를 비교할 수 있는 방법으로 옳은 것을 보기 에서 골라 기호를 쓰시오.

보기

ㄱ 주름 빨대의 길이를 더 길게 한다.
ㄴ 눈금의 간격을 조금 더 넓게 표시한다.
ㄷ 설탕물을 조금 더 큰 비커에 옮겨 담는다.
ㄹ 도구가 가벼워지도록 고무찰흙의 일부를 떼어 낸다.

(   )

01 다음 실험에서 다르게 해야 할 조건은 어느 것입니까? (   )

> 같은 양의 따뜻한 물과 차가운 물이 담긴 비커에 백반을 두 숟가락씩 넣고 백반이 물에 용해된 양을 비교한다.

① 물의 양
② 백반의 양
③ 물의 온도
④ 용질의 종류
⑤ 비커의 크기

[02~06] 다음과 같이 비커 두 개에 각각 같은 양의 따뜻한 물과 차가운 물을 담고, 백반이 바닥에 가라앉을 때까지 백반을 각각 한 숟가락씩 넣으면서 유리 막대로 저었습니다. 물음에 답하시오.

(가)   (나)

▲ 따뜻한 물   ▲ 차가운 물

02 위의 실험에서 알아보려고 하는 것으로 옳은 것은 어느 것입니까? (   )

① 물의 양에 따라 백반이 용해되는 양
② 물의 온도에 따라 백반이 용해되는 양
③ 백반의 양에 따라 물에 용해되는 빠르기
④ 유리 막대로 젓는 횟수에 따라 백반이 용해되는 양
⑤ 유리 막대로 젓는 빠르기에 따라 백반이 용해되는 빠르기

03 이 실험 결과로 옳지 <u>않은</u> 것은 어느 것입니까?
(   )

① (가) 비커의 백반은 모두 녹았다.
② (나) 비커의 백반은 모두 녹지 않았다.
③ (가) 비커는 바닥에 가라앉은 물질이 없다.
④ (나) 비커는 백반이 모두 녹아 용액이 투명하다.
⑤ (나) 비커에 넣은 백반은 일부가 바닥에 가라앉았다.

04 이 실험에서 백반이 더 많이 용해되는 것은 어느 것인지 (   ) 안에 >, =, <로 나타내시오.

(   )

05 위 **04**번 답으로 알 수 있는 사실로 옳은 것은 어느 것입니까? (   )

① 물의 양이 많을수록 용질이 많이 용해된다.
② 물의 온도가 높을수록 용질이 많이 용해된다.
③ 물의 온도가 낮을수록 용질이 많이 용해된다.
④ 유리 막대로 많이 저을수록 용질이 많이 용해된다.
⑤ 유리 막대로 빠르게 저을수록 용질이 많이 용해된다.

ㄷ서술형ㄱ
06 이 실험의 (가) 비커를 얼음물 속에 넣었을 때 나타나는 변화를 백반이 용해되는 양과 관련지어 쓰시오.

_____

_____

_____

07 다음은 10 ℃의 물과 40 ℃의 물에서 백반이 용해되는 양을 비교하기 위한 실험 과정입니다. (가)~(다) 중 옳지 <u>않은</u> 것을 골라 기호를 쓰시오.

> (가) 10 ℃의 물과 40 ℃의 물을 준비한다.
> (나) 한쪽 비커에는 10 ℃의 물 50 mL를 넣고, 다른 비커에는 40 ℃의 물 100 mL를 넣는다.
> (다) 각 비커에 백반을 두 숟가락씩 넣고 유리 막대로 저어 준다.

( )

08 다음은 온도가 다른 물 50 mL를 비커에 담고 백반을 각각 다섯 숟가락씩 넣은 뒤 유리 막대로 저어 용해한 결과를 나타낸 표입니다. 이 결과를 보고 알 수 있는 사실로 옳은 것에 모두 ○표 하시오.

물의 온도	백반이 용해되는 양
10 ℃	백반이 바닥에 많이 남아 있음.
30 ℃	백반이 바닥에 조금 남아 있음.
50 ℃	백반이 다 용해됨.

(1) 10 ℃의 물에 백반이 조금 용해된다. ( )
(2) 30 ℃의 물에 백반이 다 용해된다. ( )
(3) 50 ℃의 물에 용해되는 백반의 양이 가장 많다. ( )

09 위 **08**번 답을 보고, 백반이 물에 용해되는 양에 영향을 주는 조건을 보기 에서 골라 기호를 쓰시오.

> **보기**
>
> ㉠ 물의 양
> ㉡ 물의 온도
> ㉢ 비커의 크기
> ㉣ 유리 막대로 젓는 빠르기

( )

10 물의 양이 같을 때 백반을 가장 많이 용해할 수 있는 것은 어느 것입니까? ( )

① 10 ℃의 물
② 25 ℃의 물
③ 40 ℃의 물
④ 60 ℃의 물
⑤ 80 ℃의 물

⊏서술형⊐

11 물에 용해되지 않고 바닥에 남아 있는 백반을 다 용해시킬 수 있는 방법을 쓰시오.

_____
_____
_____

12 다음은 백반이 모두 용해된 백반 용액이 든 비커를 얼음물 속에 넣는 모습입니다. 이때 일어나는 변화로 옳은 것은 어느 것입니까? ( )

① 아무런 변화가 없다.
② 백반 용액의 양이 점점 많아진다.
③ 백반 용액의 색깔이 노랗게 변한다.
④ 백반 용액의 온도가 점점 높아진다.
⑤ 백반 알갱이가 생겨 비커 바닥에 가라앉는다.

13 백반이 모두 용해되지 않고 비커 바닥에 가라앉은 용액에 따뜻한 물을 넣었을 때 일어나는 변화로 옳은 것은 어느 것입니까? (   )

① 아무런 변화가 없다.
② 백반 용액이 더욱 불투명해진다.
③ 백반 용액의 양이 점점 줄어든다.
④ 바닥에 가라앉은 백반이 점점 녹는다.
⑤ 바닥에 가라앉은 백반의 양이 점점 많아진다.

[14~15] 다음은 같은 양의 물에 각각 다른 양의 황색 각설탕을 넣어 만든 황설탕 용액입니다. 물음에 답하시오.

(가)  (나)  (다)

14 위 (가)~(다) 중에서 가장 진한 용액은 어느 것인지 골라 기호를 쓰시오.

(   )

⊏서술형⊐
15 위 14번의 답과 같이 생각한 까닭을 한 가지 쓰시오.

_____
_____
_____

[16~18] 다음은 물이 200 mL씩 담긴 비커에 각설탕을 각각 한 개와 열 개를 용해한 뒤, 같은 방울토마토를 넣었을 때의 모습입니다. 물음에 답하시오.

(가)  (나)

16 위의 (가)와 (나) 중에서 각설탕을 열 개 용해한 비커를 골라 기호를 쓰시오.

(   )

17 위의 실험에서 같은 방울토마토를 사용하는 까닭으로 옳은 것을 보기 에서 골라 기호를 쓰시오.

보기

㉠ 맛이 같아야 하기 때문이다.
㉡ 색깔이 같아야 하기 때문이다.
㉢ 무게가 같아야 하기 때문이다.
㉣ 냄새가 같아야 하기 때문이다.

(   )

18 위의 실험에서 방울토마토 대신 사용할 수 있는 것은 어느 것입니까? (   )

① 철못
② 마시멜로
③ 메추리알
④ 흰색 각설탕
⑤ 스타이로폼 공

19 투명한 백반 용액의 진하기를 비교할 수 있는 방법으로 옳은 것은 어느 것입니까? (   )

① 맛을 본다.
② 색깔을 관찰한다.
③ 냄새를 맡아본다.
④ 온도를 측정한다.
⑤ 방울토마토를 넣어 본다.

[20~21] 다음은 용액의 진하기를 비교하는 도구를 만들어 진하기가 서로 다른 설탕물에 넣었을 때의 모습입니다. 물음에 답하시오.

(가) 　(나) 　(다)

20 위의 도구를 만들 때, 적당한 무게와 균형을 맞추기 위해 도구의 아래쪽에 붙이는 것으로 알맞은 것을 보기 에서 골라 기호를 쓰시오.

보기
ㄱ 수수깡　　　ㄴ 쇠구슬
ㄷ 고무찰흙　　ㄹ 스타이로폼

(   )

21 위의 (가)~(다) 중에서 가장 묽은 설탕물을 골라 기호를 쓰시오.

(   )

[22~24] 다음은 진하기가 다른 소금물에 같은 메추리알을 넣은 모습입니다. 물음에 답하시오.

(가) 　(나) 　(다)

22 위의 (가)~(다)를 소금물의 진하기가 진한 것부터 순서대로 나열한 것은 어느 것입니까? (   )

① (가) → (나) → (다)
② (가) → (다) → (나)
③ (나) → (가) → (다)
④ (나) → (다) → (가)
⑤ (다) → (가) → (나)

23 위의 실험에 대한 설명으로 옳지 <u>않은</u> 것은 어느 것입니까? (   )

① (나) 소금물의 무게가 가장 무겁다.
② (나) 소금물이 (다) 소금물보다 맛이 더 짜다.
③ (가) 소금물에 용해된 소금의 양이 가장 많다.
④ (다) 소금물에 소금을 더 넣으면 메추리알이 위로 떠오른다.
⑤ (나) 소금물에 물을 더 넣으면 메추리알이 아래로 가라앉는다.

⊏서술형⊐
24 위 (다) 소금물에 넣은 메추리알을 가라앉게 하는 방법을 물의 양과 관련지어 쓰시오.

_____

_____

_____

서술형·논술형 평가 돋보기

연습 문제

🔍 **문제 해결 전략**
용매의 온도에 따라 용질이 용해되는 양이 달라집니다.

🔍 **핵심 키워드**
온도, 용해되는 양

1 다음은 차가운 물 60 mL와 따뜻한 물 60 mL가 들어 있는 비커에 각각 같은 양의 백반을 넣고 유리 막대로 저었을 때의 모습입니다. 물음에 답하시오.

(가) 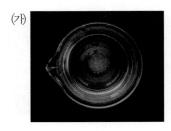   (나)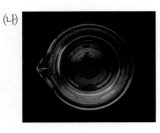

(1) 위의 (가)와 (나) 중에서 따뜻한 물이 든 비커를 골라 기호를 쓰시오.

(   )

(2) 위의 실험 결과를 통해 물의 온도와 백반이 용해되는 양 사이에는 어떤 관계가 있는지 쓰시오.

> 물의 온도에 따라 백반이 물에 용해되는 양이 (   ). 물의 온도가
> (   ) 백반이 용해되는 양이 많아지고, 물의 온도가 (   )
> 백반이 용해되는 양이 줄어든다.

🔍 **문제 해결 전략**
투명한 용액의 진하기는 용액에 물체를 넣어 물체가 뜨는 정도로 비교할 수 있습니다.

🔍 **핵심 키워드**
용액의 진하기

2 다음은 진하기가 다른 용액에 같은 메추리알을 넣었을 때의 모습입니다. 물음에 답하시오.

(가) 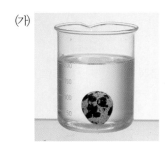   (나)

(1) 위의 (가)와 (나) 중에서 진한 용액을 골라 기호를 쓰시오.

(   )

(2) 위의 실험 결과를 통해 용액의 진하기와 메추리알이 뜨는 정도에는 어떤 관계가 있는지 쓰시오.

> 용액의 진하기가 (   ) 메추리알이 용액 위로 떠오르고, 용액의
> 진하기가 (   ) 메추리알이 바닥에 가라앉는다.

실전 문제

1 다음은 같은 양의 따뜻한 물과 차가운 물에 같은 양의 백반을 넣고 유리 막대로 저은 모습입니다. 같은 양의 물에 백반을 더 많이 용해하는 방법을 쓰시오.

▲ 따뜻한 물　　　　▲ 차가운 물

_____

_____

_____

2 다음과 같이 백반이 모두 용해된 백반 용액을 얼음물이 든 비커에 넣었을 때 나타나는 현상을 쓰시오.

백반 용액

얼음물

_____

_____

_____

3 다음은 진하기가 다른 설탕물에 같은 방울토마토를 넣은 모습입니다. 물음에 답하시오.

(가) 　(나) 　(다)

(1) 위의 (가)~(다) 중에서 설탕이 가장 많이 용해된 용액을 골라 기호를 쓰시오.

(　　　　　　　　　　)

(2) 위의 (가) 비커에서 바닥에 가라앉은 방울토마토를 (나) 비커와 같이 위로 떠오르게 하려면 어떻게 해야 하는지 쓰시오.

_____

_____

_____

4 다음과 같이 이스라엘과 요르단에 걸쳐 있는 사해에서는 물 위에 떠서 책을 읽을 수 있습니다. 우리나라의 바다에서와 달리 사해에서는 사람이 가만히 있어도 물에 뜨는 까닭을 쓰시오.

_____

_____

_____

이 단원의 핵심 개념을 정리해 보세요.

1 용해, 용질의 무게 비교, 용질의 종류와 용해되는 양

• 용질, 용매, 용해, 용액

소금(용질)　＋　물(용매)　→용해→　소금물(용액)

용질	다른 물질에 녹는 물질 예 소금
용매	다른 물질을 녹이는 물질 예 물
용해	어떤 물질이 다른 물질에 녹아 골고루 섞이는 현상 예 소금이 물에 녹는 현상
용액	녹는 물질이 녹이는 물질에 골고루 섞여 있는 물질 예 소금물

• 용질이 물에 용해되기 전과 후의 무게 변화

▲ 각설탕이 물에 용해되기 전　　▲ 각설탕이 물에 용해된 후

– 용질이 물에 용해되면 없어지는 것이 아니라 물에 골고루 섞임.
– 용질이 물에 용해되기 전과 용해된 후의 무게는 같음.

• 물의 온도와 양이 같을 때 용질마다 물에 용해되는 양은 서로 다름.

	설탕	소금	베이킹 소다
두 숟가락씩 넣었을 때	다 용해됨.	다 용해됨.	가라앉음.
여덟 숟가락씩 넣었을 때	다 용해됨.	가라앉음.	가라앉음.

2 물의 온도와 용질이 용해되는 양, 용액의 진하기

• 물의 온도에 따라 용질이 용해되는 양 비교: 물의 온도가 높을수록 용질이 더 많이 용해됨.

따뜻한 물	차가운 물
백반이 다 용해됨.	백반이 바닥에 남아 있음.

• 따뜻한 물에서 다 용해된 백반 용액이 든 비커를 얼음물에 넣어 온도를 낮추었을 때의 변화: 용해되지 못한 백반 알갱이가 다시 생겨 바닥에 가라앉음.

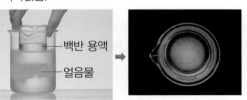

백반 용액 / 얼음물 →

• 용액의 진하기: 같은 양의 용매에 용해된 용질의 많고 적은 정도로, 용해된 용질의 양이 많을수록 진한 용액임.
• 용액의 진하기를 비교하는 방법

색깔로 비교하기	무게로 비교하기	용액의 높이로 비교하기	물에 뜨는 정도로 비교하기
용액이 진할수록 색깔이 더 진함.	용액이 진할수록 더 무거움.	용액이 진할수록 용액의 높이가 더 높음.	용액이 진할수록 물체가 높이 떠오름.

대단원 마무리

4. 용해와 용액

01 다음과 같이 물이 든 비커에 멸치 가루 두 숟가락을 넣은 뒤 유리 막대로 저었을 때 나타나는 변화로 옳은 것은 어느 것입니까? (　　　)

① 멸치 가루가 물에 잘 녹는다.
② 멸치 가루가 물 위에 뜨지 않는다.
③ 멸치 가루가 녹은 물이 투명해진다.
④ 멸치 가루가 물에 섞여서 눈에 보이지 않는다.
⑤ 멸치 가루가 물과 섞이지 않고 바닥에 가라앉는다.

02 물에 여러 가지 가루 물질을 넣었을 때 나타나는 변화에 대한 설명으로 옳은 것을 보기 에서 골라 기호를 쓰시오.

보기

㉠ 가루 물질은 모두 물에 녹는다.
㉡ 가루 물질은 모두 물에 녹지 않는다.
㉢ 가루 물질의 종류에 따라 물에 녹는 물질이 있고, 물에 녹지 않는 물질이 있다.

(　　　　　)

03 용액에 대한 설명으로 옳지 <u>않은</u> 것은 어느 것입니까? (　　　)

① 소금물, 설탕물은 용액이다.
② 물에 미숫가루를 섞은 것은 용액이다.
③ 오래 두어도 가라앉거나 떠 있는 것이 없다.
④ 용액의 어느 부분이나 물질이 섞인 정도가 같다.
⑤ 거름 장치로 걸렀을 때 거름종이에 남는 것이 없다.

⌜중요⌝
04 용매, 용질, 용해에 대해 바르게 말한 친구의 이름을 쓰시오.

• 서진: 용질은 물처럼 녹이는 물질이야.
• 민경: 설탕처럼 녹는 물질을 용매라고 해.
• 준수: 어떤 물질이 다른 물질에 녹아 골고루 섞이는 현상을 용해라고 해.

(　　　　　)

⌜서술형⌝
05 다음 중 용액인 것을 골라 이름을 쓰고, 그렇게 생각한 까닭을 쓰시오.

▲ 미숫가루 물　　　　▲ 구강 청정제

_____

_____

06 다음은 각설탕이 물에 용해되는 과정을 설명한 것입니다. 밑줄 친 부분 중 옳지 <u>않은</u> 것을 골라 기호를 쓰시오.

각설탕을 물에 넣으면 ㉠시간이 지남에 따라 크기가 작아진다. 작아진 설탕은 더 작은 크기의 설탕으로 나뉘어 ㉡물에 골고루 섞인다. 완전히 용해된 설탕은 ㉢눈에 보이지 않으므로 없어진 것이다.

(　　　　　)

[07~08] 다음은 소금이 물에 용해되기 전과 용해된 후의 무게를 측정해 나타낸 표입니다. 물음에 답하시오.

모둠	용해되기 전의 무게(g)		용해된 후의 무게(g)
	소금이 놓인 시약포지	물이 담긴 비커	빈 시약포지＋소금 물이 담긴 비커
가	5	100	105
나	7	100	㉠
다	10	100	110

07 위의 ㉠에 들어갈 알맞은 수를 쓰시오.

( )

08 위의 실험을 통해 알 수 있는 사실로 옳은 것에 ○표 하시오.

(1) 소금이 물에 녹아 사라졌다. ( )

(2) 소금이 물에 용해되기 전과 후의 무게는 같다. ( )

(3) 소금이 물에 녹지 않고 색깔이 변해 바닥에 가라앉았다. ( )

⊏서술형⊐
09 다음은 설탕을 물에 녹여 설탕물을 만드는 과정입니다. 이처럼 우리 생활에서 볼 수 있는 용해 현상을 한 가지 쓰시오.

설탕 ＋ 물 → 설탕물

_____

_____

_____

[10~12] 다음은 온도가 같은 물 50 mL에 소금, 설탕, 베이킹 소다를 한 숟가락씩 넣으면서 용해되는 양을 나타낸 표입니다. 물음에 답하시오.

(용질이 다 용해되면 ○, 용질이 다 용해되지 않고 바닥에 남으면 △)

구분	약숟가락으로 넣은 횟수(회)							
	1	2	3	4	5	6	7	8
소금	○	○	○	○	○	○	○	△
설탕	○	○	○	○	○	○	○	○
베이킹 소다	○	△	△	△	△	△	△	△

⊏중요⊐
10 위의 실험에서 다르게 한 조건은 무엇인지 보기 에서 골라 기호를 쓰시오.

보기

㉠ 물의 양
㉡ 물의 온도
㉢ 용질의 종류

( )

11 위의 실험 결과, 온도와 양이 같은 물에 용해되는 양이 가장 많은 용질은 무엇인지 쓰시오.

( )

12 위의 세 가지 용질을 온도가 같은 물 100 mL에 각각 넣었을 때 나타나는 변화에 대한 설명으로 옳은 것을 보기 에서 골라 기호를 쓰시오.

보기

㉠ 물의 양과 관계 없이 물에 녹는 용질의 양은 항상 같다.
㉡ 세 가지 용질 모두 물 50 mL에 용해된 양보다 적은 양이 용해된다.
㉢ 용질이 용해되는 양은 물 50 mL에 용해되는 정도와 같이 설탕이 가장 많이 용해되고 소금, 베이킹 소다 순으로 용해된다.

( )

[13~15] 다음은 10 ℃의 물과 40 ℃의 물에 백반이 용해되는 양을 비교하는 실험입니다. 물음에 답하시오.

⑦ 눈금실린더로 10 ℃의 물과 40 ℃의 물을 50 mL씩 측정해 두 비커에 각각 담는다.
⑭ 각 비커에 백반이 바닥에 가라앉을 때까지 백반을 한 숟가락씩 넣고 유리 막대로 저은 뒤 나타나는 변화를 관찰한다.

13 위의 실험에서 다르게 한 조건은 무엇인지 쓰시오.

( )

14 위의 실험에서 40 ℃의 물을 준비하기 위해 필요한 것은 어느 것입니까? ( )

① 전자저울
② 얼음주머니
③ 전기 주전자
④ 공기 청정기
⑤ 페트리 접시

15 다음은 위의 실험 결과를 나타낸 모습입니다. ㉠과 ㉡ 중에서 10 ℃의 물에 백반을 넣고 저었을 때의 결과를 골라 기호를 쓰시오.

㉠    ㉡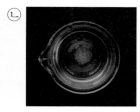

( )

16 따뜻한 물에 백반을 모두 녹여 만든 용액에서 백반 알갱이를 얻을 수 있는 방법으로 옳은 것을 보기에서 골라 기호를 쓰시오.

보기

㉠ 용액이 담긴 비커를 얼음물에 넣는다.
㉡ 용액을 조금 더 큰 비커로 옮겨 담는다.
㉢ 용액이 담긴 비커에서 용액을 덜어낸다.
㉣ 용액이 담긴 비커를 따뜻한 물에 넣는다.

( )

⊏중요⊐
17 용액의 진하기에 대한 설명으로 옳지 않은 것은 어느 것입니까? ( )

① 용액이 무거울수록 진하다.
② 설탕물은 진할수록 단맛이 더 강하다.
③ 투명한 용액의 진하기는 비교할 수 없다.
④ 황설탕 용액은 색깔이 진할수록 용액이 진하다.
⑤ 용액의 진하기는 용액의 높이로 비교할 수 있다.

⊏서술형⊐
18 투명한 소금물의 진하기를 비교할 수 있는 방법을 한 가지 쓰시오.

_____
_____
_____

19 다음과 같이 각설탕을 물에 용해시킨 용액에 방울토마토를 넣었을 때의 결과를 바르게 선으로 연결하시오.

(1) 각설탕 한 개를 용해시킨 용액 ·

· ㉠

(2) 각설탕 열 개를 용해시킨 용액 ·

· ㉡

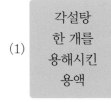

[20~21] 다음은 진하기가 서로 다른 설탕물에 같은 방울토마토를 넣은 모습입니다. 물음에 답하시오.

(가)  (나)  (다)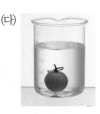

20 위의 (가)~(다) 설탕물을 진하기가 진한 것부터 순서대로 기호를 쓰시오.

(   ), (   ), (   )

⊏서술형⊐
21 위의 실험에서 용액의 진하기를 비교하기 위해 방울토마토를 사용한 까닭을 쓰시오.

_____

_____

_____

⊏중요⊐
22 다음은 설탕물에 메추리알을 넣은 모습입니다. 비커 바닥에 가라앉은 메추리알을 위로 떠오르게 할 수 있는 방법으로 옳은 것은 어느 것입니까? (   )

① 비커에 물을 더 넣는다.
② 비커에 설탕을 더 넣는다.
③ 비커에 담긴 용액을 덜어낸다.
④ 비커에 메추리알을 하나 더 넣는다.
⑤ 메추리알 대신 방울토마토를 넣는다.

23 우리나라의 바다에서보다 사해에서 몸이 잘 뜨는 까닭으로 옳은 것은 어느 것입니까? (   )

① 사해의 물이 덜 짜기 때문이다.
② 사해의 물이 더 진하기 때문이다.
③ 사해의 물이 더 깨끗하기 때문이다.
④ 사해의 물이 온도가 더 높기 때문이다.
⑤ 사해의 물이 온도가 더 낮기 때문이다.

24 다음은 장을 담글 때 소금물의 진하기를 비교하는 방법입니다. (   ) 안에 들어갈 알맞은 말을 보기 에서 골라 쓰시오.

> 장을 담글 때 소금물의 진하기는 소금물에 (   )을/를 띄워 떠오르는 정도로 확인할 수 있다.

보기

지푸라기, 달걀, 숯, 한지, 소금

(   )

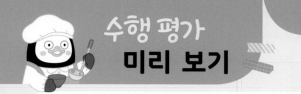

1 다음은 각설탕이 물에 용해되기 전과 용해된 후의 무게를 비교하는 실험입니다. 물음에 답하시오.

▲ 각설탕이 물에 용해되기 전

▲ 각설탕이 물에 용해된 후

(1) 위의 실험에서 각설탕이 물에 용해되기 전과 용해된 후의 무게를 비교하여 쓰시오.

(2) 위 실험에서 물에 용해된 각설탕은 어떻게 되었는지 각설탕의 크기 변화와 관련지어 쓰시오.

2 다음은 물의 온도에 따라 백반이 용해되는 양을 비교하는 실험입니다. 물음에 답하시오.

실험 과정	실험 결과
▲ 두 비커에 40 ℃의 따뜻한 물과 10 ℃의 차가운 물을 각각 60 mL씩 담는다. ▲ 각 비커에 백반을 한 숟가락씩 넣으면서 용해된 백반의 양을 비교한다.	▲ 따뜻한 물에는 백반이 다 용해된다. ▲ 차가운 물에는 백반이 바닥에 남아 있다.

(1) 위의 실험에서 다르게 한 조건과 같게 한 조건이 무엇인지 쓰시오.

다르게 한 조건	
같게 한 조건	

(2) 위의 실험 결과를 통해, 차가운 물에 용해되지 않고 바닥에 남아 있는 백반 알갱이를 다시 녹이려면 어떻게 해야 하는지 쓰시오.

5단원

다양한 생물과 우리 생활

우리 주변에는 동물과 식물 이외에도 곰팡이, 버섯, 짚신벌레, 해캄, 세균 등 다양한 생물이 살고 있습니다.

이 단원에서는 우리 주변의 다양한 생물의 특징과 사는 환경을 알아봅니다. 또한 다양한 생물이 우리 생활에 미치는 영향과 첨단 생명 과학이 우리 생활에 활용되는 예를 알아봅니다.

단원 학습 목표

(1) 곰팡이, 버섯, 짚신벌레, 해캄, 세균
- 곰팡이, 버섯과 같은 균류의 특징과 사는 환경에 대해 알아봅니다.
- 짚신벌레, 해캄과 같은 원생생물의 특징과 사는 환경에 대해 알아봅니다.
- 세균의 특징과 사는 환경에 대해 알아봅니다.

(2) 다양한 생물이 우리 생활에 미치는 영향
- 다양한 생물이 우리 생활에 미치는 이로운 영향과 해로운 영향에 대해 알아봅니다.
- 우리 생활에서 첨단 생명 과학이 활용되는 예를 알아봅니다.

단원 진도 체크

회차	학습 내용		진도 체크
1차	(1) 곰팡이, 버섯, 짚신벌레, 해캄, 세균	교과서 내용 학습 + 핵심 개념 문제	✓
2차			
3차		중단원 실전 문제 + 서술형·논술형 평가 돋보기	✓
4차			✓
5차	(2) 다양한 생물이 우리 생활에 미치는 영향	교과서 내용 학습 + 핵심 개념 문제	✓
6차		중단원 실전 문제 + 서술형·논술형 평가 돋보기	✓
7차	대단원 정리 학습 + 대단원 마무리 + 수행 평가 미리 보기		✓

해당 부분을 공부한 후 ✓표를 하세요.

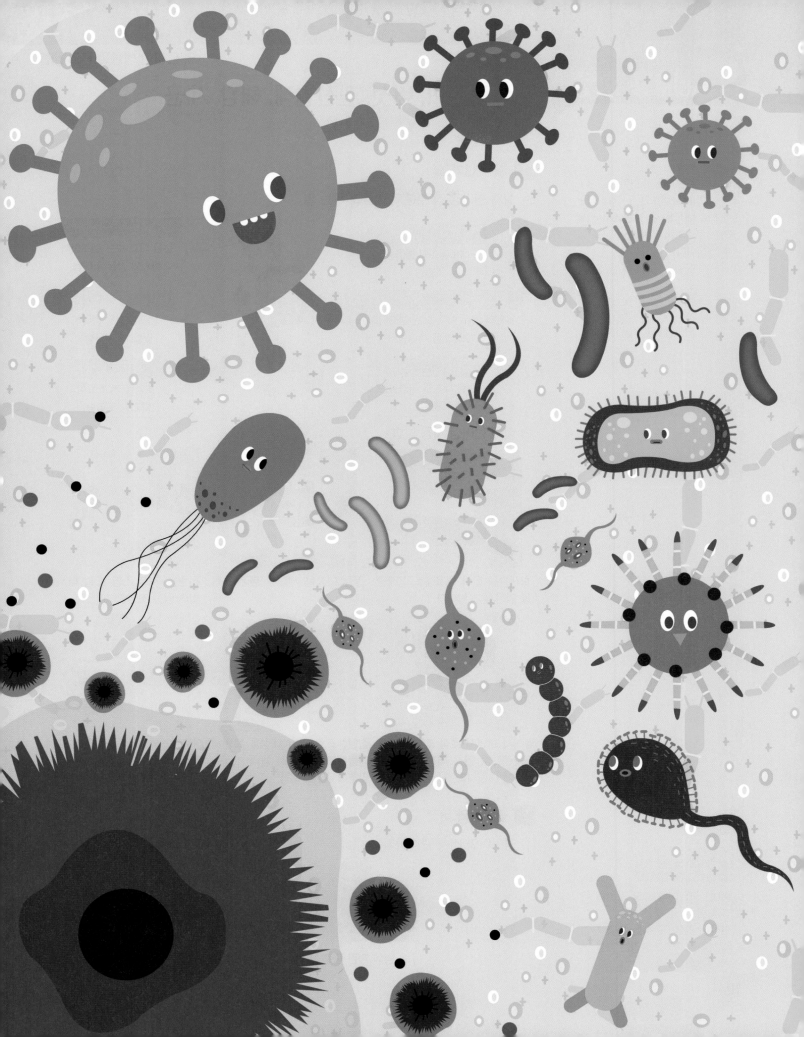

(1) 곰팡이, 버섯, 짚신벌레, 해캄, 세균

▶ 실체 현미경
• 비교적 낮은 배율의 현미경입니다.
• 두 개의 대물렌즈와 두 개의 접안렌즈로 대상을 두 방향에서 관찰하는 구조여서 입체적인 상을 볼 수 있습니다.

1 실체 현미경

(1) 실체 현미경 각 부분의 이름과 하는 일

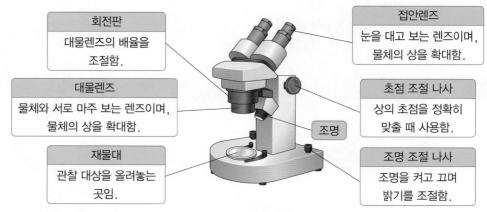

회전판 대물렌즈의 배율을 조절함.

대물렌즈 물체와 서로 마주 보는 렌즈이며, 물체의 상을 확대함.

재물대 관찰 대상을 올려놓는 곳임.

접안렌즈 눈을 대고 보는 렌즈이며, 물체의 상을 확대함.

초점 조절 나사 상의 초점을 정확히 맞출 때 사용함.

조명 조절 나사 조명을 켜고 끄며 밝기를 조절함.

조명

(2) 실체 현미경 사용 방법

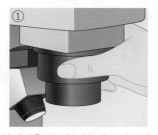

① 회전판을 돌려 대물렌즈의 배율을 가장 낮게 합니다.

② 관찰 대상을 재물대 위에 올립니다.

빵에 자란 곰팡이

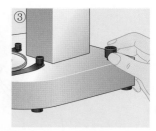

③ 전원을 켜고 조명 조절 나사로 빛의 양을 조절합니다.

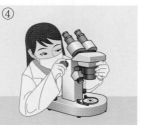

④ 옆에서 보면서 초점 조절 나사로 대물렌즈를 관찰 대상에 최대한 가깝게 내립니다.

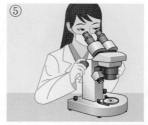

⑤ 접안렌즈로 관찰 대상을 보면서 대물렌즈를 천천히 올려 초점을 맞추어 관찰합니다.

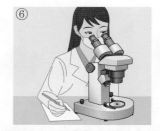

⑥ 대물렌즈의 배율을 높이고 초점 조절 나사로 초점을 맞추어 관찰하면서 기록합니다.

2 곰팡이와 버섯

(1) 곰팡이와 버섯 관찰하기

▲ 빵에 자란 곰팡이

▲ 버섯

구분	곰팡이	버섯
맨눈	• 푸른색, 검은색, 하얀색 등의 곰팡이가 보임. • 정확한 모습은 알 수 없음.	• 윗부분은 갈색이고, 아랫부분은 하얀색임. • 윗부분은 둥글고 아랫부분은 길쭉함.
돋보기	• 가는 선이 보이고, 작은 알갱이들이 있음.	• 윗부분 안쪽에는 주름이 많이 있음.
실체 현미경	• 머리카락 같은 가는 실 모양이 서로 엉켜 있음. • 실 모양 끝에는 작고 둥근 알갱이가 있음.	• 윗부분 안쪽에는 주름이 많고 깊게 파여 있음. • 식물에 있는 줄기나 잎과 같은 모양은 볼 수 없음.

(2) 곰팡이와 버섯의 공통점

① 곰팡이와 버섯의 몸은 모두 균사로 이루어져 있습니다.

② 곰팡이와 버섯은 포자를 이용하여 번식합니다.

③ 곰팡이와 버섯은 생김새나 생활 방식이 식물이나 동물과 다릅니다.

④ 곰팡이와 버섯은 스스로 양분을 만들지 못해 다른 생물이나 음식에서 양분을 얻어 살아갑니다.

(3) 균류의 특징

① 대부분 몸 전체가 가는 실 모양의 균사로 이루어져 있습니다.

② 포자를 이용하여 번식합니다.

③ 대부분 죽은 생물이나 다른 생물에서 양분을 얻어 살아갑니다.

④ 곰팡이와 버섯은 균류에 속합니다.

⑤ 균류가 잘 자라는 환경: 따뜻하고 축축한 곳, 낙엽 밑, 나무 밑동, 동물의 몸이나 배출물 등에서 잘 자랍니다.

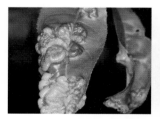
▲ 식물 잎에 자란 곰팡이

▲ 낙엽 아래에 생긴 버섯

▲ 죽은 나무에 자란 버섯

▶ 버섯과 곰팡이는 생물일까요?
버섯과 곰팡이는 자라는 모습을 볼 수 있으며, 포자로 자손을 퍼뜨리기 때문에 생물입니다. 또한, 죽은 생물이나 다른 생물에서 영양분을 얻어 살아가므로 생물이라고 할 수 있습니다.

▶ 곰팡이의 구조

포자 ─
└ 균사

• 곰팡이는 본체가 실처럼 길고 가는 모양의 균사로 되어 있습니다.
• 포자는 공기 중에 떠다니다가 먹이가 있는 습한 장소에 도달하면 싹을 틔웁니다.

▶ 우리 주변에서 곰팡이가 잘 자라지 못하게 하려면 어떻게 해야 할까요?
곰팡이는 따뜻하고 축축한 곳에서 잘 자랍니다. 따라서 햇빛과 바람이 잘 통하게 하거나 습기 제거제를 사용하면 곰팡이가 잘 자라지 못합니다.

개념 확인 문제

1 실체 현미경에서 상의 초점을 정확히 맞출 때 사용하는 것은 (초점 조절 나사 , 조명 조절 나사)입니다.

2 버섯과 곰팡이의 몸은 모두 균사로 이루어져 있습니다. (○ , ×)

3 포자를 이용해 번식하며 주로 따뜻하고 축축한 곳에서 살아가는 생물은 (균류 , 식물)입니다.

정답 1 초점 조절 나사 2 ○ 3 균류

▶ 광학 현미경
• 실체 현미경처럼 물체를 입체적으로 관찰할 수는 없지만 최대 1500배까지 확대가 가능해 크기가 아주 작은 생물도 관찰할 수 있습니다.
• 관찰되는 상이 상하좌우 또는 좌우가 바뀌어 보입니다.

3 광학 현미경

(1) 광학 현미경 각 부분의 이름과 하는 일

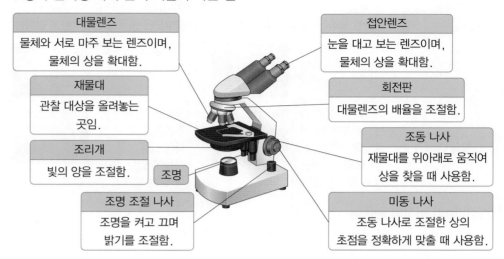

대물렌즈	물체와 서로 마주 보는 렌즈이며, 물체의 상을 확대함.
접안렌즈	눈을 대고 보는 렌즈이며, 물체의 상을 확대함.
재물대	관찰 대상을 올려놓는 곳임.
회전판	대물렌즈의 배율을 조절함.
조리개	빛의 양을 조절함.
조명
조동 나사	재물대를 위아래로 움직여 상을 찾을 때 사용함.
조명 조절 나사	조명을 켜고 끄며 밝기를 조절함.
미동 나사	조동 나사로 조절한 상의 초점을 정확하게 맞출 때 사용함.

(2) 광학 현미경 사용 방법
① 회전판을 돌려 배율이 가장 낮은 대물렌즈가 중앙에 오도록 합니다.
② 전원을 켜고 조리개로 빛의 양을 조절합니다.
③ 관찰하려는 영구 표본을 재물대의 가운데에 고정합니다.
④ 옆에서 보면서 조동 나사로 재물대를 올려 영구 표본과 대물렌즈의 거리를 최대한 가깝게 합니다.
⑤ 조동 나사로 재물대를 천천히 내리면서 접안렌즈로 물체를 찾고, 미동 나사로 물체가 뚜렷하게 보이도록 조절합니다.
⑥ 대물렌즈의 배율을 높이고 미동 나사로 초점을 맞추어 관찰합니다.

4 짚신벌레와 해캄

(1) 짚신벌레와 해캄 관찰하기

▶ 해캄
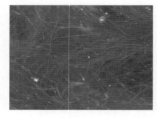

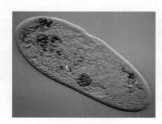

▲ 짚신벌레

▲ 해캄

구분	짚신벌레	해캄
맨눈	• 점 모양으로 보이고, 생김새는 보이지 않음.	• 초록색이고, 가늘고 길며 여러 가닥이 뭉쳐 있음.
돋보기	• 아주 작은 점이 여러 개 보임.	• 길고 머리카락 같은 모양임.
광학 현미경	• 끝이 둥글고 길쭉한 모양이고, 바깥쪽에 가는 털이 있음. • 안쪽에 여러 가지 모양이 보임.	• 여러 개의 마디로 이루어져 있음. • 여러 개의 가는 선 안에 초록색 알갱이가 있음.

낱말 사전

표본 생물의 몸을 처리하여 보전될 수 있게 한 것
나선 소라 껍데기처럼 빙빙 비틀린 모양

(2) 짚신벌레와 해캄의 특징

① 짚신벌레는 동물과 다른 모습을 하고 있습니다.

② 해캄은 보통 식물이 가지고 있는 뿌리, 줄기, 잎 등의 특징을 가지고 있지 않습니다.

③ 동물이나 식물, 균류와는 모습이 다르지만, 살아 있는 생물입니다.

④ 논, 연못과 같이 고인 물이나 하천, 도랑 등의 물살이 느린 곳에서 삽니다.

(3) 원생생물의 특징

① 일부는 몸속에 초록색을 띠는 물질이 있으며, 몸속이 투명하여 내부 구조가 잘 보입니다.

② 생김새와 모양이 매우 다양하며, 동물이나 식물에 비해 생김새가 단순합니다.

③ 주로 물이 고여 있거나 물살이 느린 곳에서 삽니다.

④ 짚신벌레, 해캄, 종벌레, 유글레나, 반달말, 장구말, 아메바 등이 있습니다.

5 세균

(1) 세균: 균류나 원생생물보다 크기가 더 작고 생김새가 단순한 생물입니다.

(2) 세균의 생김새와 사는 곳

생김새	막대 모양이다.	막대 모양으로 구부러져 있고, 꼬리가 달려 있다.	공 모양이고, 여러 개가 연결되어 있다.
사는 곳	물, 큰창자	공기, 물	공기, 음식물, 피부

(3) 세균의 특징

① 크기가 매우 작아 맨눈으로 볼 수 없습니다.

② 하나의 세포이며 균류나 원생생물보다 크기가 더 작고 단순한 생김새의 생물입니다.

③ 종류가 매우 많고 생김새는 공 모양, 막대 모양, 나선 모양 등으로 구분하며, 꼬리가 있는 세균도 있습니다.

④ 하나씩 따로 떨어져 있거나 여러 개가 서로 연결되어 있기도 합니다.

(4) 세균이 사는 환경

① 땅이나 물, 공기, 다른 생물의 몸, 연필과 같은 물체 등 우리 주변의 다양한 곳에서 삽니다.

② 살기에 알맞은 조건이 되면 짧은 시간 안에 많은 수로 늘어날 수 있습니다.

▶ 짚신벌레와 해캄은 생물일까요?
짚신벌레와 해캄은 영양분을 섭취하고 자손을 퍼뜨리며, 온도와 영양분 등의 조건이 맞으면 잘 자라기 때문에 생물입니다.

▶ 종벌레와 유글레나

▲ 종벌레　　▲ 유글레나

▶ 세균과 바이러스의 다른 점
• 세균은 적당한 환경이 제공되면 매우 빠르게 늘어나고, 다른 생물이 흡수한 양분을 스스로 먹으면서 살아가므로 생물입니다.
• 바이러스는 다른 생명체에 들어가야만 살아갈 수 있으므로 생물이라고 할 수 없습니다. 그러나 다른 생명체 안에서 진화하고 번식할 수 있어서 생물과 무생물의 중간쯤에 위치한다고 볼 수 있습니다.

개념 확인 문제

1 광학 현미경에서 빛의 양을 조절할 때 (조리개 , 재물대)를 사용합니다.

2 (짚신벌레 , 해캄)은/는 같이 여러 개의 마디로 이루어져 있으며, 초록색 알갱이가 있습니다.

3 균류나 원생생물보다 크기가 더 작고 생김새가 단순하며, 종류가 매우 많고 다른 생물이 흡수한 양분을 먹으면서 살아가는 생물은 (세균 , 바이러스)입니다.

정답 **1** 조리개 **2** 해캄 **3** 세균

이제 실험 관찰로 알아볼까?

광학 현미경으로 짚신벌레와 해캄 관찰하기

[준비물] 광학 현미경, 짚신벌레 영구 표본, 물속에 담긴 해캄, 돋보기, 페트리 접시, 받침 유리, 덮개 유리, 핀셋, 거름종이, 실험복, 실험용 장갑

[실험 방법]
① 광학 현미경을 사용하여 짚신벌레 영구 표본을 관찰해 봅시다.
② 해캄 표본을 만들어 봅시다.

　㉠ 해캄이 겹치지 않도록 핀셋으로 잘 펴서 받침 유리 가운데에 놓습니다.

　㉡ 덮개 유리를 해캄 위에 비스듬히 기울여 공기 방울이 생기지 않게 천천히 덮습니다.

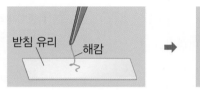 

　㉢ 덮개 유리 밖으로 나온 물은 거름종이로 재빨리 빨아들입니다.
③ 광학 현미경을 사용하여 해캄 표본을 관찰해 봅시다.

주의할 점
• 저배율에서 짚신벌레나 해캄을 관찰한 뒤 배율을 높일 때 렌즈가 빈 공간을 향하는 경우 대상을 찾기 어려울 수 있습니다. 이럴 때는 표본의 위치를 매우 미세하게 조정하여 다시 상을 찾아보도록 합니다.
• 저배율에서 고배율로 전환할 때 밝기가 어두워질 수 있으므로 조명 조절 나사로 밝기를 조절하면서 보도록 합니다.

[실험 결과]

짚신벌레 영구 표본을 관찰한 결과	해캄 표본을 관찰한 결과
• 끝이 둥글고 길쭉한 모양이다. • 안쪽에 여러 가지 모양이 보인다. • 주변에 가는 털이 있다.	• 여러 개의 마디로 이루어져 있다. • 여러 개의 가는 선 안에는 크기가 작고 둥근 모양의 초록색 알갱이가 있다.

중요한 점
• 짚신벌레 영구 표본의 염색한 색은 짚신벌레의 원래 색이 아닙니다.
• 짚신벌레, 해캄과 같이 동물이나 식물, 균류로 분류되지 않는 생물을 원생생물이라고 합니다.

탐구 문제

정답과 해설 27쪽

1 다음은 광학 현미경으로 관찰한 생물입니다. 이 생물로 옳은 것을 보기 에서 골라 ○표 하시오.

> 여러 개의 마디로 이루어져 있고, 여러 개의 가는 선 안에 작고 둥근 모양의 초록색 알갱이가 있다.

보기

　버섯　　　해캄　　　짚신벌레

2 짚신벌레와 해캄에 대한 설명으로 옳지 않은 것은 어느 것입니까? (　　　)

① 해캄은 뿌리, 줄기, 잎이 있다.
② 해캄은 전체적으로 초록색을 띤다.
③ 짚신벌레는 주변에 가는 털이 있다.
④ 짚신벌레와 해캄은 모두 단순한 모양이다.
⑤ 짚신벌레와 해캄은 모두 광학 현미경을 이용하면 자세한 모습을 관찰할 수 있다.

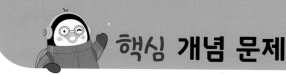
개념 1 · 실체 현미경에 대한 문제

(1) 접안렌즈: 눈을 대고 보는 렌즈이며, 물체의 상을 확대함.
(2) 대물렌즈: 물체와 서로 마주 보는 렌즈이며, 물체의 상을 확대함.
(3) 재물대: 관찰 대상을 올려놓는 곳임.
(4) 회전판: 대물렌즈의 배율을 조절함.
(5) 초점 조절 나사: 상의 초점을 정확히 맞출 때 사용함.
(6) 조명 조절 나사: 조명을 켜고 끄며 밝기를 조절함.

[01~02] 다음은 실체 현미경의 모습입니다. 물음에 답하시오.

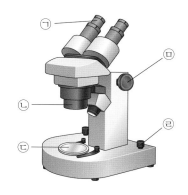

01 위의 실체 현미경에서 각 부분의 이름을 바르게 짝 지은 것은 어느 것입니까? (   )

① ㉠ ― 대물렌즈
② ㉡ ― 접안렌즈
③ ㉢ ― 조리개
④ ㉣ ― 조명 조절 나사
⑤ ㉤ ― 회전판

02 위의 실체 현미경에서 ㉤이 하는 일로 옳은 것은 어느 것입니까? (   )

① 물체의 상을 확대한다.
② 관찰 대상을 올려놓는다.
③ 대물렌즈의 배율을 조절한다.
④ 상의 초점을 정확히 맞춰 준다.
⑤ 조명을 켜고 끄며 밝기를 조절한다.

개념 2 · 곰팡이에 대한 문제

(1) 맨눈으로 관찰하면 푸른색, 검은색, 하얀색 등의 곰팡이가 보이고, 정확한 모습은 알 수 없음.
(2) 돋보기로 관찰하면 가는 선이 보이고, 작은 알갱이들이 있음.
(3) 실체 현미경으로 관찰하면 머리카락 같은 가는 실 모양이 서로 엉켜 있고, 실 모양 끝에는 작고 둥근 알갱이가 있음.

[03~04] 다음은 빵에 자란 곰팡이의 모습입니다. 물음에 답하시오.

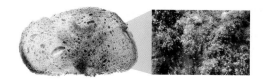

03 위의 빵에 자란 곰팡이를 관찰할 때 주의할 점으로 옳지 않은 것을 보기 에서 골라 기호를 쓰시오.

보기
㉠ 맨손으로 만져보며 관찰해야 한다.
㉡ 마스크를 착용하고 관찰해야 한다.
㉢ 관찰한 후에는 반드시 손을 깨끗이 씻어야 한다.

(   )

04 위의 곰팡이에 대한 설명으로 옳은 것은 어느 것입니까? (   )

① 꽃이 핀다.
② 씨로 번식한다.
③ 안쪽에 주름이 많이 보인다.
④ 가늘고 긴 실 모양이 엉켜 있다.
⑤ 잎과 뿌리는 없지만 줄기는 있다.

개념 3 · 버섯에 대한 문제

(1) 맨눈으로 관찰하면 버섯의 윗부분은 갈색이고, 아랫부분은 하얀색이며, 윗부분은 둥글고 아랫부분은 길쭉함.

(2) 돋보기로 관찰하면 버섯의 윗부분 안쪽에는 주름이 많이 있음.

(3) 실체 현미경으로 관찰하면 버섯의 윗부분 안쪽에 주름이 많고 깊게 파여 있으며, 보통 식물에 있는 줄기나 잎과 같은 모양은 볼 수 없음.

05 다음 버섯을 관찰한 내용으로 옳지 않은 것을 보기 에서 골라 기호를 쓰시오.

보기

㉠ 윗부분은 갈색이다.
㉡ 아랫부분은 하얀색이다.
㉢ 식물에 있는 줄기 모양을 볼 수 있다.
㉣ 윗부분의 안쪽에 주름이 깊게 파여 있다.

( )

06 버섯을 실체 현미경으로 관찰한 모습으로 옳은 것을 골라 기호를 쓰시오.

㉠  ㉡

( )

개념 4 · 균류의 특징에 대한 문제

(1) 대부분 몸 전체가 가는 실 모양의 균사로 이루어져 있음.

(2) 포자를 이용하여 번식함.

(3) 대부분 죽은 생물이나 다른 생물에서 양분을 얻어 살아감.

(4) 대표적인 균류에는 버섯과 곰팡이가 있음.

(5) 따뜻하고 축축한 곳, 낙엽 밑, 나무 밑동, 동물의 몸이나 배출물 등에서 잘 자람.

07 균류에 대한 설명으로 옳지 않은 것은 어느 것입니까? ( )

① 포자를 이용해 번식한다.
② 대부분 스스로 양분을 만든다.
③ 버섯과 곰팡이는 균류에 속한다.
④ 생김새나 생활 방식이 식물과 다르다.
⑤ 대부분 몸 전체가 균사로 이루어져 있다.

08 다음은 우리 주변에서 볼 수 있는 곰팡이와 버섯의 모습입니다. 곰팡이와 버섯이 사는 환경에 대한 설명으로 옳은 것을 보기 에서 모두 골라 기호를 쓰시오.

 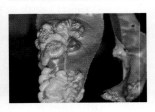

보기

㉠ 햇빛이 많이 드는 곳
㉡ 따뜻하고 축축한 환경
㉢ 과일이나 식물 잎, 나무 밑동

( )

개념 5 · 광학 현미경에 대한 문제

(1) 접안렌즈: 눈을 대고 보는 렌즈임.
(2) 대물렌즈: 물체와 서로 마주 보는 렌즈임.
(3) 회전판: 대물렌즈의 배율을 조절함.
(4) 조동 나사: 재물대를 위아래로 움직여 상을 찾을 때 사용함.
(5) 미동 나사: 조동 나사로 조절한 상의 초점을 정확하게 맞춰 줌.
(6) 조명 조절 나사: 조명을 켜고 끄며 밝기를 조절함.

09 다음 광학 현미경에서 상의 초점을 정확하게 맞출 때 사용하는 부분을 골라 기호를 쓰시오.

ⓙ
ⓛ
ⓒ
ⓔ
ⓜ

(　　　　)

10 다음은 광학 현미경으로 물체를 관찰하는 과정입니다. ( ) 안에 들어갈 알맞은 말을 쓰시오.

⑦ 회전판을 돌려 배율이 가장 낮은 대물렌즈가 중앙에 오도록 한다.
⑭ 전원을 켜고 (　　　　)(으)로 빛의 양을 조절한 뒤에 물체를 재물대의 가운데에 고정한다.
⑭ 현미경을 옆에서 보면서 조동 나사로 재물대를 올려 물체와 대물렌즈의 거리를 최대한 가깝게 한다.
⑭ 조동 나사로 재물대를 천천히 내리면서 접안렌즈로 물체를 찾고 미동 나사로 물체가 뚜렷하게 보이도록 조절한다.

(　　　　)

개념 6 · 짚신벌레와 해캄에 대한 문제

구분	짚신벌레	해캄
맨눈	점 모양으로 보이고 생김새는 보이지 않음.	초록색이고, 가늘고 길며 여러 가닥이 뭉쳐 있음.
돋보기	아주 작은 점이 여러 개 보임.	길고 머리카락 같은 모양임.
광학 현미경	끝이 둥글고 길쭉한 모양이고, 바깥쪽에 가는 털이 있으며, 안쪽에 여러 가지 모양이 보임.	여러 개의 마디로 이루어져 있고, 여러 개의 가는 선 안에 초록색 알갱이가 있음.

11 짚신벌레와 해캄에 대한 설명으로 옳지 <u>않은</u> 것은 어느 것입니까? (　　)

① 해캄은 여러 가닥이 뭉쳐 있다.
② 해캄은 초록색이고 가늘며 길다.
③ 짚신벌레와 해캄은 물속에서 산다.
④ 짚신벌레는 동물이고, 해캄은 식물이다.
⑤ 짚신벌레는 길쭉한 모양이고 바깥쪽에 가는 털이 있다.

12 다음 생물에 대한 설명으로 옳은 것을 보기 에서 골라 기호를 쓰시오.

보기
㉠ 머리카락과 모양이 비슷하다.
㉡ 안쪽에는 여러 가지 모양이 보인다.
㉢ 길쭉하고 뾰족한 모양이고 바깥쪽이 울퉁불퉁하다.

(　　　　)

개념 7 · 원생생물의 특징에 대한 문제

(1) 일부는 몸속에 초록색을 띠는 물질이 있음.
(2) 일부는 몸속이 투명하여 내부 구조가 잘 보임.
(3) 생김새와 모양이 매우 다양하며, 동물이나 식물에 비해 생김새가 단순함.
(4) 대표적인 생물: 짚신벌레, 해캄, 종벌레, 유글레나, 반달말, 장구말, 아메바 등

13 다음 생물은 동물, 식물, 균류로 분류되지 않으며, 생김새가 단순합니다. 이 생물을 무엇이라고 하는지 쓰시오.

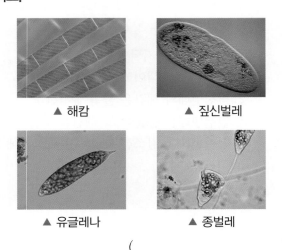

▲ 해캄   ▲ 짚신벌레

▲ 유글레나   ▲ 종벌레

(   )

14 원생생물의 공통점으로 옳은 것에 ○표 하시오.

(1) 균사로 이루어져 있다.   (   )
(2) 균류와 모습이 비슷하다.   (   )
(3) 주로 따뜻하고 축축한 곳에서 산다.   (   )
(4) 식물이나 동물에 비해 생김새가 단순하다.
(   )

개념 8 · 세균에 대한 문제

(1) 크기가 매우 작아 맨눈으로 볼 수 없음.
(2) 하나의 세포이고 균류나 원생생물보다 크기가 더 작고 단순한 생김새의 생물임.
(3) 종류가 매우 많고 생김새는 공 모양, 막대 모양, 나선 모양 등으로 구분하며, 꼬리가 있는 세균도 있음.
(4) 하나씩 따로 떨어져 있거나 여러 개가 서로 연결되어 있기도 함.
(5) 땅이나 물, 공기, 다른 생물의 몸, 연필과 같은 물체 등 우리 주변의 다양한 곳에서 살아감.
(6) 살기에 알맞은 조건이 되면 짧은 시간 안에 많은 수로 늘어날 수 있음.

15 다음 보기 는 여러 가지 세균의 모습입니다. 공 모양의 세균을 골라 기호를 쓰시오.

보기

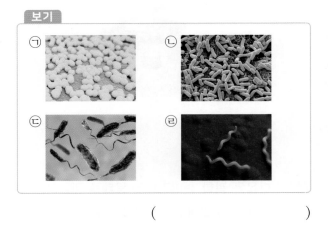

ㄱ   ㄴ

ㄷ   ㄹ

(   )

16 세균이 사는 곳에 대한 설명으로 옳은 것을 보기 에서 모두 골라 기호를 쓰시오.

보기

㉠ 바닷물에서 살 수 없다.
㉡ 공기 중에서 살 수 없다.
㉢ 다른 생물의 몸에서 살 수 있다.
㉣ 연필과 같은 물체에서 살 수 있다.

(   )

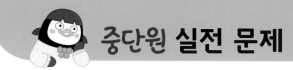

01 다음 실체 현미경 각 부분의 이름을 바르게 짝 지은 것은 어느 것입니까? (   )

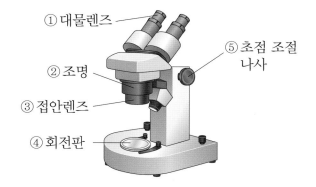

① 대물렌즈
⑤ 초점 조절 나사
② 조명
③ 접안렌즈
④ 회전판

ㄷ서술형ㄱ

02 다음은 실체 현미경으로 빵에 자란 곰팡이를 관찰하는 실험 과정입니다. 잘못된 것을 골라 기호를 쓰고, 바르게 고쳐 쓰시오.

> ㈎ 회전판을 돌려 대물렌즈의 배율을 가장 낮게 하고, 빵에 자란 곰팡이를 재물대 위에 올린다.
> ㈏ 전원을 켜고 조명 조절 나사로 빛의 양을 조절한다.
> ㈐ 현미경을 옆에서 보면서 초점 조절 나사를 조절하여 대물렌즈를 곰팡이에 최대한 가깝게 내린다.
> ㈑ 대물렌즈로 빵에 자란 곰팡이를 보면서 접안렌즈를 빠르게 내려 초점을 맞추어 관찰한다.

_____
_____
_____

ㄷ중요ㄱ

03 다음 (   ) 안에 들어갈 알맞은 말을 쓰시오.

> 곰팡이, 버섯과 같이 스스로 양분을 만들지 못하여 주로 다른 생물이나 죽은 생물에서 양분을 얻는 생물을 (   )(이)라고 한다.

(   )

[04~05] 다음은 분무기로 물을 뿌린 후 며칠 동안 놓아둔 빵의 모습입니다. 물음에 답하시오.

04 위의 빵에서 볼 수 있는 푸른색, 검은색, 하얀색 등으로 자란 생물을 무엇이라고 하는지 쓰시오.

(   )

05 위의 빵에서 볼 수 있는 생물의 특징으로 옳은 것은 어느 것입니까? (   )

① 주름이 많다.
② 줄기와 잎 같은 모양을 볼 수 있다.
③ 수염처럼 생긴 하얀색 뿌리가 있다.
④ 맨눈으로도 크기를 쉽게 확인할 수 있다.
⑤ 머리카락 같은 가는 실 모양이 서로 엉켜 있다.

06 다음은 실체 현미경으로 곰팡이를 관찰한 모습입니다. 거미줄처럼 가늘고 긴 모양의 ㉠을 무엇이라고 하는지 쓰시오.

(   )

07 버섯을 맨눈과 돋보기로 관찰한 결과로 옳지 <u>않은</u> 것은 어느 것입니까? (   )

① 윗부분은 갈색이다.
② 아랫부분은 하얀색이다.
③ 맨눈으로 포자를 쉽게 관찰할 수 있다.
④ 줄기나 잎과 같은 모양을 볼 수 없다.
⑤ 윗부분의 안쪽에 있는 많은 주름을 볼 수 있다.

08 버섯의 특징과 사는 환경에 대한 설명으로 옳은 것을 보기 에서 골라 기호를 쓰시오.

보기
> ㉠ 꽃은 피지 않지만, 뿌리와 줄기가 있다.
> ㉡ 전체가 균사로 이루어져 있으며 씨로 번식한다.
> ㉢ 죽은 동물의 몸이나 죽은 나무에서도 잘 자란다.

(   )

09 곰팡이가 살기에 가장 알맞은 환경은 어느 것입니까?
(   )

① 춥고 축축한 환경
② 춥고 건조한 환경
③ 따뜻하고 축축한 환경
④ 따뜻하고 건조한 환경
⑤ 시원하고 바람이 잘 통하는 환경

⊏중요⊐
10 균류와 식물의 공통점으로 옳은 것은 어느 것입니까?
(   )

① 씨로 번식한다.
② 스스로 양분을 만든다.
③ 대체로 뿌리, 줄기, 잎 등이 있다.
④ 따뜻하고 건조한 곳에서 잘 자란다.
⑤ 살아가는데 물과 공기 등이 필요하다.

⊏서술형⊐
11 다음은 우리 주변에서 볼 수 있는 식물의 모습입니다. 이러한 식물과 균류의 차이점을 한 가지 쓰시오.

_____

_____

_____

12 광학 현미경의 각 부분과 하는 일에 대한 설명으로 옳은 것은 어느 것입니까? (   )

① 대물렌즈 ― 눈을 대고 보는 렌즈이다.
② 회전판 ― 관찰 대상을 올려놓는 곳이다.
③ 조동 나사 ― 대물렌즈의 배율을 조절한다.
④ 접안렌즈 ― 물체와 서로 마주 보는 렌즈이다.
⑤ 미동 나사 ― 상의 초점을 정확하게 맞출 때 사용한다.

13 다음은 광학 현미경으로 해캄 표본을 관찰하여 기록하는 과정을 순서 없이 나열한 것입니다. 순서에 맞게 기호를 쓰시오.

> ㈎ 대물렌즈의 배율을 높이고 미동 나사로 초점을 맞추어 해캄 표본을 관찰하며 기록한다.
> ㈏ 조동 나사로 재물대를 천천히 내리면서 접안렌즈로 해캄을 찾고, 미동 나사로 물체가 뚜렷하게 보이도록 조절한다.
> ㈐ 회전판을 돌려 배율이 가장 낮은 대물렌즈가 중앙에 오도록 한 뒤, 전원을 켜고 조리개로 빛의 양을 조절한다.
> ㈑ 해캄 표본을 재물대의 가운데에 고정하고, 현미경을 옆에서 보면서 조동 나사로 재물대를 올려 대물렌즈를 해캄 표본에 최대한 가깝게 한다.

( ) → ( ) → ( ) → ( )

14 ⌐중요⌐
다음과 같은 특징을 가진 생물을 무엇이라고 하는지 쓰시오.

> 동물이나 식물, 균류로 분류되지 않고 생김새가 단순하며, 짚신벌레나 해캄 등이 있다.

( )

15 짚신벌레에 대한 설명으로 옳지 않은 것을 보기 에서 골라 기호를 쓰시오.

> 보기
> ㉠ 생물이다.
> ㉡ 맨눈으로 잘 보이지 않는다.
> ㉢ 광학 현미경으로 관찰하면 바깥쪽에 가는 털이 보인다.
> ㉣ 돋보기로 관찰하면 초록색이며, 길고 머리카락 같은 모양이 보인다.

( )

16 해캄에 대한 설명으로 옳은 것을 두 가지 고르시오.
(,)

① 생물이 아니다.
② 식물로 분류된다.
③ 뿌리, 줄기, 잎 등이 있다.
④ 길고 머리카락 같은 모양이다.
⑤ 동물과 식물에 비해 단순한 모양이다.

17 다음 생물의 이름을 찾아 바르게 선으로 연결하시오.

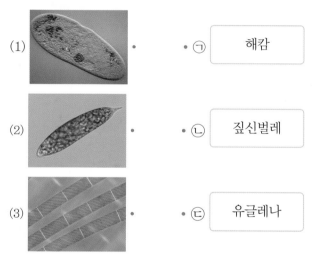

(1) • • ㉠ 해캄

(2) • • ㉡ 짚신벌레

(3) • • ㉢ 유글레나

18 짚신벌레와 해캄이 사는 방식에 대한 설명으로 옳은 것을 보기 에서 골라 기호를 쓰시오.

> 보기
> ㉠ 물과 땅을 오가며 산다.
> ㉡ 숲속의 바위 틈에 붙어서 산다.
> ㉢ 물이 고인 곳이나 물살이 느린 곳에서 산다.

( )

19 다음에서 설명하는 생물로 옳은 것은 어느 것입니까?
( )

> • 맨눈으로 볼 수 없고 우리 주변의 다양한 곳에서 산다.
> • 균류나 원생생물보다 크기가 더 작고 단순한 모양이다.
> • 살기에 알맞은 조건이 되면 짧은 시간 안에 많은 수로 늘어날 수 있다.

① 해캄 　　② 버섯 　　③ 세균
④ 곰팡이 　　⑤ 짚신벌레

20 세균이 사는 환경에 대한 설명으로 옳지 <u>않은</u> 것은 어느 것입니까? ( )

① 물에서 살기도 한다.
② 땅에서는 살 수 없다.
③ 공기 중에서 살기도 한다.
④ 다른 생물의 몸에서 살기도 한다.
⑤ 컴퓨터 자판 같은 물체에서 살기도 한다.

21 다음은 다양한 세균의 특징을 조사한 표입니다. 이를 통해 알 수 있는 사실로 옳은 것은 어느 것입니까?
( )

구분	사는 곳	특징
콜레라균	공기, 물	막대 모양으로 구부러져 있고, 꼬리가 달려 있음.
포도상 구균	공기, 음식, 피부	공 모양이고, 여러 개가 연결되어 있음.
헬리코박터 파일로리균	위	나선 모양이고, 꼬리가 여러 개 있음.

① 세균은 모두 꼬리가 달려 있다.
② 세균은 모두 여러 개가 연결되어 있다.
③ 헬리코박터 파일로리균은 위에서 산다.
④ 콜레라균은 피부에 살고 둥근 모양이다.
⑤ 포도상 구균은 꼬리가 달려 있고 공기 중에서만 산다.

22 세균의 특징으로 옳지 <u>않은</u> 것은 어느 것입니까?
( )

① 종류가 무수히 많다.
② 세균의 생김새는 다양하다.
③ 생김새나 모양이 복잡하다.
④ 하나씩 따로 떨어져 있기도 하다.
⑤ 매우 작아서 맨눈으로는 볼 수 없다.

23 ⌐중요⌐
세균이 생물인 까닭으로 옳은 것은 어느 것입니까?
( )

① 종류가 다양하기 때문이다.
② 맨눈으로는 볼 수 없기 때문이다.
③ 모양과 크기가 비슷하기 때문이다.
④ 크기는 작지만 생김새가 단순하기 때문이다.
⑤ 주변에서 양분을 먹고 자라며 번식하기 때문이다.

24 다음 세균에 대한 설명으로 옳은 것을 보기 에서 골라 기호를 쓰시오.

> **보기**
> ㉠ 막대 모양이다.
> ㉡ 꼬리가 달려 있다.
> ㉢ 곰팡이보다 크기가 크다.
> ㉣ 여러 개가 연결되어 있다.

( )

학교에서 출제되는 서술형·논술형 평가를 미리 준비하세요.

연습 문제

정답과 해설 29쪽

문제 해결 전략
균류, 원생생물, 세균은 크기가 매우 작아 맨눈으로 볼 수 없습니다.

핵심 키워드
균류, 균사, 포자

1 다음은 현미경을 이용해 여러 가지 생물을 관찰한 모습입니다. 물음에 답하시오.

㉠ 　㉡ 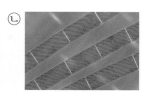　㉢

(1) 위에서 균류에 해당하는 것을 골라 기호를 쓰시오.

(　　　　　　　　　)

(2) 위 (1)번의 답으로 고른 균류의 특징을 쓰시오.

> 균류는 대부분 몸 전체가 가늘고 긴 실 모양의 (　　　　　)(으)로 이루어져 있고, (　　　　　)(으)로 번식하며 죽은 생물이나 다른 생물에서 양분을 얻어 살아간다.

문제 해결 전략
세균은 크기가 매우 작고 단순한 모양이며, 우리 주변의 다양한 곳에서 삽니다.

핵심 키워드
세균, 생김새, 특징

2 다음은 여러 가지 세균을 조사한 내용입니다. 물음에 답하시오.

		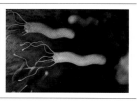
• 세균 이름: 대장균 • 생김새: (㉠) 모양 • 사는 곳: 사람이나 동물의 대장, 오염된 배출물 등	• 세균 이름: 포도상 구균 • 생김새: (㉡) 모양 • 사는 곳: 토양, 물, 우유, 사람의 피부, 코, 입	• 세균 이름: 헬리코박터 파일로리균 • 생김새: 나선 모양 • 사는 곳: 사람의 위

(1) 위의 ㉠과 ㉡에 들어갈 알맞은 말을 쓰시오.

㉠ (　　　　　　　), ㉡ (　　　　　　　)

(2) 위와 같은 세균의 특징을 쓰시오.

> 세균은 종류가 매우 (　　　　　) 생김새가 다양하며, 땅이나 물과 같은 자연환경뿐만 아니라 다른 생물의 몸, 연필과 같은 물체 등 사는 곳이 (　　　　　).

실전 문제

1 다음은 실체 현미경을 이용해 버섯과 곰팡이를 관찰한 모습입니다. 버섯과 곰팡이의 생김새의 특징을 한 가지씩 쓰시오.

▲ 버섯

▲ 곰팡이

(1) 버섯

_____

_____

_____

(2) 곰팡이

_____

_____

_____

2 다음을 보고 곰팡이와 버섯 같은 균류가 양분을 얻는 방법을 쓰시오.

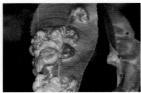
▲ 식물 잎에 자란 곰팡이

▲ 나무 밑동에 자란 버섯

_____

_____

_____

3 다음은 해캄과 짚신벌레를 광학 현미경으로 관찰한 모습입니다. 물음에 답하시오.

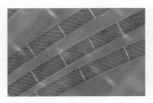
▲ 해캄

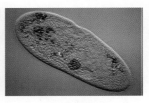
▲ 짚신벌레

(1) 위의 생물들은 모두 어떤 종류에 속하는지 **보기** 에서 골라 쓰시오.

보기

세균	균류	원생생물

(_____)

(2) 위의 생물들이 사는 곳의 특징을 한 가지 쓰시오.

_____

_____

4 다음 여러 가지 생물을 보고, 물음에 답하시오.

㉠

㉡

㉢

(1) 위 ㉠~㉢ 중 세균에 속하는 것을 골라 기호를 쓰시오.

(_____)

(2) 세균의 특징을 한 가지 쓰시오.

_____

_____

(2) 다양한 생물이 우리 생활에 미치는 영향

▶ 메주를 만드는 곰팡이
된장은 발효 과정을 거쳐 만들어집니다. 된장을 만들려면 먼저 콩을 물에 삶아 으깬 뒤 반죽을 뭉쳐 메주 모양으로 만들어 한 달 정도 서늘한 곳에서 말립니다. 이때 털 곰팡이, 누룩 곰팡이와 같은 여러 종류의 곰팡이와 고초균(바실루스)이라는 세균이 함께 콩 반죽을 발효시킵니다. 발효된 메주에 소금과 물을 넣어 만든 것이 바로 된장입니다. 된장에는 몸에 좋은 소화 효소와 항암 물질이 들어 있습니다.

▶ 산소를 만드는 원생생물
해캄, 유글레나, 해조류 등과 같은 원생생물은 엽록체를 가지고 있어 광합성을 하여 스스로 양분을 만들어 살아갑니다. 다른 동물들은 이들이 만든 산소를 이용하여 호흡할 수 있습니다.

1 다양한 생물이 우리 생활에 미치는 영향

(1) 다양한 생물이 우리 생활에 미치는 이로운 영향
① 누룩 곰팡이는 된장이나 간장을 만들 때 이용됩니다.
② 일부 버섯은 식재료로 사용됩니다.
③ 세균을 활용하여 청국장을 만듭니다.
④ 균류를 활용하여 치즈를 만듭니다.
⑤ 우리 몸에 이로운 유산균과 같은 세균은 해로운 세균으로부터 건강을 지켜줍니다.
⑥ 세균 중 젖산균을 이용해 만든 김치나 요구르트 같은 음식은 우리 몸을 건강하게 해 줍니다.
⑦ 균류와 세균은 죽은 생물이나 배설물을 작게 분해하여 자연으로 되돌려 보내 지구의 환경을 유지하는 데 도움을 줍니다.
⑧ 기름 유출, 방사능 오염 등으로 오염된 토양을 복원하는데 세균을 이용합니다.
⑨ 원생생물은 주로 다른 생물의 먹이가 되어 양분을 제공하고, 산소를 만들어 지구의 생물이 숨을 쉬며 살아갈 수 있게 해 줍니다.
⑩ 원생생물 중 해조류는 식재료로 사용됩니다.

▲ 된장을 만드는 데 활용되는 누룩곰팡이   ▲ 요구르트를 만드는 데 활용되는 세균   ▲ 산소를 만드는 해캄

▶ 낱말 사전

방사능 원자핵이 붕괴하면서 방사선을 방출하는 현상
광합성 식물이 빛을 이용해 이산화 탄소와 물로 양분을 만드는 것
적조 바닷물이 붉게 보이는 현상

🐭 개념 확인 문제

1 누룩 곰팡이를 이용해 김치나 요구르트를 만들 수 있습니다.
(○ , ×)

2 원생생물은 산소를 만들어 지구의 생물이 숨을 쉬며 살아갈 수 있게 해 줍니다. (○ , ×)

3 균류와 세균이 죽은 생물이나 배설물을 작게 분해하여 자연으로 되돌려 보내는 것은 다양한 생물이 우리 생활에 미치는 (이로운 , 해로운) 영향입니다.

정답 **1** × **2** ○ **3** 이로운

(2) 다양한 생물이 우리 생활에 미치는 해로운 영향

① 다른 생물에게 여러 가지 질병을 일으키는 곰팡이와 세균이 있습니다.

  • 곰팡이가 사람에게 폐 감염, 피부 질환 등을 일으킵니다.

  • 세균은 감염을 일으키고, 인간의 질병 중 약 50 %가 세균에 의한 것입니다.

    ➡ 포도상 구균 감염, 흑사병, 탄저병, 살모넬라 감염 등이 있습니다.

② 물이나 음식을 상하게 하는 곰팡이와 세균이 있습니다.

③ 집과 가구와 같은 물건을 못 쓰게 만드는 곰팡이와 세균이 있습니다.

④ 일부 균류는 먹으면 생명이 위험할 수 있습니다.

⑤ 일부 원생생물이 호수나 바다와 같은 곳에 급격히 번식하면 적조를 일으켜 다른 생물이 살기 어려운 환경을 만들 수 있습니다.

⑥ 녹병균과 회색곰팡이는 식물에게 피해를 주고, 칸디다는 동물에게 질병을 일으킵니다.

⑦ 물고기에 붙어 물고기의 껍질을 먹는 원생생물은 물고기를 죽게 만듭니다.

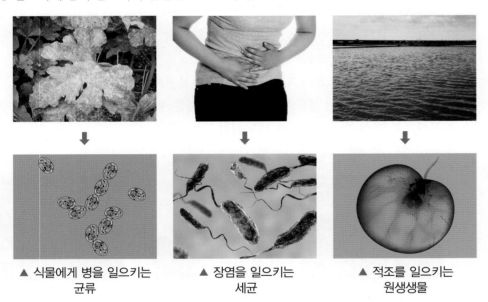

▲ 식물에게 병을 일으키는 균류 ▲ 장염을 일으키는 세균 ▲ 적조를 일으키는 원생생물

(3) 곰팡이나 세균이 없어질 경우 우리 생활에 미치는 영향

① 음식이나 물건 등이 상하지 않습니다.

② 김치, 요구르트, 된장 등의 음식을 만들 수 없게 됩니다.

③ 우리 주변이 죽은 생물이나 배설물로 가득 차게 되어 지구 생태계에 큰 문제가 발생할 것입니다.

④ 사람이나 동물은 먹은 음식을 잘 소화하지 못하게 되거나 면역력이 약해집니다.

⑤ 질병을 치료하는 데 쓰이는 곰팡이가 없어진다면 질병을 치료하는 데 문제가 발생합니다.

2 첨단 생명 과학이 우리 생활에 활용되는 예

(1) **첨단 생명 과학**: 생명을 대상으로 하는 과학 중에 최신 기술을 적용한 것으로, 최신의 생명 과학 기술이나 연구 결과를 활용해 우리 생활의 여러 가지 문제를 해결하는 데 도움을 줍니다.

▶ 세균은 모두 몸에 해로울까요?

• 사람의 장에는 엄청나게 많은 양의 세균이 삽니다. 대부분 소화를 돕고 장 기능을 활성화하는 좋은 세균이지만 그렇지 않은 것도 있습니다.

• 젖산균은 해로운 균이 살지 못하는 환경을 만들어줘 장 건강을 지켜줍니다.

• 대장균은 비타민의 합성을 돕고 식물의 섬유소를 분해합니다. 그러나 대장균이 장 이외의 부위로 들어가면 방광염, 복막염 등의 질병을 일으키기도 합니다.

▶ 부패와 발효

• 부패와 발효는 둘 다 미생물에 의해 분해가 일어나는 과정입니다.

• 우리 생활에 유용한 물질이 만들어지면 발효라고 하고, 사용할 수 없거나 몸에 해로운 물질이 만들어지면 부패라고 합니다.

• 우리가 즐겨 먹는 김치, 간장, 된장, 고추장, 요구르트, 치즈 등은 모두 발효 음식입니다.

▶ 생명 과학
생명 현상이나 생물의 특성을 연구
하거나 이를 통해 알게 된 사실을
우리 생활에 활용하는 모든 것을 말
합니다.

▶ 원생생물을 이용한 자동차 연료
해캄 등의 원생생물이 양분을 만드
는 특성을 이용해 만든 자동차 연료
를 사용하면 환경 오염을 줄일 수
있습니다.

▶ 바이오 에탄올
옥수수 등과 같은 곡식을 가열하여
반죽을 만들고 효소를 넣어 녹말과
포도당을 생산합니다. 그 다음 효모
를 넣어서 당분을 발효시키면 에탄올
이 생산됩니다. 이 에탄올을 분리해
자동차 연료로 사용할 수 있습니다.

🐹 낱말 사전

농약 농작물에 해로운 벌레나
잡초를 없애거나 농작물이 잘 자
라게 하는 약품
하수 집이나 공장 등에서 쓰고
버리는 더러운 물
에탄올 특유의 냄새와 맛이 나
는 무색 투명한 휘발성 액체

(2) 첨단 생명 과학이 우리 생활에 활용되는 예

질병을 치료하는 약	세균을 자라지 못하게 하는 일부 곰팡이의 특성을 이용하여 질병을 치료하는 약을 만든다.
건강식품	클로렐라와 같이 원생생물 중 영양소가 풍부한 것을 이용하여 건강에 도움을 주는 식품을 만든다.
생물 농약	세균과 곰팡이가 해충에게만 질병을 일으키는 특성을 활용하여 만든 생물 농약은 농작물의 피해를 줄이고 환경 오염을 일으키지 않는다.
생물 연료	해캄 등의 원생생물이 양분을 만드는 특성을 이용하여 자동차 연료가 되는 기름을 만든다.
하수 처리	물질을 분해하는 세균의 특성을 이용하여 오염된 물을 깨끗하게 만든다.
친환경 플라스틱 제품 생산	플라스틱의 원료를 가진 세균을 이용하여 쉽게 분해되는 플라스틱 제품을 만든다.
인공 눈	얼음을 만드는 물질을 가진 세균을 이용해 눈이 오지 않을 때에도 눈을 만들 수 있다.
화장품 생산	피부에 좋은 성분이 들어 있는 균류를 활용하여 화장품을 만든다.

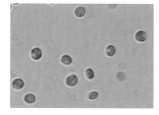

플라스틱의 원료

▲ 세균을 자라지 못하게 하는 곰팡이로 질병 치료   ▲ 영양소가 풍부한 원생생물로 건강식품 생산   ▲ 플라스틱 원료를 가진 세균을 이용해 플라스틱 제품 생산

(3) 다양한 생물의 특징을 첨단 생명 과학에 활용하여 우리 생활에서 달라진 점
① 식량 부족을 해결할 수 있습니다.
② 오염된 물이나 토양을 정화할 수 있습니다.
③ 사람의 질병을 치료할 수 있는 약을 대량으로 생산할 수 있습니다.

🐹 개념 확인 문제

1 곰팡이와 세균은 다른 생물에게 여러 가지 질병을 일으키기도 합니다. (○, ×)

2 (   )은/는 최신의 생명 과학 기술이나 연구 결과를 활용해 우리 생활의 여러 가지 문제를 해결하는 데 도움을 줍니다.

정답 1 ○ 2 첨단 생명 과학

이제 실험 관찰로 알아볼까?

다양한 생물이 우리 생활에 미치는 영향 탐구하기

[준비물] 스마트 기기

[탐구 방법]

① 균류, 원생생물, 세균과 같은 다양한 생물이 우리 생활에 미치는 영향을 조사해 봅시다.

② 조사한 내용을 바탕으로 다양한 생물이 우리 생활에 미치는 영향을 이로운 것과 해로운 것으로 분류해 봅시다.

③ 다양한 생물이 우리 생활에 미치는 이로운 영향을 늘리고, 해로운 영향을 줄이는 방법은 어떤 것이 있는지 토의해 봅시다.

[탐구 결과]

① 다양한 생물이 우리 생활에 미치는 영향을 분류한 결과

이로운 영향	해로운 영향
• 일부 버섯은 식재료로 사용된다. • 곰팡이를 이용해 된장이나 간장을 만든다. • 젖산균을 이용하여 만든 김치나 요구르트는 우리 몸을 건강하게 해 준다. • 산소를 만드는 원생생물은 지구의 생물이 숨 쉬며 살아갈 수 있게 해 준다.	• 곰팡이는 음식을 상하게 한다. • 곰팡이나 세균은 생물에게 질병을 일으킬 수 있다. • 일부 원생생물이 호수나 바다와 같은 곳에 급격히 번식하면 적조를 일으켜 다른 생물이 살기 어려운 환경을 만들 수 있다.

② 다양한 생물이 우리 생활에 미치는 이로운 영향을 늘리고 해로운 영향을 줄이는 방법

이로운 영향을 늘리는 방법	해로운 영향을 줄이는 방법
• 곰팡이를 이용하여 만든 된장이나 간장 등으로 음식을 만들어 먹는다. • 젖산균이 들어 있는 김치나 요구르트 같은 음식을 즐겨 먹는다.	• 외출 후 집에 돌아오면 손을 깨끗이 씻는다. • 음식은 먹을 만큼만 만들어 먹고 오래 보관하지 않으며, 건조하고 시원한 곳에 보관한다. • 적조를 줄이기 위해 생활 하수를 되도록 만들지 않는다.

주의할 점

• 다양한 생물이 우리 생활에 미치는 이로운 영향과 해로운 영향을 모두 조사하여 어느 한쪽으로만 의견이 치우치지 않도록 합니다.

• 다양한 생물이 우리 생활에 미치는 영향을 통해 생활 속에서 실천할 수 있는 방법을 찾아봅니다.

중요한 점

다양한 생물과 우리 생활과의 관계를 생각하며 생물의 다양성을 인식하도록 합니다.

🐱 탐구 문제

정답과 해설 **30**쪽

1 다양한 생물이 우리 생활에 미치는 이로운 영향에 대한 설명으로 옳은 것에 ○표 하시오.

(1) 음식을 상하게 한다. ( )

(2) 된장이나 요구르트를 만든다. ( )

(3) 바다에 급격히 번식하여 적조를 일으킨다. ( )

(4) 사람이나 다른 생물에게 여러 가지 질병을 일으킨다. ( )

2 다양한 생물이 우리 생활에 미치는 해로운 영향을 줄이는 방법으로 옳지 <u>않은</u> 것을 보기에서 골라 기호를 쓰시오.

보기

㉠ 음식은 따뜻하고 축축한 곳에 보관한다.

㉡ 외출 후 집에 돌아오면 손을 깨끗이 씻는다.

㉢ 쓰레기나 생활 하수를 되도록 만들지 않는다.

( )

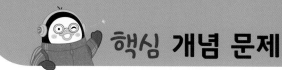

개념 1 다양한 생물이 우리 생활에 미치는 이로운 영향을 묻는 문제

(1) 곰팡이를 이용해 된장이나 간장을 만듦.

(2) 우리 몸에 이로운 유산균과 같은 세균은 건강을 지켜줌.

(3) 젖산균을 이용해 김치나 요구르트를 만듦.

(4) 균류와 세균은 죽은 생물이나 배설물을 작게 분해하여 자연으로 되돌려 보내 지구의 환경을 유지하는 데 도움을 줌.

(5) 원생생물은 주로 다른 생물의 먹이가 되어 양분을 제공하고, 산소를 만듦.

01 다양한 생물이 우리 생활에 미치는 이로운 영향으로 옳은 것은 어느 것입니까? (   )

① 원생생물은 적조를 일으킨다.

② 곰팡이는 음식을 상하게 한다.

③ 세균은 다른 생물에게 질병을 일으킨다.

④ 독버섯을 먹으면 생명이 위험할 수 있다.

⑤ 젖산균을 이용해 김치나 요구르트를 만든다.

02 우리 생활에 이로운 영향을 미치는 생물을 보기 에서 모두 골라 기호를 쓰시오.

보기

㉠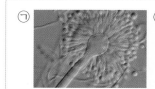
▲ 된장을 만드는 데 활용되는 균류

㉡
▲ 적조를 일으키는 원생생물

㉢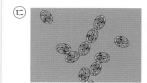
▲ 식물에게 병을 일으키는 균류

㉣
▲ 요구르트를 만드는 데 활용되는 세균

(   )

개념 2 다양한 생물이 우리 생활에 미치는 해로운 영향을 묻는 문제

(1) 다른 생물에게 여러 가지 질병을 일으키는 곰팡이와 세균이 있음.

(2) 음식을 상하게 하는 곰팡이와 세균이 있음.

(3) 집, 가구와 같은 물건을 상하게 하는 곰팡이와 세균이 있음.

(4) 일부 균류는 먹으면 생명이 위험함.

(5) 일부 원생생물이 호수나 바다와 같은 곳에 급격히 번식하면 다른 생물이 살기 어려운 환경을 만듦.

03 다양한 생물이 우리 생활에 미치는 해로운 영향으로 옳은 것을 보기 에서 골라 기호를 쓰시오.

보기

㉠ 음식을 상하게 한다.

㉡ 해로운 세균을 물리친다.

㉢ 낙엽을 썩게 하여 자연으로 되돌려 보낸다.

(   )

04 우리 생활에 해로운 영향을 미치는 생물에 ◯표 하시오.

(1)   (2)   (3)

▲ 식재료로 이용   ▲ 장염을 일으키   ▲ 산소를 만드는
되는 버섯   는 세균   원생생물

(   ) (   ) (   )

핵심 개념 문제

개념 3 다양한 생물이 우리 생활에 미치는 이로운 영향을 늘리고 해로운 영향을 줄이는 방법을 묻는 문제

(1) 곰팡이를 이용해 만든 된장이나 간장으로 음식을 해서 먹음.
(2) 젖산균이 들어 있는 김치나 요구르트 같은 음식을 즐겨 먹음.
(3) 외출 후 집에 돌아오면 손을 깨끗이 씻음.
(4) 음식을 먹을 만큼만 만들고 오랫동안 보관하지 않음.
(5) 음식을 건조하고 시원한 곳에 보관해 곰팡이가 생기지 않도록 함.
(6) 적조를 줄이기 위해 생활 하수를 되도록 만들지 않음.

05 다음 보기 에서 다양한 생물이 우리 생활에 미치는 이로운 영향을 늘리는 방법과 해로운 영향을 줄이는 방법을 각각 골라 기호를 쓰시오.

보기
ㄱ 된장이나 간장으로 음식을 해서 먹는다.
ㄴ 김치나 요구르트 같은 음식을 즐겨 먹는다.
ㄷ 외출 후 집에 돌아오면 손을 깨끗이 씻는다.
ㄹ 음식은 먹을 만큼만 만들어 오랫동안 보관하지 않는다.

(1) 이로운 영향을 늘리는 방법: (   )
(2) 해로운 영향을 줄이는 방법: (   )

06 다양한 생물이 우리 생활에 미치는 해로운 영향을 줄이는 방법을 잘못 말한 친구의 이름을 쓰시오.

• 주희: 음식물 쓰레기를 줄여야 해.
• 민수: 음식을 건조하고 시원한 곳에 보관해야 해.
• 유진: 적조를 일으킬 수 있는 생활 하수는 많이 배출해야 해.

(   )

개념 4 첨단 생명 과학이 우리 생활에 활용되는 예를 묻는 문제

(1) 세균을 자라지 못하게 하는 일부 곰팡이의 특성을 이용해 질병을 치료하는 약을 만듦.
(2) 클로렐라와 같이 원생생물 중 영양소가 풍부한 것은 건강식품을 만드는 데 이용됨.
(3) 세균과 곰팡이가 해충에게만 질병을 일으키는 특성을 활용하여 생물 농약을 만듦.
(4) 양분을 만드는 해캄 등의 원생생물로 생물 연료를 만듦.
(5) 물질을 분해하는 세균의 특성을 활용하여 하수 처리를 함.
(6) 플라스틱의 원료를 가진 세균을 이용하여 쉽게 분해되는 플라스틱 제품을 만듦.

07 다양한 생물이 첨단 생명 과학을 통해 우리 생활에 활용되는 예를 바르게 선으로 연결하시오.

(1) 영양소가 풍부한 원생생물 • • ㄱ 질병을 치료함.

(2) 물질을 분해하는 세균 • • ㄴ 건강식품을 만듦.

(3) 세균을 자라지 못하게 하는 균류 • • ㄷ 하수를 처리함.

08 첨단 생명 과학이 우리 생활에 활용되는 예가 아닌 것을 보기 에서 골라 기호를 쓰시오.

보기
ㄱ 식용 버섯을 이용해 음식을 만들어 먹는다.
ㄴ 해캄이 양분을 만드는 특성을 이용해 생물 연료를 만든다.
ㄷ 얼음을 만드는 물질을 가진 세균을 이용해 인공 눈을 만든다.

(   )

01 다양한 생물이 우리 생활에 미치는 영향에 대해 바르게 말한 친구의 이름을 쓰시오.

> • 소현: 세균은 우리 생활에 해로운 영향만 주고, 원생생물은 우리 생활에 이로운 영향만 줘.
> • 민서: 균류는 우리 생활에 이로운 영향만 주고, 원생생물은 우리 생활에 해로운 영향만 줘.
> • 찬영: 균류, 원생생물, 세균 등 다양한 생물은 우리 생활에 이로운 영향과 해로운 영향을 모두 줘.

(   )

02 다음 원생생물이 우리 생활에 미치는 이로운 영향으로 옳은 것은 어느 것입니까? (   )

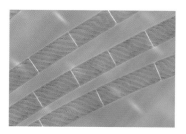

① 산소를 만든다.
② 해로운 세균을 물리친다.
③ 음식을 만드는 데 이용된다.
④ 오염된 물을 깨끗하게 만든다.
⑤ 죽은 생물이나 배설물을 분해한다.

03 다음 (   ) 안에 들어갈 말로 옳은 것은 어느 것입니까? (   )

> 다양한 생물 중 균류나 세균은 죽은 생물이나 배설물을 작게 (   )하여 자연으로 되돌려 보내 지구의 환경을 유지하는 데 도움을 준다.

① 반사   ② 반응   ③ 보호
④ 분해   ⑤ 합성

04 다양한 생물이 우리 생활에 미치는 이로운 영향으로 옳지 않은 것은 어느 것입니까? (   )

① 일부 원생생물은 산소를 만든다.
② 일부 세균은 죽은 생물을 분해한다.
③ 일부 균류는 된장을 만드는 데 활용된다.
④ 일부 원생생물은 다른 생물의 먹이가 된다.
⑤ 일부 균류는 먹으면 생명이 위험할 수 있다.

05 우리 생활에 이로운 영향을 미치는 생물을 보기 에서 모두 골라 기호를 쓰시오.

> **보기**
> ㉠ 적조를 일으키는 원생생물
> ㉡ 오염 물질을 분해하는 세균
> ㉢ 식물에게 병을 일으키는 균류
> ㉣ 치즈를 만드는 데 활용되는 균류

(   )

06 다양한 생물이 우리 생활에 미치는 해로운 영향으로 옳지 않은 것은 어느 것입니까? (   )

① 세균이 질병을 일으킨다.
② 곰팡이가 음식을 상하게 한다.
③ 일부 버섯은 먹으면 생명이 위험할 수 있다.
④ 유산균은 해로운 세균으로부터 건강을 지켜준다.
⑤ 일부 원생생물은 물고기에 붙어 물고기의 껍질을 먹는다.

07 다양한 생물이 우리 생활에 미치는 영향이 나머지와 다른 하나를 보기 에서 골라 기호를 쓰시오.

보기

㉠ ▲ 장염을 일으킨다.

㉡ ▲ 적조를 일으킨다.

㉢ ▲ 식물에게 병을 일으킨다.

㉣ ▲ 된장을 만드는 데 활용된다.

( )

08 다양한 생물이 우리 생활에 미치는 이로운 영향을 늘리는 방법으로 옳은 것은 어느 것입니까? ( )

① 음식을 먹을 만큼만 만든다.
② 젖산균이 들어 있는 김치를 즐겨 먹는다.
③ 외출 후 집에 돌아오면 손을 깨끗이 씻는다.
④ 음식물 쓰레기를 줄여서 생활 하수를 만들지 않는다.
⑤ 곰팡이가 생기지 않도록 음식을 건조하고 시원한 곳에 보관한다.

09 첨단 생명 과학에 대한 설명으로 옳지 않은 것은 어느 것입니까? ( )

① 동물과 식물에 관련된 생명 현상만 연구한다.
② 생명 현상의 연구 결과를 우리 생활에 활용한다.
③ 최신 과학 기술을 이용해 생물의 특징을 연구한다.
④ 일상생활의 다양한 문제를 해결하는 데 도움을 준다.
⑤ 생명 과학으로 알게 된 사실을 우리 생활에 활용한다.

10 다음은 질병을 치료하는 약을 만들 때 이용되는 균류의 모습입니다. 이 균류의 특성을 바르게 말한 친구의 이름을 쓰시오.

• 민지: 산소를 만들어.
• 준호: 영양소가 풍부해.
• 윤주: 오염 물질을 분해해.
• 재민: 세균을 자라지 못하게 해.

( )

ㄷ서술형ㄱ

11 세균이 첨단 생명 과학을 통해 우리 생활에 활용되는 예를 한 가지 쓰시오.

_____

_____

_____

12 다음 생물이 첨단 생명 과학을 통해 우리 생활에 활용되는 예로 옳은 것은 어느 것입니까? ( )

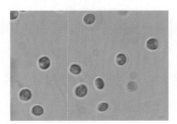

▲ 영양소가 풍부한 원생생물

① 건강식품을 만든다.
② 플라스틱을 만든다.
③ 생물 농약을 만든다.
④ 하수 처리를 하는 데 활용된다.
⑤ 음식물 쓰레기를 분해하는 데 활용된다.

13 다음 생물이 첨단 생명 과학을 통해 우리 생활에서 활용되는 예로 옳은 것은 어느 것입니까? (　　　)

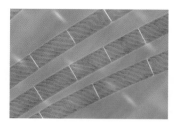

▲ 해캄

① 친환경 세제를 만든다.
② 생물 연료로 활용된다.
③ 생물 농약으로 활용된다.
④ 건강 보조 식품을 만든다.
⑤ 플라스틱을 만드는 데 활용된다.

⊂중요⊃
14 첨단 생명 과학이 우리 생활에 활용되는 예와 이용되는 생물을 잘못 짝 지은 것은 어느 것입니까? (　　　)

① 하수 처리—물질을 분해하는 세균
② 생물 연료—양분을 만드는 원생생물
③ 제품 생산—플라스틱의 원료를 가진 세균
④ 질병 치료—얼음을 만드는 물질을 가진 세균
⑤ 생물 농약—해충에게만 질병을 일으키는 균류

⊂서술형⊃
15 다음은 플라스틱의 원료를 가진 세균입니다. 이 생물이 첨단 생명 과학을 통해 우리 생활에 어떻게 활용되는지 생물의 특성과 관련지어 쓰시오.

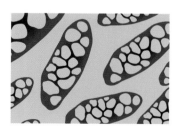

_____
_____

[16~17] 다음은 푸른곰팡이의 특징을 발견한 과학자 플레밍에 대한 내용입니다. 물음에 답하시오.

알렉산더 플레밍은 영국의 미생물(세균) 학자이다. 1928년 그는 세균을 키우는 배지에 자란 푸른곰팡이 주변에 세균이 자라지 못하는 것을 보고, 푸른곰팡이를 활용하여 '페니실린'이라는 항생제를 개발하였다.
페니실린은 병을 일으키는 세균을 자라지 못하게 해서 곪거나 썩는 것을 방지하는 약이다.

16 위의 글에서 알 수 있듯이 생명 과학 기술이나 연구 결과를 활용해 일상생활의 다양한 문제를 해결하는 데 도움을 주는 것을 무엇이라고 하는지 쓰시오.

(　　　　　　　　)

⊂서술형⊃
17 위에서 과학자 플레밍이 우연히 발견한 페니실린은 푸른곰팡이의 어떤 특성을 활용하여 개발한 것인지 쓰시오.

_____
_____

18 첨단 생명 과학을 통해 건강식품을 만드는 데 활용하는 생물로 옳은 것은 어느 것입니까? (　　　)

① 영양소가 풍부한 클로렐라
② 오염 물질을 분해하는 세균
③ 플라스틱의 원료를 가진 세균
④ 해충에게만 질병을 일으키는 세균
⑤ 세균을 자라지 못하게 하는 푸른곰팡이

학교에서 출제되는 서술형·논술형 평가를 미리 준비하세요.

🔍 **문제 해결 전략**
다양한 생물은 우리 생활에 이로운 영향과 해로운 영향을 줍니다. 따라서 다양한 생물이 우리 생활에 미치는 이로운 영향은 늘리고 해로운 영향은 줄이도록 해야 합니다.

🔍 **핵심 키워드**
적조, 세균, 요구르트

연습 문제

1 다음은 다양한 생물이 우리 생활에 미치는 영향에 대한 내용입니다. 물음에 답하시오.

(가)

▲ 적조를 일으킨다.

(나)

▲ 요구르트를 만든다.

(1) 위의 (가)와 (나) 중에서 다양한 생물이 우리 생활에 이로운 영향을 미치는 경우를 골라 기호를 쓰시오.

(   )

(2) 위 (1)번의 답에서 생물이 미치는 이로운 영향은 무엇인지 쓰시오.

> (   )을/를 이용해 만든 요구르트나 김치와 같은 음식은 우리 몸을 (   )하게 해 준다.

🔍 **문제 해결 전략**
첨단 생명 과학은 우리 생활에 다양하게 활용됩니다.

🔍 **핵심 키워드**
첨단 생명 과학, 우리 생활에 활용되는 예, 플라스틱 제품 생산, 생물 연료

2 다음은 첨단 생명 과학이 우리 생활에 활용되는 예입니다. 물음에 답하시오.

(가)
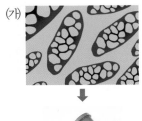

(나)
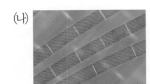
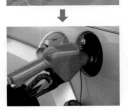

(1) 위의 (가)와 (나) 중 세균을 첨단 생명 과학에 활용한 것은 어느 것인지 기호를 쓰시오.

(   )

(2) 위 (1)번의 답이 첨단 생명 과학에 어떻게 활용되는지 쓰시오.

> 플라스틱의 원료를 가진 (   )을/를 이용하여 쉽게 (   )되는 플라스틱 제품을 만든다.

실전 문제

1 다음 보기 는 다양한 생물이 우리 생활이 미치는 해로운 영향에 대한 내용입니다. 물음에 답하시오.

보기

▲ 장염을 일으킨다.　　▲ 과일을 상하게 한다.

▲ 적조를 일으킨다.　　▲ 식물에게 병을 일으킨다.

(1) 위의 보기 중 원생생물이 우리에게 미치는 영향과 관련된 것을 골라 기호를 쓰시오.

(　　　　　　　)

(2) 위 (1)번의 답을 보고, 우리 생활에 어떻게 해로운 영향을 미치는지 쓰시오.

_____

_____

2 다음과 같은 원생생물을 첨단 생명 과학에 어떻게 활용하여 우리 생활에 이용하는지 쓰시오.

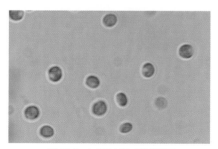

▲ 영양소가 풍부한 원생생물

_____

_____

3 다음은 첨단 생명 과학이 우리 생활에 활용되는 경우입니다. 물음에 답하시오.

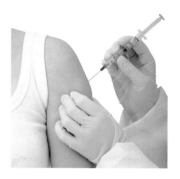

(1) 위와 같이 질병 치료에 활용되는 생물은 무엇인지 보기 에서 골라 쓰시오.

보기

해캄　　　세균　　　곰팡이

(　　　　　　　)

(2) 위 (1)번 답의 생물이 질병 치료에 활용되는 특성을 쓰시오.

_____

_____

4 곰팡이나 세균이 없어진다면 우리 생활에 어떤 영향을 미칠지 한 가지만 쓰시오.

_____

_____

대단원 정리 학습

이 단원의 핵심 개념을 정리해 보세요.

1 곰팡이, 버섯, 짚신벌레, 해캄, 세균

- 균류의 특징: 대부분 몸 전체가 가는 실 모양의 균사로 이루어져 있음. 포자를 이용해 번식함. 대부분 죽은 생물이나 다른 생물에서 양분을 얻어 살아감. 버섯, 곰팡이 등이 있음.
- 곰팡이 관찰하기

▲ 맨눈　　▲ 돋보기　　▲ 실체 현미경

맨눈	푸른색, 검은색, 하얀색 등의 곰팡이가 보임.
돋보기	가는 선이 보이고, 작은 알갱이들이 있음.
실체 현미경	머리카락 같은 가는 실 모양이 서로 엉켜 있고, 실 모양 끝에는 작고 둥근 알갱이가 있음.

- 버섯 관찰하기

▲ 맨눈　　▲ 돋보기　　▲ 실체 현미경

맨눈	윗부분은 갈색이고, 아랫부분은 하얀색임.
돋보기	윗부분 안쪽에는 주름이 많이 있음.
실체 현미경	윗부분 안쪽에 주름이 많고 깊게 파여 있으며, 식물에 있는 줄기나 잎과 같은 모양은 볼 수 없음.

- 짚신벌레와 해캄 관찰하기

구분	짚신벌레	해캄
맨눈	점 모양으로 보이고, 생김새는 보이지 않음.	초록색이고 가늘고 길며, 여러 가닥이 뭉쳐 있음.
돋보기	아주 작은 점이 여러 개 보임.	길고 머리카락 같은 모양임.
광학 현미경	끝이 둥글고 길쭉한 모양이고, 바깥쪽에 가는 털이 있으며, 안쪽에 여러 가지 모양이 보임.	여러 개의 마디로 이루어져 있으며, 여러 개의 가는 선 안에 초록색 알갱이가 있음.

- 원생생물의 특징: 생김새와 모양이 매우 다양하며, 동물이나 식물에 비해 생김새가 단순함. 짚신벌레, 해캄, 종벌레, 유글레나 등이 있음.

▲ 짚신벌레　　▲ 해캄　　▲ 종벌레　　▲ 유글레나

- 세균의 특징: 크기가 매우 작음. 균류나 원생생물보다 단순한 생김새임. 종류가 매우 많고 모양이 다양함. 살기에 알맞은 조건이 되면 짧은 시간 안에 많은 수로 늘어남.

2 다양한 생물이 우리 생활에 미치는 영향

- 다양한 생물이 우리 생활에 미치는 이로운 영향
  - 된장이나 간장을 만들 때 곰팡이가 이용됨.
  - 균류나 세균은 죽은 생물이나 배설물을 작게 분해하여 자연으로 되돌려 보내 지구의 환경을 유지하는 데 도움을 줌.
  - 원생생물은 주로 다른 생물의 먹이가 되어 양분을 제공하고, 산소를 만듦.
- 첨단 생명 과학이 우리 생활에 활용되는 예

- 다양한 생물이 우리 생활에 미치는 해로운 영향
  - 곰팡이와 세균은 다른 생물에게 여러 가지 질병을 일으킴.
  - 곰팡이와 세균은 음식을 상하게 함.
  - 일부 균류는 먹으면 생명이 위험할 수 있음.
  - 원생생물이 호수나 바다와 같은 곳에 급격히 번식하면 다른 생물이 살기 어려운 환경을 만듦.

▲ 세균을 자라지 못하게 하는 곰팡이를 활용해 질병을 치료하는 약을 만듦.
▲ 영양소가 풍부한 원생생물을 활용해 건강식품을 만듦.

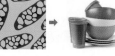
▲ 플라스틱의 원료를 가진 세균을 활용해 쉽게 분해되는 플라스틱 제품을 만듦.
▲ 양분을 만드는 해캄의 특성을 활용해 생물 연료를 만듦.

대단원 마무리

5. 다양한 생물과 우리 생활

[01~02] 다음 실체 현미경의 모습을 보고, 물음에 답하시오.

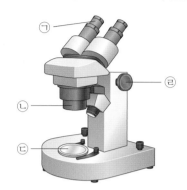

01 위의 ㉠~㉣ 중에서 상의 초점을 정확히 맞출 때 사용하는 부분을 골라 기호를 쓰시오.

(   )

02 위의 실체 현미경으로 곰팡이를 관찰할 때 가장 먼저 해야 할 일로 옳은 것은 어느 것입니까? (   )

① 전원을 켠다.
② 조명 조절 나사로 빛의 양을 조절한다.
③ 접안렌즈로 곰팡이를 보면서 초점을 맞춘다.
④ 회전판을 돌려 대물렌즈의 배율을 가장 낮게 한다.
⑤ 초점 조절 나사로 대물렌즈를 곰팡이에 최대한 가깝게 내린다.

03 다음과 같이 빵에 자란 곰팡이를 맨눈과 돋보기로 관찰한 결과로 옳은 것은 어느 것입니까? (   )

① 맨눈으로 관찰한 잎의 색이 초록색이다.
② 맨눈으로 관찰하면 정확한 모습이 보인다.
③ 돋보기로 관찰하면 검은색 물질만 보인다.
④ 돋보기로 관찰하면 뿌리와 줄기를 볼 수 있다.
⑤ 돋보기로 관찰하면 가는 선과 작은 알갱이들을 볼 수 있다.

⌐중요⌐
04 곰팡이와 버섯의 공통점으로 옳은 것은 어느 것입니까? (   )

① 뿌리, 줄기, 잎이 있다.
② 초록색 알갱이가 있다.
③ 안쪽에 주름이 많고 깊게 파여 있다.
④ 푸른색, 검은색 등으로 된 부분이 있다.
⑤ 몸 전체가 가는 실 모양의 균사로 이루어져 있다.

⌐서술형⌐
05 다음은 식물 잎에 자란 곰팡이와 죽은 나무에 자란 버섯의 모습입니다. 곰팡이와 버섯이 식물과 다른 점을 살아가는 모습과 관련지어 쓰시오.

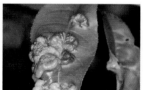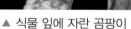

▲ 식물 잎에 자란 곰팡이   ▲ 죽은 나무에 자란 버섯

_____

_____

_____

06 곰팡이와 버섯이 사는 환경에 대한 설명으로 옳은 것은 어느 것입니까? (   )

① 여름에만 잘 자란다.
② 건조한 환경에서 잘 자란다.
③ 주로 기온이 낮을 때 잘 자란다.
④ 햇빛이 많이 드는 곳에서 잘 자란다.
⑤ 따뜻하고 축축한 환경에서 잘 자란다.

07 균류에 대한 설명으로 옳지 <u>않은</u> 것은 어느 것입니까? (   )

① 포자로 번식한다.
② 줄기나 잎과 같은 모양이 없다.
③ 햇빛을 이용해 스스로 양분을 만든다.
④ 곰팡이와 버섯 같은 생물을 균류라고 한다.
⑤ 대부분 몸 전체가 가는 실 모양의 균사로 이루어져 있다.

08 균류와 식물의 다른 점으로 옳은 것은 어느 것입니까? (   )

① 균류는 자라지 않는다.
② 균류는 모두 검정색이다.
③ 균류는 모두 식물보다 크다.
④ 균류는 살아가는 데 물과 공기가 필요 없다.
⑤ 균류는 죽은 생물이나 다른 생물에 붙어서 산다.

09 짚신벌레와 해캄이 사는 곳을 보기 에서 골라 기호를 쓰시오.

보기
| ㉠ 사막 | ㉡ 높은 산 위 |
| ㉢ 연못과 하천 | ㉣ 얼음으로 덮인 곳 |

(   )

[10~11] 다음은 광학 현미경으로 관찰한 짚신벌레와 해캄의 모습입니다. 물음에 답하시오.

(가)  (나)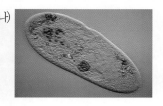

10 위의 (가)와 (나)의 이름을 보기 에서 골라 쓰시오.

보기

짚신벌레   아메바   해캄   반달말

(가) (   ), (나) (   )

┌서술형┐
11 동물, 식물과 비교했을 때, 위 (가)와 (나)의 생김새의 공통점은 무엇인지 쓰시오.

_____

_____

_____

┌중요┐
12 원생생물에 대한 설명으로 옳지 <u>않은</u> 것은 어느 것입니까? (   )

① 씨로 번식한다.
② 생김새가 단순하다.
③ 일부는 몸속에 초록색을 띠는 물질이 있다.
④ 동물이나 식물, 균류로 분류되지 않는 생물이다.
⑤ 일부는 몸속이 투명하여 내부 구조가 잘 보인다.

13 세균에 대한 설명으로 옳지 <u>않은</u> 것은 어느 것입니까? (   )

① 꼬리가 있는 세균도 있다.
② 균류나 원생생물보다 크기가 큰 편이다.
③ 균류나 원생생물보다 생김새가 단순하다.
④ 생김새에 따라 공 모양, 막대 모양 등으로 구분한다.
⑤ 하나씩 따로 떨어져 있거나 여러 개가 서로 연결되어 있기도 하다.

14 세균이 사는 곳에 대한 설명으로 옳은 것은 어느 것입니까? (   )

① 땅에서만 산다.
② 물에서만 산다.
③ 공기 중에는 살지 않는다.
④ 다른 생물의 몸속에서는 살 수 없다.
⑤ 컴퓨터 자판이나 연필과 같은 물체에도 산다.

15 다음 세균의 생김새에 대한 설명으로 옳은 것은 어느 것입니까? (   )

① 꼬리가 있다.
② 나선 모양이다.
③ 공 모양이고, 여러 개가 뭉쳐서 있다.
④ 막대 모양이고, 여러 개가 뭉쳐서 있다.
⑤ 여러 가지 색깔이 보이고, 모양이 복잡하다.

16 다음은 세균을 관찰할 수 있는 방법입니다. (   ) 안의 알맞은 말에 ○표 하시오.

> 세균은 매우 (커서 , 작아서) 맨눈으로는 관찰할 수 없고, 배율이 매우 높은 현미경을 사용해야 관찰할 수 있다.

17 세균에 대한 설명으로 옳은 것을 보기 에서 모두 골라 기호를 쓰시오.

보기

> ㉠ 우리 주변의 다양한 곳에서 산다.
> ㉡ 세균은 모두 이동할 때 꼬리를 이용한다.
> ㉢ 살기에 알맞은 조건이 되면 짧은 시간 안에 많은 수로 늘어난다.

(   )

18 충치가 생기게 하는 세균과 사는 곳을 바르게 짝 지은 것은 어느 것입니까? (   )

	세균(이름)	사는 곳
①	콜레라균	공기, 물
②	대장균	물, 큰창자
③	포도상 구균	공기, 음식물, 피부
④	헬리코박터 파일로리균	위
⑤	스트렙토코쿠스무탄스	치아

19 다음은 해캄이 우리 생활에 미치는 영향에 대한 설명입니다. ( ) 안에 들어갈 알맞은 말을 쓰시오.

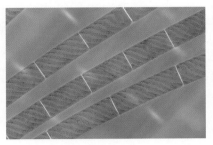

▲ 해캄

> 다른 생물이 숨을 쉬는 데 필요한 ( )을/를 만든다.

( )

20 다양한 생물이 우리 생활에 미치는 이로운 영향을 보기 에서 모두 골라 기호를 쓰시오.

보기

> ㉠ 세균은 건강을 지켜주기도 한다.
> ㉡ 균류와 세균은 음식을 상하게 한다.
> ㉢ 균류와 세균은 죽은 생물을 분해한다.
> ㉣ 세균은 다른 생물에게 질병을 일으킨다.

( )

21 균류나 세균을 이용하여 만든 음식이 <u>아닌</u> 것은 어느 것입니까? ( )

① 된장   ② 두부   ③ 김치
④ 치즈   ⑤ 요구르트

22 다음 보기 에서 첨단 생명 과학이 우리 생활에 활용되는 예로 옳은 것을 모두 고른 것은 어느 것입니까?

( )

보기

> ㉠ 세균으로 하수 처리를 한다.
> ㉡ 버섯으로 음식을 만들어 먹는다.
> ㉢ 곰팡이나 세균을 생물 농약으로 활용한다.

① ㉠   ② ㉠, ㉡
③ ㉠, ㉢   ④ ㉡, ㉢
⑤ ㉠, ㉡, ㉢

⊏서술형⊐

23 다음은 하수 처리장의 모습입니다. 이와 같이 하수 처리를 하는 데 이용된 세균의 특성은 무엇인지 쓰시오.

_____

_____

_____

⊏중요⊐

24 곰팡이나 세균이 사라졌을 때 나타나는 영향으로 옳지 <u>않은</u> 것은 어느 것입니까? ( )

① 음식이 상하지 않는다.
② 사람의 면역력이 약해진다.
③ 김치나 된장 등을 만들 수 없다.
④ 우리 주변이 죽은 생물로 가득 차게 된다.
⑤ 동물이나 사람이 먹은 음식을 더 잘 소화시킬 수 있다.

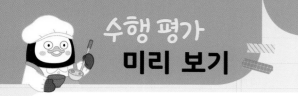

수행 평가
미리 보기

1 다음은 광학 현미경으로 관찰한 해캄과 짚신벌레의 모습입니다. 물음에 답하시오.

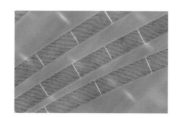

▲ 해캄

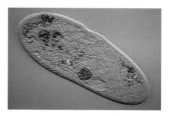

▲ 짚신벌레

(1) 위의 해캄과 짚신벌레의 모습을 보고, 생김새의 특징을 각각 한 가지씩 쓰시오.

(2) 위의 짚신벌레를 동물이나 식물로 구분하지 않는 까닭을 생김새의 특징과 관련지어 쓰시오.

2 다음은 다양한 생물이 우리 생활에 미치는 이로운 영향과 해로운 영향에 대한 설명입니다. 물음에 답하시오.

우리 생활에 미치는 이로운 영향	우리 생활에 미치는 해로운 영향
곰팡이와 세균은 생태계를 유지하는 데 도움을 주고, 지구의 환경을 깨끗하게 만들어 준다.	세균은 감염을 일으키고, 인간의 질병 중 약 50 %가 세균에 의한 것이다.

(1) 위와 같이 우리 생활에 곰팡이나 세균이 미치는 이로운 영향과 해로운 영향을 한 가지씩 쓰시오.

이로운 영향	
해로운 영향	

(2) 곰팡이나 세균이 우리 생활에 미치는 해로운 영향을 줄일 수 있는 방법을 한 가지 쓰시오.

플레밍과 페니실린

플레밍은 1928년에 페니실린을 발견하고, 1945년에 노벨 생리·의학상을 수상한 영국의 미생물학 자입니다. 플레밍은 대학을 졸업한 뒤 대학 병원의 연구실에서 세균을 연구하였습니다. 어느 날 세균을 기르던 접시를 검사하다가 접시에 푸른곰팡이가 잔뜩 핀 것을 발견하고 푸른곰팡이로 오염된 세균 접시를 쓰레기통에 버리려고 했습니다.

순간 플레밍의 눈을 사로잡은 것이 있었는데, 푸른곰팡이가 잔뜩 핀 접시에는 세균이 없어졌다는 것입니다. 푸른곰팡이가 세균을 죽이는 어떤 물질을 분비했을지도 모른다고 생각한 플레밍은 푸른 곰팡이에 대한 연구를 한 결과 푸른곰팡이가 질병의 원인이 되는 세균을 자라지 못하게 하는 특성이 있다는 것을 알게 되었습니다. 이 특성을 활용하여 인체에는 부담이 없고 질병을 일으키는 세균만 물리치는 페니실린이라는 항생제를 만들어 낼 수 있었습니다.

페니실린은 세균에 의한 감염으로 상처가 곪거나 썩는 것을 방지하는 세계 최초의 항생제입니다. 제2차 세계대전 시기에 상처가 생긴 수많은 부상병들의 생명을 구했으며, 급성 폐렴에 걸린 영국의 처칠 수상의 목숨도 구했습니다.

"나는 페니실린을 발명하지 않았습니다. 자연이 만들었고, 나는 단지 우연히 그것을 발견했을 뿐입니다. 하지만 내가 단 하나 남보다 나았던 점은 그런 현상을 그냥 지나치지 않고 세균학자로서 대상을 추적한 데 있습니다."

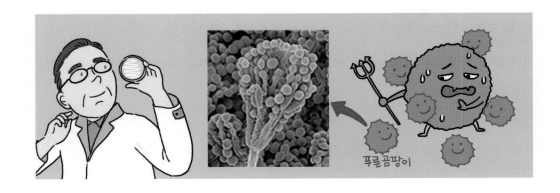

푸른곰팡이

세계의 발효 식품

발효란 곰팡이, 세균 등이 여러 가지 물질을 분해하는 과정에서 사람에게 이롭게 쓰일 수 있는 물질을 만드는 것을 말합니다. 균류, 세균은 다양한 발효 음식을 통하여 사람들에게 영양분을 제공합니다. 발효시킨 음식은 음식 재료가 갖고 있는 영양소를 우리 몸에 더욱더 잘 흡수될 수 있게 도와주며 우리 몸의 면역력을 강하게 해 줍니다.

우리 식탁에 자주 올라오는 대표적인 발효 식품으로는 간장, 된장, 고추장, 치즈, 요구르트, 김치, 젓갈 등이 있습니다. 세계적으로 유명한 발효 식품으로는 콩을 발효시켜 만든 일본의 낫또, 우유를 발효시켜 만든 불가리아의 요구르트 키셀로 믈랴코, 마늘과 후추 양념을 하여 건조시킨 이탈리아의 발효 소시지 살라미, 발효시킨 밀가루 반죽을 인도의 전통 진흙 오븐인 탄두르에 넣어 구워낸 인도의 빵 난 등이 있습니다.

▲ 일본의 낫또

▲ 불가리아의 키셀로 믈랴코

▲ 이탈리아의 살라미

▲ 인도의 난

BOOK 2

실전책

BOOK 2 실전책에는 요점 정리가
있어서 공부한 내용을 복습할 수 있어요!
단원평가가 들어 있어
내 실력을 확인해 볼 수 있답니다.

EBS

EBS
초등

인터넷·모바일·TV
무료 강의 제공

초|등|부|터 EBS

과학 5-1

만점왕

예습, 복습, 숙제까지 해결되는
교과서 완전 학습서

BOOK 2
실전책

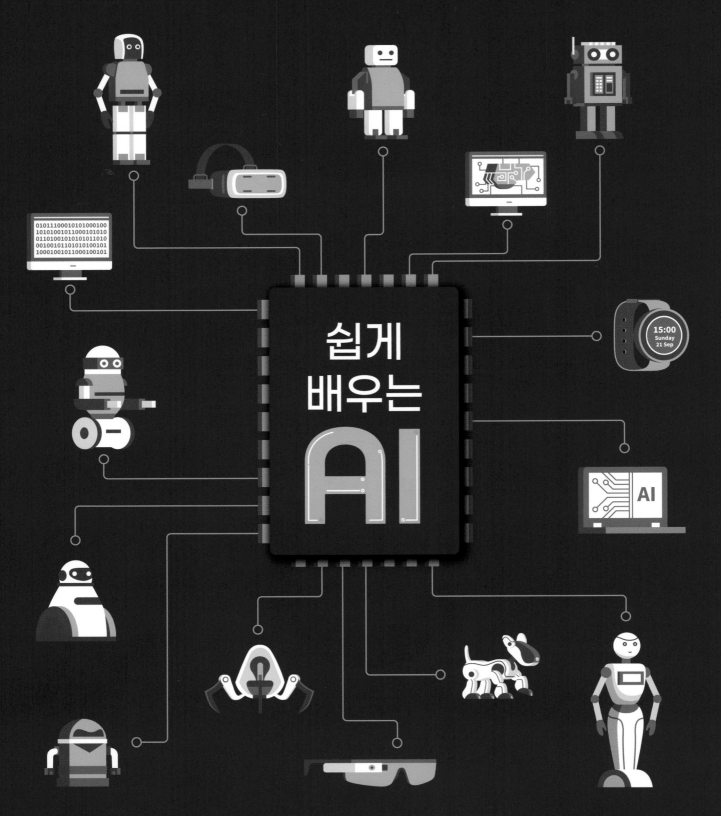

쉽게
배우는
AI

15:00
Sunday
21 Sep

AI

교육과정과 융합한
쉽게 배우는
인공지능(AI) 입문서

초등   중학   고교

BOOK 2
실전책

만점왕 과학
5-1

자기 주도 활용 방법

BOOK
2
실전책

시험 2주 전 공부

핵심을 복습하기

시험이 2주 남았네요. 이럴 땐 먼저 핵심을 복습해 보면 좋아요.

만점왕 북2 실전책을 펴 보면

각 단원별로 핵심 정리와 쪽지 시험이 있습니다.

정리된 핵심을 읽고 확인 문제를 풀어 보세요.

확인 문제가 어렵게 느껴지거나 자신 없는 부분이 있다면

북1 개념책을 찾아서 다시 읽어 보는 것도 도움이 돼요.

시험 1주 전 공부

시간을 정해 두고 연습하기

앗, 이제 시험이 일주일 밖에 남지 않았네요.

시험 직전에는 실제 시험처럼 시간을 정해 두고 문제를 푸는 연습을 하는 게 좋아요.

그러면 시험을 볼 때에 떨리는 마음이 줄어드니까요.

이때에는 **만점왕 북2의 중단원 확인 평가, 대단원 종합 평가,**

서술형·논술형 평가를 풀어 보면 돼요.

시험 시간에 맞게 풀어 본 후 맞힌 개수를 세어 보면

자신의 실력을 알아볼 수 있답니다.

이 책의 **차례**

CONTENTS

2 온도와 열   4

3 태양계와 별   16

4 용해와 용액   28

5 다양한 생물과 우리 생활   40

* 1단원은 특별 단원이므로 문항은 출제되지 않습니다.

BOOK

2

실전책

❶ 차갑거나 따뜻한 정도를 어림할 때 생기는 문제점
  • 얼마나 차갑거나 따뜻한지 정확하게 알기 어려움.
  • 두 물질의 차갑거나 따뜻한 정도를 비교하기 어려움.

❷ 온도
  • 온도: 물질의 차갑거나 따뜻한 정도를 나타냄.
  • 온도의 단위: ℃(섭씨도) ⓔ 27.0 ℃ (섭씨 이십칠 점 영 도)
  • 기온은 공기의 온도, 수온은 물의 온도, 체온은 몸의 온도라고 함.

❸ 정확한 온도 측정이 필요한 경우

▲ 새우튀김을 요리 할 때   ▲ 비닐 온실에서 배추를 재배할 때   ▲ 어항 속 물의 온도를 확인할 때

❹ 온도계의 종류와 쓰임

알코올 온도계	적외선 온도계	귀 체온계
주로 액체나 기체의 온도를 측정함.	주로 고체의 온도를 측정함.	체온을 측정함.

❺ 알코올 온도계의 구조와 사용법
  • 알코올 온도계의 구조: 고리, 몸체, 액체샘으로 이루어져 있음.
  • 알코올 온도계의 눈금을 읽는 방법: 빨간색 액체가 더 이상 움직이지 않을 때 액체 기둥의 끝이 닿은 위치에 수평으로 눈높이를 맞춰 읽음.

❻ 물질의 온도를 측정할 때 온도계를 사용해야 하는 까닭
  • 물질의 온도를 정확하게 알 수 있기 때문임.
  • 다른 물질이라도 온도가 같을 수 있고, 같은 물질이라도 온도가 다를 수 있기 때문임.
  • 물질의 온도는 물질이 놓인 장소, 측정 시각, 햇빛의 양 등에 따라 다르기 때문임.

❼ 온도가 다른 두 물질이 접촉할 때 나타나는 두 물질의 온도 변화를 측정하는 실험

차가운 물이 담긴 음료수 캔
알코올 온도계
따뜻한 물이 담긴 비커

  • 음료수 캔에 담긴 차가운 물의 온도는 점점 높아짐.
  • 비커에 담긴 따뜻한 물의 온도는 점점 낮아짐.
  • 시간이 지나면 두 물의 온도가 같아짐.

❽ 온도가 다른 두 물질이 접촉할 때 나타나는 온도 변화
  • 따뜻한 물질의 온도는 점점 낮아지고, 차가운 물질의 온도는 점점 높아짐.
  • 접촉한 두 물질의 온도가 변하는 까닭: 열의 이동 때문임.
  • 접촉한 두 물질 사이에서 열의 이동 방향

  온도가 높은 물질 → 온도가 낮은 물질

❾ 온도가 다른 두 물질이 접촉할 때 열의 이동

갓 삶은 달걀과 차가운 물	프라이팬과 달걀
온도가 높은 달걀 / 온도가 낮은 물	온도가 높은 프라이팬 / 온도가 낮은 달걀
얼음 위에 올려둔 생선	손난로를 잡은 손
온도가 높은 생선 / 온도가 낮은 얼음	온도가 높은 손난로 / 온도가 낮은 손

정답과 해설 34쪽

01 물질의 차갑거나 따뜻한 정도는 (   )(으)로 나타내며, 숫자에 단위 (   )을/를 붙여 나타냅니다.

02 공기의 온도는 기온, 물의 온도는 (   ), 몸의 온도는 (   )(이)라고 합니다.

03 비닐 온실에서 배추를 재배할 때 적당한 (   )을/를 유지해야 배추가 잘 자랍니다.

04 고체의 온도는 (   ) 온도계로 측정하고, 액체와 기체의 온도는 (   ) 온도계로 측정합니다.

05 알코올 온도계는 고리, 몸체, (   )(으)로 이루어져 있습니다.

06 알코올 온도계의 눈금을 읽을 때는 액체 기둥의 끝이 닿은 위치에 (   )(으)로 눈높이를 맞춰 읽습니다.

07 교실의 기온과 운동장의 기온이 다른 것은 같은 물질이라도 (   )에 따라 온도가 다르기 때문입니다.

08 차가운 물이 담긴 음료수 캔을 따뜻한 물이 담긴 비커에 넣었을 때 음료수 캔에 담긴 물의 온도는 점점 (   )지고, 비커에 담긴 물의 온도는 점점 (   )집니다.

09 차가운 물이 담긴 음료수 캔을 따뜻한 물이 담긴 비커에 넣은 후 충분한 시간이 지나면 두 물의 온도는 (같아집니다 , 달라집니다).

10 온도가 다른 두 물질이 접촉했을 때 열은 온도가 (   ) 물질에서 온도가 (   ) 물질로 이동합니다.

11 프라이팬에서 달걀부침 요리를 할 때 온도가 (   ) 프라이팬에서 온도가 (   ) 달걀로 열이 이동합니다.

12 열이 나는 이마에 얼음주머니를 올려놓으면 (   )에서 (   )(으)로 열이 이동합니다.

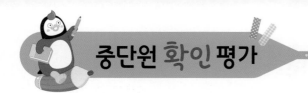

01 다음과 같이 같은 장소에 있더라도 사람에 따라 차갑거나 따뜻한 정도를 다르게 느낄 수 있습니다. 이때 차갑거나 따뜻한 정도를 정확하게 알기 위해 측정해야 하는 것은 어느 것입니까? (　　　)

① 습도　　　　　② 온도
③ 무게　　　　　④ 길이
⑤ 넓이

[02~03] 다음은 배추를 재배하는 방법에 대한 설명입니다. 물음에 답하시오.

> 비닐 온실에서 배추를 재배할 때에는 배추가 자라기에 적합한 온도로 일정하게 유지해야 한다. 배추는 일반적으로 15~34 (　　　　)에서 싹이 트고, 18~20 (　　　　)에서 잘 자란다.

중요
02 위 (　　　) 안에 공통으로 들어갈 온도의 단위를 쓰시오.

(　　　　　　　　　　)

03 비닐 온실의 기온을 측정하기에 가장 알맞은 온도계의 이름을 쓰시오.

(　　　　　　　　　　)

중요
04 우리 생활에서 온도를 정확하게 측정해야 할 때와 가장 거리가 먼 것은 어느 것입니까? (　　　)

① 새우튀김을 요리할 때
② 집에서 설거지를 할 때
③ 병원에서 환자의 체온을 잴 때
④ 갓난아기의 목욕물 온도가 적절한지 확인할 때
⑤ 어항 속 물의 온도가 물고기가 살기에 적절한지 확인할 때

05 적외선 온도계로 측정하기에 알맞지 <u>않은</u> 것은 어느 것입니까? (　　　)

① 교실 벽의 온도
② 연못 물의 온도
③ 교실 책상의 온도
④ 운동장 철봉의 온도
⑤ 나무 아래 흙의 온도

06 알코올 온도계에 대해 <u>잘못</u> 말한 친구의 이름을 쓰시오.

> • 소미: 알코올 온도계는 고리, 몸체, 액체샘으로 이루어져 있어.
> • 현빈: 알코올 온도계의 빨간색 액체가 더 이상 움직이지 않을 때 눈금을 읽었어.
> • 영미: 알코올 온도계의 눈금은 액체 기둥의 끝부분을 위에서 내려다보며 읽어야 해.

(　　　　　　　　　　)

07 다음 보기 에서 물질의 온도를 측정할 때 온도계를 사용해야 하는 까닭을 골라 기호를 쓰시오.

보기

　㉠ 물질의 온도를 정확하게 알 수 있기 때문이다.
　㉡ 물질의 종류가 다르면 온도도 항상 다르기 때문이다.
　㉢ 물질의 온도는 측정 시각의 영향을 받지 않기 때문이다.

(　　　　　　)

08 다음과 같이 같은 시각에 여러 장소에서 물체나 물질의 온도를 측정한 결과를 보고 알 수 있는 사실로 옳은 것을 두 가지 고르시오. (　 , 　)

물질	사용한 온도계	온도(℃)
교실에 있는 책상	적외선 온도계	13.2
운동장에 있는 철봉	적외선 온도계	18.3
교실의 기온	알코올 온도계	13.5
운동장의 기온	알코올 온도계	18.0

① 운동장의 기온이 가장 낮다.
② 기온은 어느 장소에서나 같다.
③ 교실에 있는 책상의 온도가 가장 높다.
④ 고체의 온도는 적외선 온도계로 측정한다.
⑤ 기체의 온도는 알코올 온도계로 측정한다.

09 다음은 갓 삶은 달걀을 차가운 물에 담가 두었을 때 온도 변화를 설명한 것입니다. ( ) 안에 들어갈 알맞은 말을 쓰시오.

삶은 달걀의 온도는 (　㉠　), 차가운 물의 온도는 (　㉡　).

㉠ (　　　　), ㉡ (　　　　)

[10~11] 다음은 차가운 물이 담긴 음료수 캔을 따뜻한 물이 담긴 비커에 넣은 후 두 물의 온도 변화를 측정한 결과입니다. 물음에 답하시오.

시간(분)		0	1	2	3	4
온도 (℃)	㉠	67.0	55.0	48.0	42.0	37.0
	㉡	14.5	16.0	17.0	18.0	19.0

10 위 표의 ㉠과 ㉡에 해당하는 물을 각각 쓰시오.

㉠ (　　　　), ㉡ (　　　　)

중요
11 위 실험에 대한 설명으로 옳은 것은 어느 것입니까?

(　　)

① 비커에 담긴 물의 온도는 높아진다.
② 음료수 캔에 담긴 물의 온도는 낮아진다.
③ 열은 음료수 캔에 담긴 물에서 비커에 담긴 물로 이동한다.
④ 시간이 지나면 음료수 캔과 비커에 담긴 물의 온도가 같아진다.
⑤ 온도가 다른 두 물질이 접촉하면 온도가 낮은 물질에서 온도가 높은 물질로 열이 이동한다는 것을 알 수 있다.

12 겨울철 손으로 따뜻한 손난로를 잡고 있을 때 열의 이동 방향을 ( ) 안에 화살표로 나타내시오.

손 (　　　　) 손난로

❶ 세 가지 모양의 구리판을 가열할 때 열의 이동 방향

▲ 길게 자른 구리판　▲ 사각형 구리판　▲ ⊏ 모양 구리판

• 구리판을 따라 열이 이동함.
• 가열한 부분에서 멀어지는 방향으로 열이 이동함.
• 구리판이 끊겨 있으면 열은 이동하지 않음.

❷ 전도

• 고체에서 온도가 높은 곳에서 온도가 낮은 곳으로 고체 물질을 따라 열이 이동하는 것을 전도라고 함.
• 전도가 일어나지 않을 때: 고체 물질이 끊겨 있을 때, 두 고체 물질이 접촉하고 있지 않을 때
• 우리 생활에서 전도를 확인할 수 있는 예

▲ 프라이팬에 고기를　　▲ 뜨거운 찌개에 넣어 둔
　구울 때　　　　　　　숟가락의 손잡이가 뜨거워질 때

❸ 고체 물질의 종류에 따라 열이 이동하는 빠르기 비교

버터가 녹는 빠르기 비교 실험	열 변색 붙임딱지의 색깔이 변하는 빠르기 비교 실험
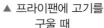	
구리판, 철판, 유리판의 순서로 버터가 빨리 녹음.	구리판, 철판, 유리판의 순서로 열 변색 붙임딱지의 색깔이 빨리 변함.

• 고체 물질의 종류에 따라 열이 이동하는 빠르기가 다름. 예 유리보다 금속에서 열이 더 빠르게 이동함.
• 금속의 종류에 따라 열이 이동하는 빠르기가 다름. 예 철보다 구리에서 열이 더 빠르게 이동함.

❹ 단열

• 두 물질 사이에서 열의 이동을 줄이는 것을 단열이라고 함.
• 단열재로 이용할 수 있는 물질: 솜, 천, 나무, 공기, 스타이로폼, 플라스틱 등

❺ 고체 물질의 종류에 따라 열이 이동하는 빠르기가 다른 성질을 이용한 예

주전자의 바닥	열이 잘 이동하는 금속으로 만듦.
컵 싸개	열이 잘 이동하지 않는 골판지(종이), 고무로 만듦.

❻ 액체에서 열의 이동

• 차가운 물을 넣은 사각 수조 바닥에 파란색 잉크를 넣고, 파란색 잉크의 아랫부분에 뜨거운 물이 담긴 종이컵을 놓으면 파란색 잉크가 위로 올라감.
➡ 뜨거워진 액체는 위로 올라간다는 것을 알 수 있음.
• 물이 담긴 냄비를 가열할 때 열의 이동: 온도가 높아진 물은 위로 올라가고, 위에 있던 물은 아래로 밀려 내려오는 과정이 반복되면서 물 전체가 따뜻해짐.
• 대류: 액체에서 온도가 높아진 물질이 위로 올라가고, 위에 있던 물질이 아래로 밀려 내려오는 과정을 대류라고 함.

❼ 기체에서 열의 이동

• 온도가 높아진 공기는 위로 올라가고, 위에 있던 공기는 아래로 밀려 내려오는 대류를 통해 열이 이동함.
• 알코올램프에 불을 붙였을 때 삼발이 위쪽에 분 비눗방울은 알코올램프 주변에서 위로 올라감. ➡ 알코올램프 주변의 뜨거워진 공기가 위로 올라갔기 때문임.

❽ 우리 생활에서 기체의 대류를 활용한 예

• 집 안에 난방 기구를 한 곳에만 켜 놓아도 기체의 대류 현상으로 인해 집 안 전체가 따뜻해짐.
• 에어컨을 높은 곳에 설치하면 차가운 공기가 아래로 내려오는 성질을 이용해 실내를 골고루 시원하게 할 수 있음.

정답과 해설 35쪽

01 (   )은/는 고체에서 온도가 높은 곳에서 온도가 낮은 곳으로 고체 물질을 따라 열이 이동하는 것입니다.

02 길게 자른 구리판의 한쪽 끝부분을 가열했을 때 가열한 부분에서 (   )지는 방향으로 열이 이동합니다.

03 고체 물질이 (끊겨 , 연결되어) 있으면 (끊긴 , 연결된) 방향으로 전도가 일어나지 않습니다.

04 구리판, 철판, 유리판의 끝부분에 버터를 붙이고 비커에 넣은 뒤, 비커에 뜨거운 물을 부으면 (   ), (   ), 유리판의 순서로 버터가 빨리 녹습니다.

05 구리판, 철판, 유리판에 각각 열 변색 붙임딱지를 붙인 후, 뜨거운 물이 든 비커에 넣고 색깔 변화를 관찰하면 유리판보다 금속판에서 색깔이 더 (   ) 변합니다.

06 두 물질 사이에서 열의 이동을 줄이는 것을 (   )(이)라고 하며, 집을 지을 때 (   )을/를 사용하면 겨울이나 여름에 적절한 실내 온도를 오랫동안 유지할 수 있습니다.

07 주전자의 (바닥 , 손잡이)은/는 열이 잘 이동하는 금속으로 만들지만, 주전자의 (바닥 , 손잡이)은/는 열이 잘 이동하지 않는 나무나 플라스틱으로 만듭니다.

08 차가운 물을 넣은 사각 수조 바닥에 파란색 잉크를 넣고, 파란색 잉크의 아랫부분에 뜨거운 물이 담긴 종이컵을 놓으면 파란색 잉크는 (   )(으)로 이동합니다.

09 물이 담긴 냄비를 가열하면 온도가 높아진 물은 (위 , 아래)로 이동합니다.

10 알코올램프에 불을 붙이고 삼발이 위쪽에 비눗방울을 불면 비눗방울은 알코올램프 주변에서 (위 , 아래)로 이동합니다.

11 기체 또는 액체에서 온도가 높아진 물질이 위로 올라가고, 위에 있던 물질이 아래로 밀려 내려오는 과정을 (   )(이)라고 합니다.

12 에어컨에서 나오는 차가운 공기는 아래로 내려가기 때문에 에어컨은 (   ) 곳에 설치하고, 난로 주변에서 데워진 따뜻한 공기는 위로 올라가기 때문에 난로는 (   ) 곳에 설치합니다.

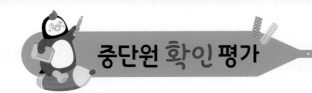

2 (2) 고체, 액체, 기체에서의 열의 이동

[01~02] 다음은 열 변색 붙임딱지를 붙인 세 가지 모양의 구리판을 가열하는 실험입니다. 물음에 답하시오.

▲ 길게 자른 구리판 ▲ 사각형 구리판 ▲ ⊏ 모양 구리판

01 위와 같이 구리판을 가열했을 때 열의 이동 방향을 화살표로 바르게 나타낸 것에 ○표 하시오.

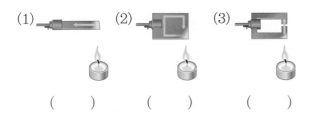

(1) ( ) (2) ( ) (3) ( )

02 위 실험에 대한 설명으로 옳은 것을 두 가지 고르시오. (,)

① 열은 구리판을 따라 이동한다.
② 구리판이 끊겨 있어도 열은 잘 이동한다.
③ 열은 온도가 낮은 곳에서 높은 곳으로 이동한다.
④ 열은 가열한 곳에서 멀어지는 방향으로 이동한다.
⑤ 구리판의 모양이 달라도 오른쪽에서 왼쪽으로 열이 이동한다.

중요
03 불 위에 올려놓은 프라이팬에서 고기를 구울 때 열의 이동에 대한 설명으로 옳지 <u>않은</u> 것은 어느 것입니까? ( )

① 프라이팬에서 열은 이동하지 않는다.
② 온도가 높은 프라이팬에서 고기로 열이 이동한다.
③ 프라이팬의 몸체는 열이 잘 이동하는 물질로 만든다.
④ 고체 물질을 따라 열이 이동하는 것을 전도라고 한다.
⑤ 프라이팬의 손잡이는 열이 잘 이동하지 않는 물질로 만든다.

[04~05] 다음은 고체 물질의 종류에 따라 열이 이동하는 빠르기를 비교하기 위한 실험입니다. 물음에 답하시오.

04 다음은 위 실험 과정을 순서대로 나타낸 것입니다. ( ) 안에 들어갈 알맞은 말을 쓰시오.

㉮ 구리판, 유리판, 철판의 끝부분에 버터 조각을 붙이고, 비커에 각각 넣는다.
㉯ 비커에 (㉠)을/를 붓는다.
㉰ 두꺼운 종이로 비커의 윗부분을 각각 덮는다.
㉱ 시간이 지나는 동안 각 판에 붙어 있는 (㉡)의 변화를 관찰한다.

㉠ ( ), ㉡ ( )

05 위 실험에서 같게 해야 할 조건이 <u>아닌</u> 것은 어느 것입니까? ( )

① 버터의 종류 ② 버터의 크기
③ 고체 물질의 종류 ④ 고체 물질의 크기
⑤ 버터를 붙이는 위치

06 다음과 같이 주방용품의 손잡이를 플라스틱으로 만드는 까닭으로 옳은 것에 ○표 하시오.

(1) 전도가 잘되기 때문이다. ( )
(2) 대류가 잘되기 때문이다. ( )
(3) 열이 잘 이동하지 않기 때문이다. ( )
(4) 열이 빠르게 이동하기 때문이다. ( )

07 다음 보기 를 분류 기준에 맞게 분류하여 빈칸에 알맞은 기호를 쓰시오.

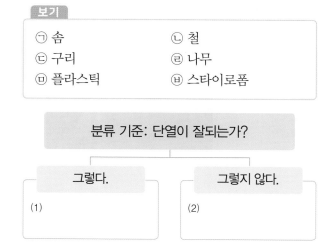

보기

㉠ 솜   ㉡ 철
㉢ 구리   ㉣ 나무
㉤ 플라스틱   ㉥ 스타이로폼

분류 기준: 단열이 잘되는가?

그렇다.	그렇지 않다.
(1)	(2)

08 다음은 차가운 물이 담긴 수조에 빨간색 색소를 섞은 뜨거운 물이 담긴 병을 넣은 뒤, 뚜껑을 열었을 때 뜨거운 물이 이동하는 모습을 관찰하는 실험입니다. ( ) 안의 알맞은 말에 ○표 하시오.

뜨거운 물은 (위 , 아래)(으)로 이동한다.

09 다음은 물이 담긴 주전자를 가열할 때 물 전체가 따뜻해지는 과정을 순서 없이 나타낸 것입니다. 순서에 맞게 기호를 쓰시오.

㉠ 온도가 높아진 물은 위로 올라간다.
㉡ 시간이 지나면 물 전체가 따뜻해진다.
㉢ 위에 있던 물은 아래로 밀려 내려온다.
㉣ 주전자 바닥에 있는 물의 온도가 높아진다.

(   ) → (   ) → (   ) → ㉡

10 다음과 같이 알코올램프에 불을 붙인 뒤, 삼발이 위쪽에 비눗방울을 불었습니다. 이 실험의 결과를 바르게 말한 친구의 이름을 쓰시오.

• 미진: 비눗방울이 아래로 떨어져.
• 현주: 비눗방울을 불자마자 터져서 사라져.
• 소정: 비눗방울이 알코올램프 주변에서 위로 올라가.

(   )

중요
11 난로를 한 곳에만 켜 놓아도 집 안 전체의 공기가 따뜻해지는 현상에 대한 설명으로 옳지 않은 것은 어느 것입니까? (   )

① 난로 주변 공기의 온도가 높아진다.
② 온도가 높아진 공기는 위로 올라간다.
③ 위에 있던 공기는 아래로 밀려 내려온다.
④ 공기 중에서 대류를 통해 열이 이동한다.
⑤ 난로는 높은 곳에 설치하는 것이 효율적이다.

12 대류를 통해 열이 이동하는 경우가 아닌 것을 두 가지 고르시오. (,   )

① 물을 가열할 때
② 여름철에 에어컨을 켰을 때
③ 겨울철에 난방 기구를 켰을 때
④ 겨울철에 손난로를 손에 잡고 있을 때
⑤ 뜨거운 찌개에 넣어 둔 숟가락의 손잡이가 뜨거워질 때

대단원 종합평가

01 차갑거나 따뜻한 정도를 말로 표현할 때 불편한 점을 보기 에서 모두 골라 기호를 쓰시오.

보기
> ㉠ 의사소통에 불편함이 생길 수 있다.
> ㉡ 차갑거나 따뜻한 정도를 정확하게 알기 어렵다.
> ㉢ 두 물질의 차갑거나 따뜻한 정도를 비교하기 쉽다.

( )

중요
02 온도에 대한 설명으로 옳지 <u>않은</u> 것은 어느 것입니까? ( )

① 온도계로 측정한다.
② 온도의 단위는 ℃이다.
③ 10.1 ℃는 '십 점 일 도씨'로 읽는다.
④ 물질의 차갑거나 따뜻한 정도를 나타낸다.
⑤ 공기의 온도는 기온, 물의 온도는 수온이라고 한다.

03 정확한 온도를 측정해야 하는 경우를 보기 에서 모두 고른 것은 어느 것입니까? ( )

보기
> ㉠ 병원에서 환자의 체온을 잴 때
> ㉡ 라면을 끓일 물의 온도를 잴 때
> ㉢ 갓난아기의 목욕물 온도를 잴 때
> ㉣ 냉장고의 온도를 일정하게 유지할 때

① ㉠, ㉡
② ㉡, ㉢
③ ㉡, ㉣
④ ㉢, ㉣
⑤ ㉠, ㉢, ㉣

04 다음 온도계로 측정하는 것은 무엇인지 쓰시오.

( )

05 적외선 온도계로 측정하기에 알맞은 것을 보기 에서 모두 골라 기호를 쓰시오.

보기
> ㉠ 벽의 온도   ㉡ 물의 온도
> ㉢ 땅의 온도   ㉣ 공기의 온도

( )

[06~07] 다음은 알코올 온도계로 물의 온도를 측정하는 모습입니다. 물음에 답하시오.

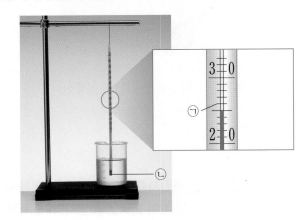

06 위 알코올 온도계의 ㉠과 ㉡에 알맞은 이름을 각각 쓰시오.

㉠ ( ), ㉡ ( )

07 위 알코올 온도계로 측정한 온도를 단위와 함께 쓰시오.

( )

08 다음은 나무 그늘에 있는 흙과 햇빛이 비치는 곳에 있는 흙의 온도를 동시에 측정하는 모습입니다. ㉠과 ㉡의 온도를 비교하여 ( ) 안에 >, =, <로 나타내시오.

㉠의 온도 ( ) ㉡의 온도

중요
09 다음은 차가운 물이 담긴 음료수 캔을 따뜻한 물이 담긴 비커에 넣고 두 물의 온도 변화를 측정한 뒤, 알아낸 사실을 정리한 것입니다. ( ) 안에 들어갈 알맞은 말을 쓰시오.

시간(분)		0	1	2	3	4
온도 (℃)	음료수 캔에 담긴 물	14.5	16.0	17.0	18.0	19.0
	비커에 담긴 물	67.0	55.0	48.0	42.0	37.0

온도가 다른 두 물질이 접촉했을 때 두 물질의 온도가 변하는 까닭은 ( ) 때문이다.

( )

10 오른쪽과 같이 열이 나는 이마에 얼음주머니를 올린 후 온도 변화를 관찰하였습니다. ( ) 안에 들어갈 알맞은 말을 쓰시오.

• 이마의 온도는 점점 (㉠).
• 얼음주머니의 온도는 점점 (㉡).

㉠ ( ), ㉡ ( )

[11~12] 다음은 열 변색 붙임딱지를 붙인 ⊏ 모양 구리판의 한쪽 끝부분을 가열하는 실험입니다. 물음에 답하시오.

11 위 구리판에서 열의 이동 방향을 화살표로 나타내시오.

12 다음은 위 실험으로 알게 된 열의 이동에 대한 설명입니다. ( ) 안에 들어갈 알맞은 말을 쓰시오.

구리판의 한 부분을 가열했을 때 온도가 높아진 부분에서 주변의 온도가 낮은 부분으로 구리판을 따라 열이 이동하는 것을 ( )(이)라고 한다.

( )

[13~14] 다음은 구리판, 유리판, 철판의 끝부분에 붙인 버터가 녹는 빠르기를 비교하는 실험입니다. 물음에 답하시오.

13 위 실험에서 버터가 가장 빨리 녹는 판은 무엇인지 쓰시오.

( )

14 위 실험으로 알 수 있는 사실을 보기 에서 골라 기호를 쓰시오.

보기

㉠ 모든 금속은 열이 이동하는 빠르기가 같다.
㉡ 유리는 열이 가장 빠르게 이동하는 물질이다.
㉢ 고체 물질의 종류에 따라 열이 이동하는 빠르기가 다르다.

( )

15 우리 생활에서 고체 물질의 종류에 따라 열이 이동하는 빠르기가 다른 성질을 알맞게 이용한 예가 <u>아닌</u> 것은 어느 것입니까? (　　)

① 컵 싸개는 열이 잘 이동하는 구리로 만든다.
② 냄비 손잡이는 열이 잘 이동하지 않는 나무로 만든다.
③ 프라이팬의 바닥은 열이 잘 이동하는 금속으로 만든다.
④ 주방 장갑은 열이 잘 이동하지 않는 천에 솜을 넣어 만든다.
⑤ 다리미의 손잡이는 열이 잘 이동하지 않는 플라스틱으로 만든다.

16 다음 ㉠과 같이 집을 지을 때 집 안과 집 밖의 열이 잘 이동하지 않도록 이중으로 만든 벽 사이에 넣는 것을 무엇이라고 하는지 쓰시오.

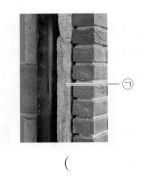

㉠

(　　　　　　　　)

중요
17 대류에 대한 설명으로 옳은 것은 어느 것입니까?
(　　)

① 기체에서는 대류가 일어나지 않는다.
② 액체 또는 고체에서 열이 이동하는 방법이다.
③ 프라이팬에서 고기를 구울 수 있는 것은 대류 때문이다.
④ 물이 담긴 주전자를 가열하면 대류 때문에 물 전체가 뜨거워진다.
⑤ 온도가 높아진 물질이 아래로 내려오고, 아래에 있던 물질은 밀려 올라가는 과정이다.

18 다음과 같이 차가운 물이 담긴 사각 수조 바닥에 파란색 잉크를 넣고, 파란색 잉크의 아랫부분에 뜨거운 물이 담긴 종이컵을 놓았을 때 파란색 잉크의 움직임과 관계있는 열의 이동 방법에 ○표 하시오.

뜨거운 물이 　　파란색 잉크
담긴 종이컵

(1) 대류 (　　)　(2) 전도 (　　)　(3) 단열 (　　)

19 다음은 알코올램프에 불을 붙였을 때 비눗방울이 위로 올라가는 까닭을 설명한 것입니다. (　　) 안에 들어갈 알맞은 말을 쓰시오.

알코올램프에 불을 붙이면 알코올램프 주변의 뜨거워진 공기가 (　　　　)(으)로 이동하기 때문이다.

(　　　　　　　　)

20 난로를 켜 둔 집 안에서 열의 이동에 대한 설명으로 옳은 것은 어느 것입니까? (　　)

① 난로 주변의 공기는 아래로 내려간다.
② 난로를 켜면 대류에 의해 집 전체가 따뜻해진다.
③ 열은 온도가 낮은 곳에서 높은 곳으로 이동한다.
④ 열은 난로에서 먼 곳에서 난로 주변으로 이동한다.
⑤ 공기 중 열의 이동 방향을 고려하여 난로는 높은 곳에 설치하는 것이 좋다.

01 다음은 차가운 물이 담긴 음료수 캔을 따뜻한 물이 담긴 비커에 넣었을 때 두 물의 온도 변화를 알아보기 위한 실험입니다. 물음에 답하시오.

(1) 위와 같이 온도가 다른 두 물질이 접촉한 채로 시간이 지났을 때 온도 변화를 쓰시오.

_____

(2) 위 (1)번의 답과 같은 결과가 나타나는 까닭을 쓰시오.

_____
_____

02 다음은 일상생활에서 온도가 다른 두 물질이 접촉하는 예입니다. 물음에 답하시오.

▲ 얼음 위에　　　▲ 열이 나는 이마 위에
올려놓은 생선　　　올려놓은 얼음주머니

(1) 위 (가)와 (나)에서 열의 이동 방향을 각각 쓰시오.

_____

(2) 위 (가)와 (나)처럼 우리 생활에서 온도가 다른 물질이 접촉하여 열이 이동하는 예를 한 가지 쓰시오.

_____

03 다음은 우리 생활에서 사용하는 주방용품입니다. 물음에 답하시오.

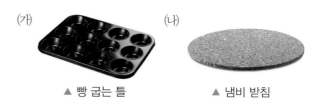

▲ 빵 굽는 틀　　　▲ 냄비 받침

(1) 위 (가)와 (나)를 만드는 물질의 차이점을 열이 이동하는 빠르기와 관련지어 쓰시오.

_____
_____

(2) 위 (가)와 (나)처럼 우리 생활에서 열이 이동하는 빠르기가 다른 성질을 이용한 예를 한 가지 쓰시오.

_____
_____

04 다음 (가)는 물이 담긴 냄비를 가열하는 모습이고, (나)는 집 안에 난로를 켜 둔 모습입니다. 물음에 답하시오.

(1) 위 (가)와 (나)에서 공통으로 일어나는 열의 이동 방법을 무엇이라고 하는지 쓰시오.

(　　　　　　　　　)

(2) 위 (가)에서 냄비의 바닥을 가열했는데 물 전체가 뜨거워지고, (나)에서 난로를 한 곳에만 켜놓았는데 집 전체가 따뜻해지는 과정을 쓰시오.

_____
_____

❶ 태양이 우리 생활에 미치는 영향
  • 지구를 따뜻하게 하여 생물이 살아가기에 알맞은 환경을 만듦.
  • 낮에 물체를 볼 수 있고, 야외 활동을 할 수 있음.
  • 지표면의 물이 증발하여 지구의 물이 순환할 수 있도록 에너지를 공급함.
  • 태양 빛으로 전기를 만들어 생활에 이용함.
  • 태양 빛으로 일광욕을 즐길 수 있음.
  • 태양 빛으로 바닷물이 증발하면 소금을 얻을 수 있음.
  • 태양 빛으로 빨래를 말리면 잘 마르고, 세균을 없앨 수 있음.

❷ 태양이 생물에게 소중한 까닭
  • 생물은 태양으로부터 에너지를 얻어 살아가기 때문임.
  • 태양은 생물이 살아가는 데 알맞은 환경을 만들어 주기 때문임.

❸ 태양계의 구성
  • 태양계: 태양과 태양의 영향을 받는 천체들 그리고 그 공간을 말함.
  • 태양계의 구성원: 태양, 행성, 위성, 소행성, 혜성 등으로 구성됨.

태양	• 태양계의 중심에 위치함. • 태양계에서 유일하게 스스로 빛을 내는 천체임.
행성	• 태양 주위를 도는 둥근 천체임. • 수성, 금성, 지구, 화성, 목성, 토성, 천왕성, 해왕성이 있음.
위성	• 행성 주위를 도는 천체임. 예 달(지구의 위성)

❹ 태양계 행성의 특징

행성	색깔	표면 상태	고리
수성	회색	암석	×
금성	노란색	암석	×
지구	초록색, 파란색	암석	×
화성	붉은색	암석	×
목성	하얀색, 갈색	기체	○
토성	옅은 갈색	기체	○
천왕성	청록색	기체	○
해왕성	파란색	기체	○

❺ 태양계 행성의 공통점과 차이점

공통점	모두 태양 주위를 돌며, 둥근 모양을 하고 있음.
차이점	색깔, 표면의 상태, 고리의 유무 등이 다름.

❻ 태양과 행성의 크기 비교
  • 태양과 지구의 크기 비교: 태양의 반지름은 지구의 반지름보다 약 109배 큼.
  • 지구의 반지름을 1로 보았을 때 행성의 상대적인 크기 비교

토성 9.4 목성 11.2 해왕성 3.9 천왕성 4.0 수성 0.4 화성 0.5 금성 0.9 지구 1.0

❼ 태양에서 행성까지 상대적인 거리 비교
  • 태양에서 지구까지의 거리를 1로 보았을 때 태양계 행성의 상대적인 거리 비교

행성	상대적인 거리	행성	상대적인 거리
수성	0.4	목성	5.2
금성	0.7	토성	9.6
지구	1.0	천왕성	19.1
화성	1.5	해왕성	30.0

  • 태양계 행성을 상대적인 거리로 분류하기

태양에서 지구보다 가까이 있는 행성	태양에서 지구보다 멀리 있는 행성
수성, 금성	화성, 목성, 토성, 천왕성, 해왕성

❽ 태양에서 행성까지의 상대적인 거리를 비교하여 알 수 있는 것
  • 상대적으로 크기가 작은 행성은 태양 가까이에 있고, 크기가 큰 행성은 태양으로부터 멀리 떨어져 있음.
  • 태양에서 행성까지의 거리가 멀어질수록 행성 사이의 거리도 대체로 멀어짐.

정답과 해설 38쪽

01 태양은 지표면의 물이 증발하여 지구의 물이 (   )할 수 있도록 에너지를 공급합니다.

02 태양은 생물이 살아가는 데 알맞은 (   )을/를 만들어 주고, 생물은 태양으로부터 (   )을/를 얻어 살아갑니다.

03 (   )은/는 태양, 행성, 위성, 소행성, 혜성 등으로 구성됩니다.

04 태양 주위를 도는 둥근 천체를 (   )(이)라고 합니다.

05 태양계 행성 중 가장 크고, 적도와 나란한 줄무늬가 있으며 남반구에서 붉은색 거대한 반점을 관찰할 수 있는 행성의 이름을 쓰시오.

(   )

06 태양의 반지름은 지구의 반지름보다 약 (   )배 큽니다.

07 태양계 행성의 크기를 비교했을 때 지구와 크기가 가장 비슷한 행성의 이름을 쓰시오.

(   )

08 태양계 행성의 크기를 비교했을 때 상대적으로 크기가 큰 행성을 네 가지 쓰시오.

(   )

09 태양에서 가장 멀리 있는 행성은 (   )이고, 가장 가까이 있는 행성은 (   )입니다.

10 태양에서 지구보다 가까이 있는 행성을 두 가지 쓰시오.

(   )

11 상대적으로 크기가 (   ) 행성은 태양 가까이에 있고, 상대적으로 크기가 (   ) 행성은 태양으로부터 멀리 떨어져 있습니다.

12 태양에서 지구까지의 거리가 지금보다 훨씬 가까워진다면 어떻게 될지 쓰시오.

(   )

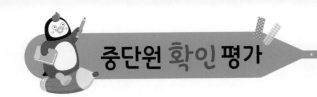
01 태양이 우리 생활에 미치는 영향으로 옳지 <u>않은</u> 것은 어느 것입니까? (   )

① 염전에서 소금을 만들 수 있다.
② 빨래가 잘 마르고 세균을 없앨 수 있다.
③ 동물은 태양 빛으로 스스로 양분을 만든다.
④ 태양 빛으로 전기를 만들어 생활에 이용한다.
⑤ 낮에 물체를 볼 수 있고 야외 활동을 할 수 있다.

중요
02 만약 태양이 없다면 어떤 일이 일어날지 예상한 것으로 알맞지 <u>않은</u> 것은 어느 것입니까?   (   )

① 식물은 스스로 양분을 만들 수 없다.
② 식물을 먹이로 하는 동물도 살기 어렵다.
③ 낮에도 어두워서 야외 활동을 하기 어렵다.
④ 생물이 살아가는 데 필요한 에너지를 얻을 수 없다.
⑤ 생물이 살기에 적당한 온도가 되어 지구 어느 곳에서나 생물이 살 수 있다.

03 태양계에 대한 설명으로 옳은 것을 [보기]에서 모두 골라 기호를 쓰시오.

보기

ㄱ 위성은 태양 주위를 도는 둥근 천체이다.
ㄴ 행성은 위성 주위를 도는 둥근 천체이다.
ㄷ 태양은 태양계에서 유일하게 스스로 빛을 내는 천체이다.
ㄹ 태양계는 태양과 태양의 영향을 받는 천체들 그리고 그 공간을 말한다.

(   )

04 태양계를 구성하는 것이 <u>아닌</u> 것은 어느 것입니까?
(   )

① 달   ② 위성
③ 지구   ④ 태양
⑤ 북극성

중요
05 다음은 분류 기준을 정하여 태양계 행성을 분류한 결과입니다. (   ) 안에 들어갈 분류 기준으로 알맞지 <u>않은</u> 것은 어느 것입니까? (   )

분류 기준: ( )	
그렇다.	그렇지 않다.
수성, 금성	목성, 토성

① 고리가 없는 행성인가?
② 줄무늬가 있는 행성인가?
③ 표면이 암석으로 되어 있는 행성인가?
④ 지구보다 상대적으로 크기가 작은 행성인가?
⑤ 태양으로부터 떨어진 거리가 상대적으로 가까운 행성인가?

06 다음은 화성과 목성의 특징을 비교하여 정리한 표입니다. ㉠과 ㉡에 들어갈 알맞은 말을 쓰시오.

구분	화성	목성
모습		
표면의 상태	㉠	기체
고리	없음.	㉡

㉠ (   ), ㉡ (   )

07 태양계 행성의 공통점을 [보기] 에서 모두 골라 기호를 쓰시오.

[보기]
> ㉠ 모두 고리를 가지고 있다.
> ㉡ 모두 태양 주위를 돌고 있다.
> ㉢ 모두 둥근 모양을 하고 있다.
> ㉣ 모두 표면이 암석으로 되어 있다.

(   )

[08~09] 다음은 지구의 반지름을 **1**로 보았을 때 태양계 행성의 상대적인 크기를 그래프로 나타낸 것입니다. 물음에 답하시오.

08 위 그래프를 보고, 크기가 가장 큰 행성과 가장 작은 행성을 순서대로 쓰시오.

(,   )

09 위 그래프를 보고, 상대적인 크기가 비슷한 행성끼리 바르게 짝 지은 것은 어느 것입니까? (   )

① 수성, 금성
② 지구, 화성
③ 금성, 화성
④ 목성, 토성
⑤ 천왕성, 해왕성

[10~11] 다음은 태양에서 지구까지의 거리를 **10 cm**로 보았을 때 태양에서 행성까지의 상대적인 거리를 나타낸 표입니다. 물음에 답하시오.

수성	금성	지구	화성	목성	토성	천왕성	해왕성
4	7	10	15	52	96	191	300

(단위: cm)

10 위 표에 나타낸 태양에서 행성까지의 상대적인 거리를 고려하여 자 위에 행성의 위치를 표시할 때, 천왕성의 위치로 옳은 것은 어느 것입니까? (   )

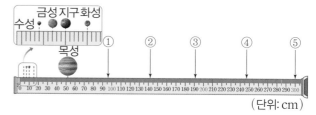

(단위: cm)

중요 **11** 위 표를 보고 알 수 있는 것으로 옳은 것에 ○표 하시오.

(1) 태양에서 지구보다 가까이 있는 행성은 수성, 금성, 화성이다.   (   )
(2) 상대적으로 크기가 작은 행성은 태양으로부터 멀리 떨어져 있다.   (   )
(3) 태양에서 행성까지의 거리가 멀어질수록 행성 사이의 거리도 대체로 멀어진다.   (   )

12 다음은 이동 수단에 따라 지구에서 태양까지 가는 데 걸리는 시간을 나타낸 것입니다. 이를 통해 알 수 있는 사실을 [보기] 에서 골라 기호를 쓰시오.

[보기]
> ㉠ 태양과 지구 사이는 매우 가깝다.
> ㉡ 목성에서 태양까지 간다면 지구에서 출발할 때보다 빨리 태양에 도착할 것이다.
> ㉢ 비행기보다 빠른 우주선을 이용해도 태양까지 가는 데 몇 년 이상 걸릴 것이다.

(   )

❶ 별

- 별은 태양처럼 스스로 빛을 내는 천체임.
- 별은 매우 먼 거리에 있어서 반짝이는 밝은 점으로 보이고, 항상 같은 위치에서 움직이지 않는 것처럼 보임.
- 별은 위치가 거의 변하지 않음.

❷ 행성과 별의 차이점

행성	별
• 스스로 빛을 내는 것이 아니라, 태양 빛이 반사되어 우리에게 보임. • 별보다 지구에 가까이 있음. • 여러 날 동안 관측하면 별들 사이에서 위치가 조금씩 변함.	• 스스로 빛을 냄. • 행성보다 지구에서 매우 먼 거리에 있음. • 여러 날 동안 관측하면 거의 움직이지 않는 것처럼 보임.

▲ 여러 날 동안 관측한 금성과 별의 위치

❸ 별자리

- 별자리는 밤하늘에 무리 지어 있는 별을 연결해 사람이나 동물 또는 물건의 이름을 붙인 것임.
- 별자리의 모습과 이름은 지역과 시대에 따라 다름.

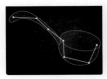  

▲ 북두칠성　　▲ 작은곰자리　　▲ 카시오페이아자리

❹ 밤하늘의 별자리를 관찰하기 적당한 시각과 장소

- 시각: 해가 진 뒤 약 1시간 정도 지나 어두울 때
- 장소: 주변이 탁 트이고 밝지 않은 곳

❺ 북쪽 밤하늘의 별자리

북두칠성	• 일곱 개의 별로 되어 있음. • 국자 모양이고, 큰곰자리의 꼬리 부분에 해당함. • 북극성을 찾는 데 이용함.
작은곰자리	• 일곱 개의 별로 되어 있음. • 북두칠성과 닮은 모양임. • 북극성을 포함하고 있음.
카시오페이아자리	• 다섯 개의 별로 되어 있음. • W자 또는 M자 모양임. • 북극성을 찾는 데 이용함.

❻ 북극성

- 북극성은 항상 북쪽에 있기 때문에 북극성을 찾으면 방위를 알 수 있음.
- 바다 한가운데에서 항해하는 배가 뱃길을 찾을 때 북극성을 이용함.

▲ 북극성을 바라보고 섰을 때 방위

❼ 북쪽 밤하늘의 별자리를 이용해 북극성을 찾는 방법

- 북두칠성을 이용하는 방법: 별 ①, ②를 연결한 뒤, 그 거리의 다섯 배만큼 떨어진 곳에 있는 별이 북극성임.

- 카시오페이아자리를 이용하는 방법: 카시오페이아자리의 바깥쪽 두 선을 연장한 선이 만나는 점 ㉠을 찾아 가운데에 있는 별 ㉡과 연결한 뒤, 그 거리의 다섯 배만큼 떨어진 곳에 있는 별이 북극성임.

정답과 해설 **38**쪽

01 (별 , 행성)은/는 스스로 빛을 내는 천체이고, (별 , 행성)은/는 스스로 빛을 내는 것이 아니라 태양 빛이 반사되어 우리에게 보이는 천체입니다.

02 여러 날 동안 밤하늘을 관측하면 (별 , 행성)의 위치는 거의 변하지 않고, (별 , 행성)의 위치는 조금씩 변합니다.

03 밤하늘을 관측하면 금성이 주위의 별보다 더 밝게 보이는 까닭은 금성이 별보다 지구에 (가까이 , 멀리) 있기 때문입니다.

04 밤하늘에 무리 지어 있는 별을 연결하여 사람이나 동물 또는 물건의 이름을 붙인 것을 무엇이라고 하는지 쓰시오.

(   )

05 별자리의 모습과 (   )은/는 지역과 시대에 따라 다릅니다.

06 밤하늘의 별자리를 관측하기에 적당한 장소를 쓰시오.

(   )

07 북쪽 밤하늘에서 계절에 상관없이 항상 볼 수 있는 별자리를 세 가지 쓰시오.

(   )

08 큰곰자리의 꼬리 부분에 해당하고 일곱 개의 별이 국자 모양으로 무리 지어 있으며, 북극성을 찾는 데 이용하는 별자리는 무엇인지 쓰시오.

(   )

09 다섯 개의 별이 W자 또는 M자 모양으로 무리 지어 있으며, 북극성을 찾을 때 이용하는 별자리는 무엇인지 쓰시오.

(   )

10 북극성은 항상 (   )에 있기 때문에 북극성을 찾으면 (   )을/를 알 수 있습니다.

11 북극성을 찾아 바라보고 서면 앞쪽은 (   )쪽, 오른쪽은 (   )쪽입니다.

12 북극성을 찾을 때 이용하는 별자리의 이름을 두 가지 쓰시오.

(   )

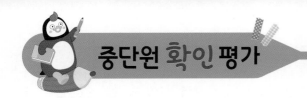

01 별에 대한 설명으로 옳지 <u>않은</u> 것은 어느 것입니까?
( )

① 스스로 빛을 낸다.
② 태양 빛이 반사되어 보인다.
③ 밤하늘에서 반짝이는 밝은 점으로 보인다.
④ 지구에서 매우 멀리 있어서 우리에게 작은 점처럼 보인다.
⑤ 여러 날 동안 관측하면 같은 위치에서 거의 움직이지 않는 것처럼 보인다.

[02~03] 다음은 여러 날 동안 같은 장소에서 같은 시각에 밤하늘을 관측하여 나타낸 그림에 투명 필름을 덮고 별과 행성의 위치를 표시한 것입니다. 물음에 답하시오.

▲ 첫째 날   ▲ 7일 뒤   ▲ 15일 뒤

02 위와 같이 여러 날 동안 관측한 결과를 보고 행성을 찾아 각 그림에 ◯표 하시오.

중요
03 위 02번 답과 같이 표시한 까닭으로 옳은 것은 어느 것입니까? ( )

① 행성은 스스로 빛을 내기 때문이다.
② 행성은 가장 작고 흐리게 관측되었기 때문이다.
③ 행성은 가장 크고 또렷하게 관측되었기 때문이다.
④ 여러 날 동안 행성의 위치는 변하지 않기 때문이다.
⑤ 여러 날 동안 행성의 위치는 조금씩 변하기 때문이다.

04 다음은 행성의 특징을 정리한 것입니다. ( ) 안에 들어갈 알맞은 말을 쓰시오.

• 행성은 별보다 지구에 (㉠) 있어서 몇몇 행성은 별보다 더 밝고 또렷하게 보인다.
• 행성은 (㉡)이/가 반사되어 우리에게 보인다.

㉠ ( ), ㉡ ( )

[05~06] 다음은 별과 별자리를 관측하기 위한 계획서의 한 부분입니다. 물음에 답하시오.

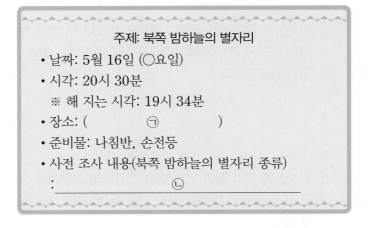

주제: 북쪽 밤하늘의 별자리
• 날짜: 5월 16일 (◯요일)
• 시각: 20시 30분
※ 해 지는 시각: 19시 34분
• 장소: (㉠)
• 준비물: 나침반, 손전등
• 사전 조사 내용(북쪽 밤하늘의 별자리 종류)
: _____㉡_____

05 위 ㉠에 들어갈 장소로 알맞은 곳은 어느 것입니까?
( )

① 안개가 많이 낀 곳
② 큰 나무가 많은 곳
③ 높은 건물이 많은 곳
④ 가로등이 켜져 있는 곳
⑤ 주변이 탁 트인 운동장 같은 곳

06 위 ㉡에는 계절에 상관없이 항상 북쪽 밤하늘에서 볼 수 있는 별자리를 조사하여 기록하려고 합니다. 알맞지 <u>않은</u> 것을 두 가지 고르시오. (,)

① 황소자리   ② 북두칠성
③ 작은곰자리   ④ 쌍둥이자리
⑤ 카시오페이아자리

07 다음은 별자리에 대한 설명입니다. (　) 안의 알맞은 말에 ○표 하시오.

> • 별자리는 밤하늘에 무리 지어 있는 별을 연결해 사람이나 ㉠(동물 , 식물) 또는 물건의 이름을 붙인 것이다.
> • 별자리의 모습과 이름은 시대에 따라 ㉡(같다 , 다르다).

08 다음에서 설명하는 별자리는 어느 것입니까? (　)

> • 북두칠성과 닮은 모양이다.
> • 북극성을 포함하고 있는 별자리이다.
> • 일곱 개의 별이 곰 모양으로 무리 지어 있다.

① 페가수스
② 큰곰자리
③ 작은곰자리
④ 거문고자리
⑤ 카시오페이아자리

09 다음은 바다 한가운데에서 항해하는 배가 나침반이나 지도가 없는 상황에서 밤하늘을 보며 뱃길을 찾는 모습입니다. (　) 안에 들어갈 알맞은 말을 쓰시오.

㉠ (　　　　　　), ㉡ (　　　　　　)
㉢ (　　　　　　), ㉣ (　　　　　　)

10 북극성을 찾는 데 이용하는 별자리끼리 바르게 짝 지은 것은 어느 것입니까? (　)

① 북두칠성, 페가수스자리
② 큰곰자리, 페가수스자리
③ 페가수스자리, 작은곰자리
④ 북두칠성, 카시오페이아자리
⑤ 페가수스자리, 카시오페이아자리

[11~12] 다음은 북쪽 밤하늘의 모습입니다. 물음에 답하시오.

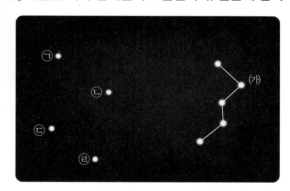

11 위에서 관측할 수 있는 별자리 ㉮의 이름을 쓰시오.
(　　　　　　　　　)

12 위 ㉠~㉣ 중 북극성을 골라 기호를 쓰시오.
(　　　　　　　　　)

01 우리 생활에 태양이 미치는 영향에 대한 설명으로 옳지 않은 것은 어느 것입니까? (   )

① 생물이 살기에 적당한 온도를 유지해 준다.
② 지구의 물이 순환할 수 있는 에너지를 공급한다.
③ 태양 빛으로 전기 에너지를 만들어 생활에 이용한다.
④ 지구의 생물은 태양으로부터 에너지를 얻어 살아간다.
⑤ 태양과 지구가 더 가까워질수록 생물이 살기에 더 좋은 환경이 된다.

02 다음 (가)와 (나)에 대한 설명으로 옳지 않은 것은 어느 것입니까? (   )

(가)    (나)

① (가)와 (나)는 바닷가에서 볼 수 있는 모습이다.
② (가)는 태양 빛으로 바닷물을 증발시켜 소금을 얻는 모습이다.
③ (나)와 같이 태양 빛으로 바닷가에서 오징어를 말릴 수 있다.
④ (가)에서 태양 빛이 약할수록 염전에서 더 많은 소금이 만들어진다.
⑤ (나)는 빨래를 말리는 것과 같은 방법으로 태양 빛을 이용하는 것이다.

중요
03 다음 보기 에서 태양이 소중한 까닭을 모두 골라 기호를 쓰시오.

보기
㉠ 태양은 낮과 밤을 만들어 준다.
㉡ 태양은 식물이 양분을 만들 수 있게 한다.
㉢ 태양은 생물이 살기 좋은 환경을 만들어 준다.

(   )

04 다음에서 설명하는 것은 무엇인지 쓰시오.

• 태양, 행성, 위성, 소행성, 혜성으로 구성되어 있다.
• 태양과 태양의 영향을 받는 천체들 그리고 그 공간을 말한다.

(   )

[05~07] 다음 태양계 행성을 보고, 물음에 답하시오.

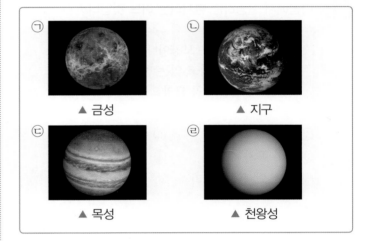
㉠ ▲ 금성   ㉡ ▲ 지구
㉢ ▲ 목성   ㉣ ▲ 천왕성

05 위 행성의 공통점으로 알맞은 것은 어느 것입니까?
(   )

① 행성의 모양   ② 행성의 색깔
③ 행성의 크기   ④ 고리의 유무
⑤ 행성 표면의 상태

06 위 행성 중 다음에서 설명하는 것을 골라 기호를 쓰시오.

• 행성 중에서 가장 밝게 보인다.
• 표면이 두꺼운 대기로 둘러싸여 있다.

(   )

07 위 행성 중 크기가 비슷한 것을 골라 기호를 쓰시오.

(,   )

[08~09] 다음은 지구의 반지름을 **1**로 보았을 때 태양계 행성의 상대적인 크기를 나타낸 표입니다. 물음에 답하시오.

행성	상대적인 크기	행성	상대적인 크기
수성	0.4	목성	11.2
금성	0.9	토성	9.4
지구	㉠	천왕성	4.0
화성	0.5	해왕성	3.9

08 위 ㉠에 들어갈 알맞은 수를 쓰시오.

( )

09 위 표를 보고 알 수 있는 사실로 옳지 <u>않은</u> 것은 어느 것입니까? ( )

① 수성이 가장 작다.
② 목성보다 토성이 더 크다.
③ 가장 큰 행성은 목성이다.
④ 수성, 금성, 지구, 화성은 상대적으로 크기가 작은 행성이다.
⑤ 목성, 토성, 천왕성, 해왕성은 상대적으로 크기가 큰 행성이다.

중요
10 태양과 행성의 크기를 바르게 비교한 것을 보기 에서 모두 골라 기호를 쓰시오.

> **보기**
>
> ㉠ 태양계 행성의 크기를 모두 합하면 태양보다 크다.
> ㉡ 태양과 지구의 크기를 비교하면 지구는 작은 점과 같다.
> ㉢ 태양계에서 가장 큰 행성인 목성도 태양과 비교하면 작다.

( )

[11~13] 다음은 태양에서 지구까지의 거리를 **1**로 보았을 때 태양에서 행성까지의 상대적인 거리를 나타낸 것입니다. 물음에 답하시오.

목성 5.2 토성 9.6   천왕성 19.1   해왕성 30.0

수성 금성 지구 화성
0.4 0.7 1.0 1.5

11 위의 행성을 다음과 같은 분류 기준으로 분류하였을 때, ( ) 안에 들어갈 알맞은 말을 쓰시오.

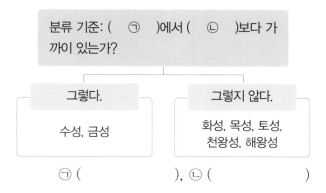

분류 기준: (㉠)에서 (㉡)보다 가까이 있는가?

그렇다.
수성, 금성

그렇지 않다.
화성, 목성, 토성, 천왕성, 해왕성

㉠ ( ), ㉡ ( )

12 위에서 행성과 행성 사이의 거리가 가장 먼 것은 어느 것입니까? ( )

① 지구 – 화성
② 화성 – 목성
③ 목성 – 토성
④ 토성 – 천왕성
⑤ 천왕성 – 해왕성

중요
13 위의 태양에서 행성까지의 상대적인 거리를 보고 알 수 있는 사실로 옳지 <u>않은</u> 것은 어느 것입니까?

( )

① 태양에서 가장 먼 행성은 해왕성이다.
② 태양에서 가장 가까운 행성은 수성이다.
③ 지구에서 가장 가까운 행성은 금성이다.
④ 상대적으로 크기가 작은 행성은 태양 가까이에 있다.
⑤ 태양에서 행성까지의 거리가 멀어지면 행성 사이의 거리는 대체로 가까워진다.

[14~15] 다음은 여러 날 동안 밤하늘을 관측하여 나타낸 그림에 투명 필름을 덮고 모든 천체의 위치를 표시한 뒤, 투명 필름 세 장을 겹친 것입니다. 물음에 답하시오.

▲ 첫째 날   ▲ 7일 뒤   ▲ 15일 뒤   ▲ 겹치기

중요
14 위에서 행성과 별을 찾는 방법입니다. ( ) 안에 들어갈 알맞은 말을 쓰시오.

> 여러 날 동안 관측하였을 때 위치가 달라진 천체는 (㉠)이고, 위치가 달라지지 않은 천체는 (㉡)이다.

㉠ (   ), ㉡ (   )

15 위와 같이 여러 날 동안 관측한 행성과 별에 대한 설명으로 옳지 않은 것을 보기 에서 골라 기호를 쓰시오.

> **보기**
> ㉠ 행성은 별보다 지구에 가까이 있다.
> ㉡ 별은 지구에서 매우 먼 거리에 있어서 점처럼 보인다.
> ㉢ 투명 필름 세 장을 겹쳤을 때 세 개의 행성을 찾을 수 있다.

(   )

16 다음에서 설명하는 것은 무엇인지 쓰시오.

> • 밤하늘에 무리 지어 있는 별을 연결하여 사람이나 동물의 이름을 붙인 것이다.
> • 모습과 이름은 지역과 시대에 따라 다르다.

(   )

17 북쪽 밤하늘에서 계절에 상관없이 항상 관측할 수 있는 별자리가 아닌 것을 보기 에서 골라 기호를 쓰시오.

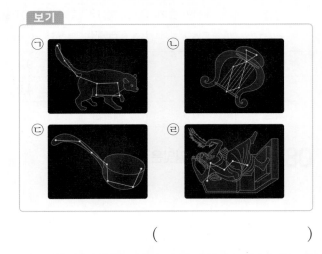

보기
㉠   ㉡
㉢   ㉣

(   )

[18~19] 다음은 북쪽 밤하늘을 관측한 결과입니다. 물음에 답하시오.

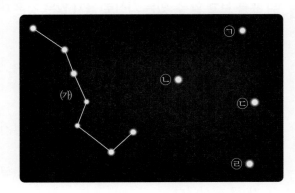

18 위 별자리 (가)는 일곱 개의 별이 국자 모양으로 무리 지어 있습니다. 이 별자리의 이름을 쓰시오.

(   )

19 위 별자리 (가)를 이용하면 북극성을 찾을 수 있습니다. ㉠~㉣ 중 북극성을 찾아 그 기호를 쓰시오.

(   )

20 다음은 북극성을 바라보고 섰을 때 방위를 찾는 방법을 설명한 것입니다. ( ) 안에 들어갈 알맞은 방위를 쓰시오.

> 북극성을 바라보고 섰을 때 앞쪽은 (㉠), 뒤쪽은 (㉡)이 된다.

㉠ (   ), ㉡ (   )

서술형·논술형 평가 3단원

정답과 해설 41쪽

01 다음은 태양에서 지구까지의 거리를 1로 보았을 때 태양에서 행성까지의 상대적인 거리를 나타낸 것입니다. 물음에 답하시오.

(1) 만약 지구가 해왕성의 자리에 있다면 지구의 환경은 어떻게 될지 쓰시오.

_____

(2) 위 (1)번의 답을 통해 알 수 있는 태양이 생물에게 소중한 까닭을 쓰시오.

_____

02 다음 태양계 행성을 보고, 물음에 답하시오.

(1) 위 여덟 개의 행성을 분류할 수 있는 기준을 한 가지 쓰시오.

_____

(2) 위 (1)번 답으로 쓴 분류 기준으로 행성을 분류하여 쓰시오.

_____

03 다음은 여러 날 동안 밤하늘에서 금성과 별을 관측한 결과입니다. 물음에 답하시오.

(1) 위와 같이 여러 날 동안 관측한 금성과 별의 위치 변화를 비교하여 쓰시오.

_____

(2) 위와 같이 밤하늘을 관측한 결과, 별이 작은 점으로 보이는 까닭을 쓰시오.

_____

04 다음은 북쪽 밤하늘을 관측한 모습입니다. 물음에 답하시오.

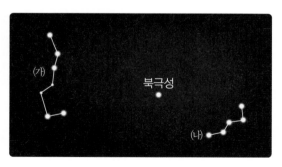

(1) 위의 별자리 (가)와 (나)의 이름을 쓰시오.

(가) (   )

(나) (   )

(2) 위의 별자리 (가)와 (나) 중 한 가지를 이용하여 북극성을 찾는 방법을 쓰시오.

_____

3. 태양계와 별 **27**

❶ 용해, 용질, 용매, 용액

소금(용질)   물(용매)   소금물(용액)

용해	어떤 물질이 다른 물질에 녹아 골고루 섞이는 현상 ⑩ 소금이 물에 녹는 현상
용질	다른 물질에 녹는 물질 ⑩ 소금
용매	다른 물질을 녹이는 물질 ⑩ 물
용액	녹는 물질이 녹이는 물질에 골고루 섞여 있는 물질 ⑩ 소금물

❷ 용액과 용액이 아닌 것

• 설탕이 물에 녹아 만들어진 설탕물은 용액임.

• 물에 멸치 가루를 넣으면 멸치 가루가 물에 녹지 않고 물 위에 뜨거나 바닥에 가라앉으므로 용액이 아님.

❸ 각설탕을 물에 넣었을 때 시간에 따른 변화

• 각설탕을 물에 넣은 직후 각설탕에서 거품이 생겨 위로 올라가고, 거품과 함께 아지랑이 같은 것이 보임.

• 시간이 지남에 따라 각설탕의 크기가 작아지고, 작아진 설탕은 더 작은 크기의 설탕으로 나뉘어 물에 골고루 섞임.

• 물에 완전히 용해된 설탕은 눈에 보이지 않게 됨.

❹ 용질이 물에 용해되기 전과 후의 무게 비교

• 각설탕이 물에 용해되기 전과 후의 무게 비교

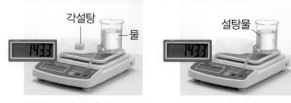

▲ 각설탕이 물에 용해되기 전   ▲ 각설탕이 물에 용해된 후

➡ 각설탕이 물에 용해되기 전과 용해된 후의 무게는 같음.

• 용질이 용해되기 전과 후의 무게가 같은 까닭: 용질이 물에 용해되면 없어지는 것이 아니라 매우 작아져 물과 골고루 섞여 용액이 되기 때문임.

❺ 용질의 종류에 따라 물에 용해되는 양 비교

• 온도와 양이 같은 물에 소금, 설탕, 베이킹 소다를 각각 한 숟가락씩 넣었을 때 다 용해됨.

• 온도와 양이 같은 물에 소금, 설탕, 베이킹 소다를 각각 두 숟가락씩 넣었을 때 소금과 설탕은 다 용해되었으나, 베이킹 소다는 다 용해되지 않고 바닥에 가라앉음.

• 온도와 양이 같은 물에 소금, 설탕, 베이킹 소다를 각각 여덟 숟가락씩 넣었을 때 설탕은 다 용해되었으나 소금과 베이킹 소다는 다 용해되지 않고 바닥에 가라앉음.

• 온도와 양이 같은 물에 용해되는 양을 비교했을 때 설탕이 가장 많이 용해되고, 베이킹 소다가 가장 적게 용해됨.

❻ 여러 가지 용질이 물에 용해되는 양

• 온도와 양이 같은 물에 용해되는 용질의 양은 용질의 종류에 따라 다름.

• 용매의 양을 늘리면 용질을 더 용해시킬 수 있음.

정답과 해설 42쪽

01 소금물이나 설탕물처럼 녹는 물질이 녹이는 물질에 골고루 섞여 있는 물질을 (　　　　　)(이)라고 합니다.

02 설탕처럼 물에 녹는 물질을 (　　　　)(이)라고 하고, 물처럼 설탕을 녹이는 물질을 (　　　　)(이)라고 합니다.

03 어떤 물질이 다른 물질에 녹아 골고루 섞이는 현상을 (　　　　)(이)라고 합니다.

04 각설탕을 물에 넣으면 시간이 지남에 따라 크기가 (　　　　) 물에 골고루 섞이고, 완전히 (　　　　) 되어 눈에 보이지 않게 됩니다.

05 설탕 25 g이 물에 녹아 설탕물이 되었습니다. 설탕물의 무게가 100 g일 때 물의 무게는 얼마인지 쓰시오.

(　　　　　　) g

06 물 100 g이 들어 있는 비커에 소금을 녹였더니 소금물의 무게가 115 g이 되었습니다. 용해된 소금의 무게는 얼마인지 쓰시오.

(　　　　　　) g

07 용질이 물에 용해되기 전과 용해된 후의 무게를 비교하여 (　　) 안에 >, =, <로 나타내시오.

| 용해되기 전의 무게 | (　　) | 용해된 후의 무게 |

08 온도와 양이 같은 물에 소금, 설탕, 베이킹 소다를 각각 넣었을 때, 가장 많이 용해되는 물질은 어느 것인지 쓰시오.

(　　　　　　)

09 온도와 양이 같은 물에 소금, 설탕, 베이킹 소다를 각각 넣었을 때, 가장 적게 용해되는 물질은 어느 것인지 쓰시오.

(　　　　　　)

10 온도와 양이 같은 물에 여러 가지 용질을 넣었을 때 각 용질이 용해되는 양은 (　　　　)의 종류에 따라 서로 다릅니다.

11 온도와 양이 같은 물에 소금, 설탕, 백반을 각각 넣었을 때, 가장 적게 용해되는 용질은 어느 것인지 쓰시오.

(　　　　　　)

12 용질이 더 이상 용해되지 않을 때, (　　　　)의 양을 늘리면 용질을 더 많이 용해시킬 수 있습니다.

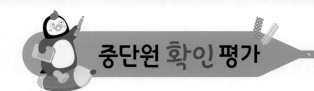

01 여러 가지 가루 물질에 대한 설명으로 옳지 <u>않은</u> 것은 어느 것입니까? ( )

① 분말주스는 물에 녹는다.
② 멸치 가루는 물에 녹지 않는다.
③ 가루 물질은 종류에 따라 물에 녹는 정도가 다르다.
④ 설탕이나 소금이 물에 녹으면 눈에 보이지 않는다.
⑤ 알갱이의 크기가 작은 가루 물질은 모두 물에 녹는다.

02 다음 설명에 해당하는 것을 보기 에서 골라 기호를 쓰시오.

보기
ㄱ 용해   ㄴ 용매   ㄷ 용질

(1) 다른 물질에 녹는 물질 ( )
(2) 다른 물질을 녹이는 물질 ( )
(3) 어떤 물질이 다른 물질에 녹아 골고루 섞이는 현상 ( )

03 중요
용액에 대한 설명으로 옳지 <u>않은</u> 것을 보기 에서 골라 기호를 쓰시오.

보기
ㄱ 오래 두어도 가라앉거나 떠 있는 것이 없다.
ㄴ 거름 장치로 걸렀을 때 거름종이에 남는 것이 없다.
ㄷ 용액의 어떤 부분은 물질이 섞여 있는 정도가 다르다.

( )

04 용액이 <u>아닌</u> 것은 어느 것입니까? ( )

① 식초   ② 소금물
③ 손 세정제   ④ 생딸기 주스
⑤ 구강 청정제

05 흰색 각설탕을 물에 넣고 완전히 녹을 때까지 관찰한 내용으로 옳은 것은 어느 것입니까? ( )

① 각설탕이 점점 커진다.
② 각설탕이 물에 녹아 없어진다.
③ 각설탕이 점점 검은색으로 변한다.
④ 각설탕이 녹은 물은 아무런 맛이 나지 않는다.
⑤ 각설탕이 물에 녹아 아주 작은 설탕으로 나뉘어져 눈에 보이지 않는다.

06 중요
설탕 10 g이 물 130 g에 용해되었을 때 설탕물의 무게로 옳은 것은 어느 것입니까? ( )

① 120 g   ② 130 g
③ 140 g   ④ 150 g
⑤ 160 g

[07~08] 다음은 여러 가지 용질이 물에 용해되는 양을 비교하기 위한 실험입니다. 물음에 답하시오.

> ㈎ 비커 세 개에 온도가 같은 물을 각각 50 mL씩 넣는다.
> ㈏ 각 비커에 소금, 설탕, 베이킹 소다를 각각 한 숟가락씩 넣고 유리 막대로 젓는다.
> ㈐ ㈏의 비커에 소금, 설탕, 베이킹 소다를 각각 한 숟가락씩 더 넣으면서 유리 막대로 저어 용해되는 양을 비교한다.

07 위의 ㈎에서 물 50 mL를 정확하게 측정하기 위해 사용하는 실험 도구로 옳은 것은 어느 것입니까?
(   )

① 전자저울   ② 약숟가락
③ 스포이트   ④ 눈금실린더
⑤ 페트리 접시

08 위의 실험에서 다르게 한 조건을 보기 에서 골라 기호를 쓰시오.

> **보기**
> ㉠ 물의 양   ㉡ 물의 온도
> ㉢ 용질의 종류   ㉣ 용매의 종류

(   )

09 다음은 온도와 양이 같은 물 50 mL에 설탕과 백반을 각각 세 숟가락씩 넣어 용해되는 양을 비교한 결과입니다. 백반을 넣은 비커를 골라 기호를 쓰시오.

㉠    ㉡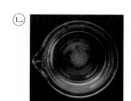

(   )

[10~11] 다음은 온도가 같은 물 50 mL가 담긴 세 개의 비커에 소금, 설탕, 베이킹 소다를 각각 한 숟가락씩 더 넣으면서 유리 막대로 저은 결과를 나타낸 표입니다. 물음에 답하시오.

용질	약숟가락으로 넣은 횟수(회)							
	1	2	3	4	5	6	7	8
㉠	○	○	○	○	○	○	○	△
㉡	○	○	○	○	○	○	○	○
㉢	○	△	△	△	△	△	△	△

(용질이 다 용해되면 ○, 용질이 다 용해되지 않고 바닥에 남으면 △)

10 위의 용질 ㉠~㉢ 중에서 설탕에 해당하는 것을 골라 기호를 쓰시오.

(   )

중요
11 다음은 위의 실험을 통해 알 수 있는 사실을 정리한 것입니다. (   ) 안에 들어갈 알맞은 말을 쓰시오.

> 물의 온도와 양이 같아도 용질의 종류에 따라 물에 용해되는 양은 서로 (   ).

(   )

12 다음은 온도와 양이 같은 물에 베이킹 소다와 분말주스를 같은 양씩 넣고 유리 막대로 저었을 때의 결과입니다. 베이킹 소다와 분말주스 중에서 물에 더 많이 용해되는 용질은 어느 것인지 쓰시오.

용질	베이킹 소다	분말주스
실험 결과	바닥에 남음.	바닥에 남은 것이 없음.

(   )

❶ 물의 온도에 따라 백반이 용해되는 양 비교하기

• 다르게 해야 할 조건과 같게 해야 할 조건

다르게 해야 할 조건	물의 온도
같게 해야 할 조건	물의 양, 물에 넣는 백반의 양, 유리 막대로 젓는 횟수 등

• 물의 온도가 높을수록 백반이 더 많이 용해됨.

따뜻한 물	차가운 물
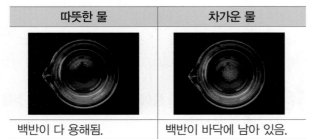	
백반이 다 용해됨.	백반이 바닥에 남아 있음.

❷ 물의 온도에 따라 용질이 용해되는 양

• 물의 온도에 따라 용질이 물에 용해되는 양이 달라짐.

• 물의 온도가 높을수록 용질이 많이 용해됨.

• 용질이 다 용해되지 않고 남아 있을 때 물의 온도를 높이면 남아 있는 용질을 더 많이 용해할 수 있음.

❸ 물의 온도에 따라 백반이 용해되는 양의 변화

• 차가운 물에 백반이 모두 용해되지 않고 바닥에 가라앉아 있는 비커를 가열하여 물의 온도를 높였을 때: 비커 바닥에 가라앉았던 백반 알갱이가 모두 용해되어 백반 용액이 투명해짐.

• 따뜻한 물에서 모두 용해된 백반 용액이 든 비커를 얼음물에 넣어 온도를 낮추었을 때: 온도가 낮아져 용해되지 못한 백반 알갱이가 다시 생겨서 바닥에 가라앉음.

❹ 용액의 진하기

• 같은 양의 용매에 용해된 용질의 많고 적은 정도를 용액의 진하기라고 함.

• 용매의 양이 같을 때 용해된 용질의 양이 많을수록 진한 용액임.

❺ 황설탕 용액의 진하기를 비교하는 방법

• 용액이 진할수록 더 단맛이 남.

• 용액이 진할수록 색깔이 더 진함.

흰 종이

• 용액이 진할수록 더 무거움.

• 용액이 진할수록 용액의 높이가 더 높음.

❻ 투명한 용액의 진하기를 비교하는 방법

• 용액에 물체를 넣어 물체가 뜨는 정도로 비교할 수 있음.

• 용액에 방울토마토, 청포도, 메추리알과 같은 물체를 넣었을 때 용액이 진할수록 높이 떠오름.

각설탕 한 개를 넣은 비커	각설탕 열 개를 넣은 비커
방울토마토가 바닥에 가라앉아 있음.	방울토마토가 위로 떠 오름.

정답과 해설 42쪽

01 따뜻한 물과 차가운 물에 백반이 용해되는 양을 비교하는 실험을 할 때 다르게 해야 할 조건은 무엇인지 쓰시오.

(   )

02 길쭉한 원기둥 모양이고, 일정한 간격으로 눈금과 숫자가 표시되어 있어 액체의 부피를 잴 때 사용하는 실험 기구의 이름은 무엇인지 쓰시오.

(   )

03 백반은 따뜻한 물과 차가운 물 중 어느 쪽에 더 많이 용해됩니까?

(   )

04 물의 양이 같을 때 물의 (   )이/가 높을수록 백반이 더 많이 용해됩니다.

05 백반이 모두 용해된 백반 용액이 든 비커를 얼음물에 넣으면 (   ) 알갱이가 다시 생겨서 비커 바닥에 가라앉습니다.

06 백반이 물에 다 용해되지 않고 남아 있는 비커를 (   )하면 남아 있던 백반이 다 용해됩니다.

07 같은 양의 용매에 용해된 용질의 많고 적은 정도를 용액의 (   )(이)라고 합니다.

08 같은 양의 물에 황색 각설탕 한 개를 용해한 용액과 황색 각설탕 열 개를 용해한 용액 중 더 단맛이 나는 용액은 어느 것인지 쓰시오.

(   )

09 황설탕 용액의 진하기를 비교하려면 비커 뒤에 흰 종이를 대고 용액의 (   )을/를 관찰합니다.

10 흰색 각설탕 한 개를 용해한 용액과 흰색 각설탕 열 개를 용해한 용액 중에서 용액의 진하기가 더 진한 것은 흰색 각설탕 (   ) 개를 용해한 용액입니다.

11 스타이로폼 공과 메추리알 중 용액의 진하기를 비교할 때 사용하기에 알맞은 것은 어느 것인지 쓰시오.

(   )

12 이스라엘과 요르단에 걸쳐 있으며, 물에 소금이 많이 용해되어 있어서 사람이 쉽게 물 위에 뜰 수 있는 호수의 이름은 무엇인지 쓰시오.

(   )

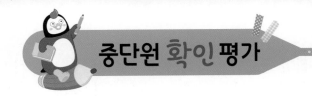
[01~03] 다음 실험 과정을 보고, 물음에 답하시오.

> 같은 양의 따뜻한 물과 차가운 물이 든 비커에 백반이 바닥에 가라앉을 때까지 백반을 각각 한 숟가락씩 넣으면서 유리 막대로 젓는다.

01 위의 실험에서 알아보려고 하는 것을 보기 에서 골라 기호를 쓰시오.

> **보기**
>
> ㉠ 물의 양에 따라 백반이 용해되는 양
> ㉡ 물의 온도에 따라 백반이 용해되는 양
> ㉢ 용매의 종류에 따라 백반이 용해되는 양

( )

중요
02 위의 실험에서 다르게 한 조건을 보기 에서 골라 기호를 쓰시오.

> **보기**
>
> ㉠ 물의 양   ㉡ 물의 온도
> ㉢ 용질의 종류   ㉣ 용매의 종류

( )

03 위의 실험 결과, 따뜻한 물과 차가운 물이 든 비커에서 나타난 변화를 바르게 선으로 연결하시오.

(1)  ·   · ㉠

(2)   ·   · ㉡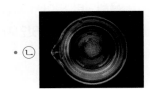

04 물의 양이 모두 같을 때 백반이 가장 적게 용해되는 물의 온도는 어느 것입니까? ( )

① 5 ℃   ② 10 ℃
③ 30 ℃   ④ 50 ℃
⑤ 70 ℃

05 물이 담긴 비커에 코코아 가루를 넣고 저었더니 다음과 같이 다 녹지 않고 바닥에 가라앉았습니다. 코코아 가루를 더 녹일 수 있는 방법으로 옳은 것을 보기 에서 골라 기호를 쓰시오.

> **보기**
>
> ㉠ 코코아 차를 얼음물에 담근다.
> ㉡ 코코아 차를 작은 비커에 옮긴다.
> ㉢ 코코아 차를 전자레인지에 넣고 데운다.

( )

06 백반이 모두 용해된 백반 용액이 든 비커를 얼음물에 넣었을 때 나타나는 결과로 옳은 것은 어느 것입니까? ( )

① 아무런 변화가 없다.
② 백반 용액의 양이 늘어난다.
③ 백반 용액의 양이 줄어든다.
④ 백반 용액의 온도가 높아진다.
⑤ 백반 알갱이가 다시 생겨 바닥에 가라앉는다.

07 소금물의 진하기를 비교하는 방법으로 옳지 <u>않은</u> 것을 보기 에서 골라 기호를 쓰시오.

보기

　⊙ 소금물의 맛을 본다.
　ⓒ 소금물의 색깔을 비교한다.
　ⓒ 소금물의 무게를 재어 비교한다.

(　　　　　)

08 다음과 같이 진하기가 다른 두 황설탕 용액에 메추리 알을 넣었을 때, 메추리알이 더 높이 떠오르는 것을 골라 기호를 쓰시오.

(가) 　　　(나)

(　　　　　)

09 황설탕 용액의 진하기를 비교하는 방법으로 옳지 <u>않은</u> 것은 어느 것입니까? (　　)

① 용액의 단맛을 비교한다.
② 용액의 색깔을 비교한다.
③ 용액의 온도를 측정해 비교한다.
④ 용액의 무게를 측정해 비교한다.
⑤ 용액에 방울토마토를 띄워서 비교한다.

[10~11] 다음은 같은 양의 물에 각각 다른 양의 소금을 용해한 소금물에 같은 방울토마토를 넣은 모습입니다. 물음에 답하시오.

(가) 　(나) 　(다)

10 위의 소금물의 진하기를 바르게 비교한 것은 어느 것입니까? (　　)

① (가) > (다) > (나)　　② (가) > (나) = (다)
③ (나) = (다) > (가)　　④ (다) > (가) > (나)
⑤ (다) > (나) > (가)

11 위의 소금물이 든 비커의 무게를 측정한 결과로 옳은 것은 어느 것입니까? (　　)

① 세 비커의 무게가 모두 같다.
② (가) 비커의 무게가 가장 가볍다.
③ (나) 비커의 무게가 가장 가볍다.
④ (나) 비커의 무게가 가장 무겁다.
⑤ (다) 비커의 무게가 가장 가볍다.

중요
12 용액의 진하기에 대한 설명으로 옳지 <u>않은</u> 것을 보기 에서 골라 기호를 쓰시오.

보기

　⊙ 같은 양의 용매에 용해된 용질의 많고 적은 정도이다.
　ⓒ 용액이 진할수록 메추리알과 같은 물체가 높이 떠오른다.
　ⓒ 같은 양의 용매에 용질이 적게 용해되어 있을수록 진한 용액이다.

(　　　　　)

대단원 종합 평가

01 다음 밑줄 친 물질 중에서 용매에 해당하는 것을 골라 기호를 쓰시오.

> 민주는 밖에서 놀고 집으로 들어와서 ㉠물에 ㉡아이스티 가루를 녹여 ㉢아이스티를 만들어 마셨다.

(   )

02 다음 (   ) 안에 들어갈 알맞은 말을 쓰시오.

> 소금과 같이 녹는 물질을 (㉠), 물과 같이 녹이는 물질을 (㉡), 소금이 물에 녹아 골고루 섞여 있는 물질을 (㉢)(이)라고 한다.

㉠ (   ), ㉡ (   ), ㉢ (   )

[03~04] 다음은 온도와 양이 같은 물이 든 세 개의 비커에 소금, 설탕, 멸치 가루를 각각 두 숟가락씩 넣고 유리 막대로 저은 모습입니다. 물음에 답하시오.

▲ 소금

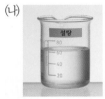
▲ 설탕

▲ 멸치 가루

03 위의 비커를 10분 동안 그대로 두었을 때, 물 위에 뜨거나 바닥에 가라앉은 물질이 있는 것을 골라 기호를 쓰시오.

(   )

04 위의 (가)~(다) 중에서 용액을 모두 골라 기호를 쓰시오.

(   )

05 각설탕을 물에 넣었을 때 나타나는 현상으로 옳은 것에 ○표 하시오.

(1) 작은 설탕 가루가 물 위에 떠 있다. (   )
(2) 각설탕이 작은 설탕 가루로 부서진다. (   )
(3) 부서진 설탕 가루가 모두 녹지 않고 바닥에 가라앉는다. (   )

[06~08] 다음은 물이 담긴 비커와 유리 막대, 각설탕이 놓인 시약포지의 무게를 측정하는 모습입니다. 물음에 답하시오.

06 위의 실험에서 무게를 잴 때 사용하는 기구의 이름을 쓰시오.

(   )

07 위의 실험에서 무게를 측정했더니 143 g이었습니다. 각설탕이 물에 모두 용해된 뒤 빈 시약포지, 유리 막대, 설탕물이 담긴 비커의 무게를 측정했을 때의 결과로 옳은 것은 어느 것입니까? (   )

① 120 g   ② 133 g   ③ 143 g
④ 153 g   ⑤ 160 g

08 위의 07번 답과 같은 결과가 나타난 까닭으로 옳은 것은 어느 것입니까? (   )

① 물에 용해된 설탕이 없어지기 때문이다.
② 물에 용해된 설탕은 무게가 없기 때문이다.
③ 물에 용해된 설탕은 무게가 늘어나기 때문이다.
④ 물에 용해된 설탕은 무게가 줄어들기 때문이다.
⑤ 물에 용해된 설탕은 물속에 골고루 섞여 있기 때문이다.

[09~11] 다음은 온도가 같은 물 **50 mL**가 담긴 세 개의 비커에 소금, 설탕, 베이킹 소다를 각각 한 숟가락씩 넣으면서 용해되는 양을 표로 나타낸 것입니다. 물음에 답하시오.

용질	약숟가락으로 넣은 횟수(회)							
	1	2	3	4	5	6	7	8
소금	○	○	○	○	○	○	○	△
설탕	○	○	○	○	○	○	○	○
베이킹 소다	○	△	㉠					

(용질이 다 용해되면 ○, 용질이 다 용해되지 않고 바닥에 남으면 △)

09 위의 표를 보고, ○와 △ 중에서 ㉠에 들어갈 알맞은 기호를 쓰시오.

( )

10 위의 표를 보고, 알 수 있는 사실로 옳은 것에 ○표 하시오.

(1) 용질이 물에 용해되기 전과 용해된 후의 무게는 같다. ( )

(2) 용질은 물에 용해되어도 없어지지 않고 물속에 남아 있다. ( )

(3) 온도와 양이 같은 물에 용해되는 용질의 양은 용질마다 다르다. ( )

11 위의 용질들을 온도가 같은 물 **100 mL**에 넣었을 때 각 용질이 용해되는 양이 많은 것부터 순서대로 쓰시오.

( )

12 같은 양의 설탕을 넣었을 때 설탕이 가장 많이 용해되는 물의 양으로 옳은 것은 어느 것입니까? (단, 물의 온도는 같습니다.) ( )

① 50 mL ② 100 mL
③ 150 mL ④ 200 mL
⑤ 250 mL

[13~14] 다음은 물의 온도에 따라 백반이 용해되는 양을 알아보는 실험입니다. 물음에 답하시오.

㉮ 눈금실린더로 10 ℃의 물과 40 ℃의 물을 60 mL씩 측정해 두 비커에 각각 담는다.
㉯ 각 비커에 백반이 바닥에 가라앉을 때까지 백반을 한 숟가락씩 넣고 유리 막대로 저으면서 변화를 관찰한다.

13 위의 실험에서 같게 해야 할 조건과 다르게 해야 할 조건을 보기 에서 골라 쓰시오.

보기

물의 양, 물의 온도, 백반의 양

(1) 같게 해야 할 조건	
(2) 다르게 해야 할 조건	

14 위의 실험 결과, 10 ℃의 물에 백반을 넣고 저었을 때의 모습으로 옳은 것을 골라 기호를 쓰시오.

㉠

㉡
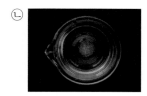

( )

15 따뜻한 물에 백반을 녹여 만든 백반 용액에서 백반 알갱이를 다시 얻을 수 있는 방법을 바르게 말한 친구의 이름을 쓰시오.

> • 민수: 용액이 담긴 비커를 냉장고에 넣으면 돼.
> • 정연: 용액이 담긴 비커에서 용액을 덜어내면 돼.
> • 수진: 용액이 담긴 비커를 따뜻한 물에 넣으면 돼.
> • 윤미: 용액이 담긴 비커를 전자레인지에 넣고 데우면 돼.

(   )

중요
16 용액의 진하기에 대한 설명으로 옳지 <u>않은</u> 것은 어느 것입니까? (   )

① 설탕물은 진할수록 더 달다.
② 용액이 진할수록 용액의 무게가 더 무겁다.
③ 색깔이 없는 용액의 진하기는 비교할 수 없다.
④ 용액의 높이를 측정해 용액의 진하기를 비교할 수 있다.
⑤ 황설탕 용액은 색깔로 용액의 진하기를 비교할 수 있다.

17 소금물의 진하기를 비교할 때 사용하기 알맞은 것은 어느 것입니까? (   )

① 철못   ② 지우개
③ 청포도   ④ 유리구슬
⑤ 스타이로폼 공

[18~20] 다음은 진하기가 다른 설탕물에 방울토마토를 넣은 모습입니다. 물음에 답하시오.

(가)   (나)   (다)

18 위의 (가)~(다) 중에서 가장 진한 설탕물을 골라 기호를 쓰시오.

(   )

19 위의 실험에 대한 설명으로 옳은 것은 어느 것입니까? (   )

① (가) 설탕물의 맛이 가장 달다.
② (나) 설탕물의 높이가 가장 낮다.
③ (다) 설탕물의 무게가 가장 가볍다.
④ 방울토마토 대신 메추리알을 사용해도 된다.
⑤ (다) 설탕물에 흰색 설탕을 더 넣으면 방울토마토가 가라앉는다.

20 위의 (나) 비커에 있는 방울토마토를 위로 더 떠오르게 할 수 있는 방법으로 옳은 것은 어느 것입니까?

(   )

① 비커에 물을 더 넣는다.
② 비커를 얼음물 속에 넣는다.
③ 비커에서 설탕물을 덜어낸다.
④ 비커에 흰색 설탕을 더 넣는다.
⑤ 설탕물을 작은 비커에 옮겨 담는다.

01 미숫가루를 탄 물이 용액인지 아닌지 쓰고, 그렇게 생각한 까닭을 쓰시오.

▲ 미숫가루 물

_____

_____

02 백반이 모두 용해된 백반 용액을 (개)와 같이 얼음물이 든 비커에 넣으면 (내)와 같이 백반 알갱이가 다시 생겨 비커 바닥에 가라앉습니다. 물음에 답하시오.

(가)
백반 용액
얼음물

(나)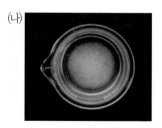

(1) 위 (내)와 같은 현상이 나타난 까닭을 쓰시오.

_____

_____

(2) 위 (내)의 비커에 따뜻한 물을 넣으면 어떻게 되는지 쓰시오.

_____

_____

03 다음과 같은 탐구 주제를 가지고 실험을 설계할 때, 같게 해야 할 조건과 다르게 해야 할 조건을 구분하여 쓰시오.

탐구 주제	백반 알갱이의 크기가 작을수록 백반이 물에 녹는 빠르기는 어떻게 될까?
(1) 같게 해야 할 조건	
(2) 다르게 해야 할 조건	

04 장을 담글 때 달걀이 소금물 위로 떠오르는 크기가 500원짜리 동전 크기일 때 소금물의 진하기가 알맞다고 합니다. 물음에 답하시오.

(1) 위와 같이 달걀이 소금물 위로 떠오르지 않고 소금물 속에 잠겨 있다면 어떻게 해야 하는지 쓰시오.

_____

_____

(2) 위에서 알 수 있는 용액의 진하기와 물체가 뜨는 정도와의 관계를 쓰시오.

_____

_____

❶ 실체 현미경

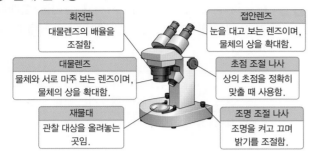

회전판
대물렌즈의 배율을 조절함.

접안렌즈
눈을 대고 보는 렌즈이며, 물체의 상을 확대함.

대물렌즈
물체와 서로 마주 보는 렌즈이며, 물체의 상을 확대함.

초점 조절 나사
상의 초점을 정확히 맞출 때 사용함.

재물대
관찰 대상을 올려놓는 곳임.

조명 조절 나사
조명을 켜고 끄며 밝기를 조절함.

❷ 곰팡이

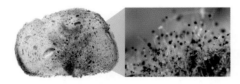

• 푸른색, 검은색, 하얀색 등의 곰팡이가 보임.
• 가는 선이 보이고, 작은 알갱이들이 있음.
• 머리카락 같은 가는 실 모양이 서로 엉켜 있음.
• 실 모양 끝에는 작고 둥근 알갱이가 있음.

❸ 버섯

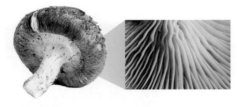

• 윗부분은 갈색이고, 아랫부분은 하얀색임.
• 윗부분은 둥글고 아랫부분은 길쭉함.
• 윗부분 안쪽에는 주름이 많고 깊게 파여 있음.
• 식물에 있는 줄기나 잎과 같은 모양은 볼 수 없음.

❹ 균류의 특징

• 대부분 몸 전체가 가는 실 모양의 균사로 이루어져 있음.
• 포자를 이용하여 번식함.
• 생김새나 생활 방식이 식물이나 동물과 다름.
• 죽은 생물이나 다른 생물에서 양분을 얻어 살아감.
• ⑩ 버섯, 곰팡이 등

❺ 광학 현미경

대물렌즈
재물대
조리개
조명
접안렌즈
회전판
조동 나사
미동 나사
조명 조절 나사

❻ 짚신벌레와 해캄

짚신벌레	해캄
• 점 모양으로 보이고, 생김새는 보이지 않음. • 끝이 둥글고 길쭉한 모양이고, 바깥쪽에 가는 털이 있음. • 안쪽에 여러 가지 모양이 보임.	• 초록색이고, 가늘고 길며 여러 가닥이 뭉쳐 있음. • 길고 머리카락 같은 모양임. • 여러 개의 마디로 이루어져 있으며, 여러 개의 가는 선 안에 초록색 알갱이가 있음.

❼ 원생생물의 특징

• 생김새와 모양이 매우 다양함.
• 동물이나 식물에 비해 생김새가 단순함.
• ⑩ 짚신벌레, 해캄, 종벌레, 유글레나 등

❽ 세균의 특징

• 하나의 세포이며 균류나 원생생물보다 크기가 더 작고 생김새가 단순함.
• 종류가 매우 많고 생김새가 다양함.
• 하나씩 따로 떨어져 있거나 여러 개가 서로 연결되어 있기도 함.
• 땅이나 물, 공기, 다른 생물의 몸, 연필과 같은 물체 등 우리 주변의 다양한 곳에서 삶.
• 살기에 알맞은 조건이 되면 짧은 시간 안에 많은 수로 늘어날 수 있음.

01 곰팡이와 버섯을 관찰할 때 사용하고, 초점 조절 나사로 상의 초점을 정확히 맞추어 관찰하는 비교적 낮은 배율의 현미경은 무엇인지 쓰시오.

(   )

02 곰팡이나 버섯과 같은 생물을 무엇이라고 하는지 쓰시오.

(   )

03 곰팡이와 버섯은 몸체가 가늘고 긴 실 모양의 (   )(으)로 이루어져 있습니다.

04 곰팡이와 버섯은 (   )(으)로 번식합니다.

05 곰팡이나 버섯과 같은 생물은 대부분 죽은 생물이나 다른 생물에서 (   )을/를 얻어 살아갑니다.

06 광학 현미경에서 빛의 양을 조절할 때 사용하는 부분의 이름은 무엇인지 쓰시오.

(   )

07 광학 현미경으로 물체를 관찰할 때, (   )(으)로 재물대를 천천히 내리면서 접안렌즈로 물체를 찾고, (   )(으)로 물체가 뚜렷하게 보이도록 초점을 정확하게 맞춥니다.

08 광학 현미경으로 보았을 때 끝이 둥글고 길쭉한 모양이고 바깥쪽에 가는 털이 있으며, 안쪽에 여러 가지 모양이 보이는 것은 짚신벌레와 해캄 중 어느 것인지 쓰시오.

(   )

09 광학 현미경으로 보았을 때 여러 개의 마디로 이루어져 있으며, 초록색 알갱이가 보이는 것은 짚신벌레와 해캄 중 어느 것인지 쓰시오.

(   )

10 생김새와 모양이 매우 다양하고, 동물이나 식물에 비해 생김새가 단순하며, 짚신벌레나 해캄 등이 속하는 생물을 무엇이라고 하는지 쓰시오.

(   )

11 크기가 매우 작아 맨눈으로 볼 수 없고, 공 모양, 막대 모양, 나선 모양 등 다양한 생김새를 가지고 있으며 우리 주변의 다양한 곳에서 사는 생물은 무엇인지 쓰시오.

(   )

12 세균은 살기에 알맞은 조건이 되면 짧은 시간 안에 많은 수로 (   ) 수 있습니다.

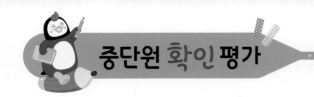

01 빵에 자란 곰팡이를 관찰할 때 주의할 점으로 옳은 것을 보기 에서 골라 기호를 쓰시오.

보기

> ㉠ 마스크를 착용하지 않는다.
> ㉡ 반드시 장갑을 착용하고 관찰한다.
> ㉢ 곰팡이의 맛을 보고 냄새를 맡아본다.

(   )

02 곰팡이에 대한 설명으로 옳은 것은 어느 것입니까?

(   )

① 생물이 아니다.
② 꽃이 피고 씨로 번식한다.
③ 뿌리, 줄기, 잎과 같은 모양이 있다.
④ 푸른색, 검은색 등 색깔이 다양하다.
⑤ 맨눈으로 관찰해도 생김새를 정확히 알 수 있다.

03 버섯에 대한 설명으로 옳은 것은 어느 것입니까?

(   )

① 식물이다.
② 줄기와 잎이 있다.
③ 물속에 잠겨서 산다.
④ 건조한 곳에서 산다.
⑤ 윗부분 안쪽에 주름이 많이 있다.

04 곰팡이가 사는 환경에 대한 설명으로 옳지 <u>않은</u> 것은 어느 것입니까? (   )

① 따뜻한 곳에서 잘 자란다.
② 축축한 곳에서 잘 자란다.
③ 식물 잎에서 자라기도 한다.
④ 목욕탕 벽과 같은 곳에서도 잘 자란다.
⑤ 주로 햇빛이 많이 드는 곳에서 잘 자란다.

05 중요 균류와 식물의 공통점에 대한 설명으로 옳은 것은 어느 것입니까? (   )

① 생물이다.
② 포자로 번식한다.
③ 스스로 양분을 만든다.
④ 주로 축축한 곳에서 잘 자란다.
⑤ 가는 실 모양의 균사로 이루어져 있다.

06 짚신벌레를 관찰한 결과로 옳지 <u>않은</u> 것은 어느 것입니까? (   )

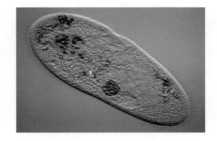

① 긴 꼬리가 달려 있다.
② 둥글고 길쭉한 모양이다.
③ 바깥쪽에 가는 털이 있다.
④ 아주 작은 점이 여러 개 보인다.
⑤ 안쪽에는 여러 가지 모양이 보인다.

07 해캄에 대한 설명으로 옳지 <u>않은</u> 것은 어느 것입니까? (   )

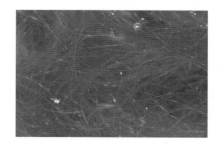

① 가늘고 긴 모양이다.
② 전체적으로 초록색이다.
③ 여러 가닥이 서로 뭉쳐 있다.
④ 뿌리, 줄기, 잎과 같은 모양이 없다.
⑤ 끝이 둥글고 길쭉하며, 바깥쪽에 가는 털이 있다.

08 짚신벌레와 해캄의 공통점이 <u>아닌</u> 것을 [보기] 에서 골라 기호를 쓰시오.

> **보기**
> ㉠ 살아 있는 생물이다.
> ㉡ 주로 물살이 센 곳에서 산다.
> ㉢ 식물이나 동물에 비해 단순한 모양이다.

(   )

09 짚신벌레와 해캄이 사는 곳으로 적당하지 <u>않은</u> 것은 어느 것입니까? (   )

① 논   ② 연못
③ 바다   ④ 하천
⑤ 도랑

10 다음과 같이 여러 가지 세균을 보고 알 수 있는 사실로 옳은 것은 어느 것입니까? (   )

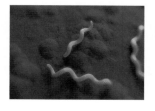

① 모든 세균은 꼬리가 있다.
② 모든 세균은 막대 모양이다.
③ 모든 세균은 여러 개가 서로 연결되어 있다.
④ 세균은 균류나 원생생물에 비해 생김새가 단순하다.
⑤ 세균은 식물이 가지고 있는 뿌리, 줄기, 잎을 가지고 있다.

11 세균이 사는 곳에 대한 설명으로 옳은 것을 [보기] 에서 골라 기호를 쓰시오.

> **보기**
> ㉠ 바닷물에서는 살 수 없다.
> ㉡ 생물의 몸에서만 살 수 있다.
> ㉢ 우리 주변 어느 곳에서나 살 수 있다.

(   )

중요
12 세균에 대한 설명으로 옳지 <u>않은</u> 것은 어느 것입니까? (   )

① 종류가 매우 많다.
② 원생생물보다 생김새가 복잡하다.
③ 동물이나 식물에 비해 크기가 매우 작다.
④ 주변에서 영양분을 얻고 자라며 번식한다.
⑤ 살기에 알맞은 조건이 되면 짧은 시간 안에 많은 수로 늘어난다.

❶ 다양한 생물이 우리 생활에 미치는 이로운 영향
- 된장이나 간장을 만들 때 곰팡이가 이용됨.
- 우리 몸에 이로운 유산균과 같은 세균은 해로운 세균으로부터 건강을 지켜줌.
- 세균 중 젖산균을 이용해 김치나 요구르트를 만듦.
- 균류와 세균은 죽은 생물이나 배설물을 작게 분해하여 자연으로 되돌려 보내 지구의 환경을 유지하는 데 도움을 줌.
- 원생생물은 주로 다른 생물의 먹이가 되어 양분을 제공하고, 산소를 만듦.

▲ 된장을 만드는 데 활용되는 누룩 곰팡이   ▲ 요구르트를 만드는 데 활용되는 세균   ▲ 산소를 만드는 해캄

❷ 다양한 생물이 우리 생활에 미치는 해로운 영향
- 일부 곰팡이와 세균은 다른 생물에게 여러 가지 질병을 일으키고, 음식을 상하게 함.
- 일부 곰팡이와 세균은 집, 가구와 같은 물건을 상하게 함.
- 일부 균류는 먹으면 생명이 위험할 수 있음.
- 일부 원생생물이 호수나 바다와 같은 곳에 급격히 번식하면 적조를 일으켜 다른 생물이 살기 어려움.

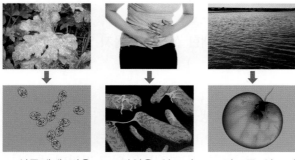

▲ 식물에게 병을 일으키는 균류   ▲ 장염을 일으키는 세균   ▲ 적조를 일으키는 원생생물

❸ 다양한 생물이 우리 생활에 미치는 이로운 영향은 늘리고 해로운 영향은 줄이는 방법
- 곰팡이를 이용해 만든 된장이나 간장으로 음식 만들어 먹기
- 젖산균이 들어 있는 김치나 요구르트 같은 음식 먹기
- 외출 후 집에 돌아오면 손을 깨끗이 씻기
- 음식은 건조하고 시원한 곳에 보관하기
- 적조를 줄이기 위해 음식물 쓰레기에서 발생하는 생활 하수를 되도록 만들지 않기

❹ 첨단 생명 과학이 우리 생활에 활용되는 예
- 첨단 생명 과학: 생명을 대상으로 하는 과학 중에 최신 기술을 적용한 것으로, 최신의 생명 과학 기술이나 연구 결과를 활용해 우리 생활의 여러 가지 문제를 해결하는 데 도움을 줌.
- 첨단 생명 과학이 활용되는 예

질병 치료	세균을 자라지 못하게 하는 일부 곰팡이의 특성을 이용해 질병을 치료하는 약을 만듦.
건강식품	클로렐라와 같이 원생생물 중 영양소가 풍부한 것은 건강식품을 만드는 데 이용됨.
생물 농약	세균과 곰팡이가 해충에게만 질병을 일으키는 특성을 활용하여 생물 농약을 만듦.
생물 연료	해캄 등의 원생생물이 양분을 만드는 특성을 이용하여 생물 연료를 만듦.
하수 처리	물질을 분해하는 세균의 특성을 활용하여 오염된 물을 깨끗하게 만듦.
제품 생산	플라스틱의 원료를 가진 세균을 이용하여 쉽게 분해되는 플라스틱 제품을 만듦.

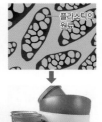

▲ 세균을 자라지 못하게 하는 곰팡이로 질병을 치료함.   ▲ 영양소가 풍부한 원생생물로 건강식품을 만듦.   ▲ 플라스틱 원료를 가진 세균을 이용해 플라스틱 제품을 만듦.

정답과 해설 45쪽

01 된장이나 간장을 만들 때 이용되는 생물은 곰팡이와 원생생물 중 어느 것인지 쓰시오.

( )

02 우리 몸에 이로운 유산균과 같은 ( )은/는 해로운 세균으로부터 건강을 지켜줍니다.

03 해캄과 같은 원생생물은 ( )을/를 만들어 지구의 생물이 숨을 쉬며 살아갈 수 있게 해 줍니다.

04 세균을 이용해 만드는 음식을 두 가지 쓰시오.

(,)

05 균류, 원생생물, 세균 중에서 죽은 생물이나 배설물을 작게 분해하여 자연으로 되돌려 보내 지구의 환경을 유지하는 데 도움을 주는 것은 ( )와/과 ( )입니다.

06 일부 원생생물이 호수나 바다와 같은 곳에 급격히 번식하여 바닷물이 붉게 변하는 현상을 무엇이라고 하는지 쓰시오.

( )

07 포도상 구균 감염, 흑사병, 탄저병 등은 균류, 세균, 원생생물 중 무엇에 의한 감염인지 쓰시오.

( )

08 음식을 건조하고 시원한 곳에 보관해 곰팡이가 생기지 않도록 하는 것은 다양한 생물이 우리 생활에 미치는 ( ) 영향을 줄이는 방법입니다.

09 최신의 생명 과학 기술이나 연구 결과를 활용하여 우리 생활의 여러 가지 문제를 해결하는 것은 무엇인지 쓰시오.

( )

10 물질을 ( )하는 세균의 특성을 활용해 하수 처리를 합니다.

11 클로렐라와 같이 원생생물 중 ( )이/가 풍부한 것은 건강식품을 만드는 데 이용됩니다.

12 해충에게만 질병을 일으키는 특성을 가진 곰팡이나 세균을 활용하여 농작물의 피해를 줄이고 환경 오염을 일으키지 않는 ( )을/를 만듭니다.

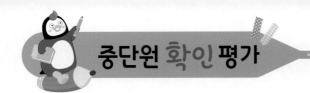
01 균류나 세균을 이용하여 만드는 음식이 <u>아닌</u> 것은 어느 것입니까? (　　)

① 김치　　　　　② 치즈
③ 미역국　　　　④ 된장국
⑤ 요구르트

02 중요 다음은 원생생물이 우리 생활에 미치는 영향에 대한 설명입니다. (　　) 안에 들어갈 알맞은 말은 어느 것입니까? (　　)

원생생물은 주로 다른 생물의 먹이가 되거나 생물이 숨을 쉬며 살 수 있도록 (　　　)을/를 만들기도 한다.

① 물　　　　　　② 산소
③ 질소　　　　　④ 수소
⑤ 이산화 탄소

03 우리 생활에 이로운 영향을 미치는 생물로 옳은 것은 어느 것입니까? (　　)

① 벽면에 자란 곰팡이
② 장염을 일으키는 세균
③ 적조를 일으키는 원생생물
④ 식물에게 병을 일으키는 균류
⑤ 김치를 만드는 데 활용되는 세균

04 다양한 생물이 우리 생활에 미치는 해로운 영향을 보기 에서 골라 기호를 쓰시오.

보기

㉠ 일부 곰팡이는 음식을 상하게 한다.
㉡ 균류와 세균은 죽은 생물을 분해한다.
㉢ 원생생물은 주로 다른 생물의 먹이가 되어 양분을 제공한다.

(　　　　　　　　　)

05 다양한 생물이 우리 생활에 미치는 이로운 영향으로 옳은 것은 어느 것입니까? (　　)

① 세균은 음식을 상하게 한다.
② 곰팡이를 활용해 된장을 만든다.
③ 균류가 집과 가구를 못쓰게 한다.
④ 독버섯을 먹으면 생명이 위험할 수 있다.
⑤ 원생생물이 물고기에 붙어 물고기의 껍질을 먹는다.

06 중요 곰팡이나 세균이 사라졌을 때 나타날 수 있는 현상으로 옳지 <u>않은</u> 것을 보기 에서 골라 기호를 쓰시오.

보기

㉠ 음식이나 물건 등이 상하지 않는다.
㉡ 우리 주변이 죽은 생물로 가득 차게 된다.
㉢ 산소의 양이 부족해져 동물은 살지 못하고 식물만 살 수 있다.

(　　　　　　　　　)

07 첨단 생명 과학에 대한 설명으로 옳지 <u>않은</u> 것을 보기 에서 골라 기호를 쓰시오.

보기

⊙ 동물이나 식물의 특징만 연구한다.
ⓒ 최신 과학 기술을 이용해 생물의 특징을 연구한다.
ⓒ 생명 현상의 연구 결과로 우리 생활의 다양한 문제를 해결한다.

(   )

08 다음은 질병을 치료하는 약을 만들 때 활용되는 생물입니다. 이 생물의 특징으로 옳은 것은 어느 것입니까? (   )

① 영양소가 풍부하다.
② 번식이 매우 느리다.
③ 오염 물질을 분해한다.
④ 세균을 자라지 못하게 한다.
⑤ 해충에게만 질병을 일으킨다.

09 첨단 생명 과학이 우리 생활에 활용되는 예와 활용되는 생물을 잘못 짝 지은 것을 보기 에서 골라 기호를 쓰시오.

보기

⊙ 하수 처리: 물질을 분해하는 세균
ⓒ 생물 연료: 양분을 만드는 곰팡이
ⓒ 제품 생산: 플라스틱의 원료를 가진 세균

(   )

10 다음과 같은 건강식품을 만드는 데 이용한 생물의 특성으로 옳은 것은 어느 것입니까? (   )

① 물질을 분해한다.
② 질병을 일으킨다.
③ 영양소가 풍부하다.
④ 음식을 상하게 한다.
⑤ 세균을 자라지 못하게 한다.

11 생물 농약으로 활용되는 생물로 옳은 것은 어느 것입니까? (   )

① 양분을 만드는 원생생물
② 오염 물질을 분해하는 세균
③ 플라스틱의 원료를 가진 세균
④ 세균을 자라지 못하게 하는 균류
⑤ 해충에게만 질병을 일으키는 곰팡이

중요
12 첨단 생명 과학을 우리 생활에 활용한 예가 <u>아닌</u> 것은 어느 것입니까? (   )

① 해캄 등의 생물을 이용해 연료를 만든다.
② 된장을 이용해 여러 가지 음식을 만든다.
③ 플라스틱의 원료를 가진 세균으로 생활용품을 만든다.
④ 물질을 분해하는 세균의 특성을 활용해 하수 처리를 한다.
⑤ 얼음을 만드는 물질을 가진 세균을 이용해 인공 눈을 만든다.

[01~03] 다음 실험 기구를 보고, 물음에 답하시오.

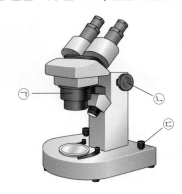

01 위 실험 기구의 이름으로 옳은 것은 어느 것입니까?
( )

① 돋보기
② 망원경
③ 눈금실린더
④ 페트리 접시
⑤ 실체 현미경

02 위의 실험 기구 각 부분의 기호와 이름을 바르게 선으로 연결하시오.

㉠ •   • 회전판

㉡ •   • 조명 조절 나사

㉢ •   • 초점 조절 나사

03 위의 실험 기구로 곰팡이를 관찰한 모습으로 옳은 것에 ○표 하시오.

(1)   (2)

( )   ( )

[04~05] 다음은 버섯과 곰팡이를 실체 현미경으로 관찰하고 그린 것입니다. 물음에 답하시오.

04 위의 버섯과 곰팡이의 몸을 이루고 있는 ㉠을 무엇이라고 하는지 쓰시오.

( )

05 위의 버섯과 곰팡이가 잘 자라는 환경으로 옳은 것은 어느 것입니까? ( )

① 어떤 환경에서도 잘 자란다.
② 춥고 축축한 환경에서 잘 자란다.
③ 춥고 건조한 환경에서 잘 자란다.
④ 따뜻하고 축축한 환경에서 잘 자란다.
⑤ 따뜻하고 건조한 환경에서 잘 자란다.

06 ^{중요} 균류에 대한 설명으로 옳은 것을 보기 에서 골라 기호를 쓰시오.

보기
㉠ 씨로 번식한다.
㉡ 곰팡이와 버섯이 속한다.
㉢ 광합성을 통해 스스로 양분을 만든다.
㉣ 가늘고 긴 실 모양의 포자로 이루어져 있다.

( )

07 균류와 식물의 공통점으로 옳은 것은 어느 것입니까?
( )

① 모두 생물이다.
② 씨로 번식한다.
③ 모두 먹을 수 있다.
④ 대부분 초록색이다.
⑤ 뿌리, 줄기, 잎이 없다.

10 짚신벌레와 해캄이 사는 곳으로 알맞은 것은 어느 것입니까? ( )

① 모래가 많은 사막
② 물살이 빠른 계곡
③ 파도가 세게 치는 바다
④ 연못과 같이 물이 고인 곳
⑤ 햇빛이 잘 비치지 않는 땅속

08 짚신벌레 영구 표본을 광학 현미경으로 관찰할 때, 가장 먼저 해야 할 일로 옳은 것은 어느 것입니까?
( )

① 조리개로 빛의 양을 조절한다.
② 영구 표본을 재물대의 가운데에 고정한다.
③ 배율이 가장 낮은 대물렌즈가 중앙에 오도록 한다.
④ 조동 나사로 재물대를 내리면서 미동 나사로 정확한 초점을 맞춘다.
⑤ 조동 나사로 재물대를 올려 영구 표본과 대물렌즈의 거리를 최대한 가깝게 한다.

11 우리 주변에 사는 원생생물이 아닌 것은 어느 것입니까? ( )

① 해캄   ② 반달말
③ 아메바   ④ 짚신벌레
⑤ 푸른곰팡이

12 세균에 대한 설명으로 옳은 것을 보기 에서 골라 기호를 쓰시오.

보기
ㄱ 종류가 다양하다.
ㄴ 크기가 커서 맨눈으로도 관찰할 수 있다.
ㄷ 번식이 매우 어려워 수가 잘 늘어나지 않는다.

( )

09 광학 현미경으로 관찰한 짚신벌레 영구 표본의 모습으로 옳지 않은 것을 보기 에서 골라 기호를 쓰시오.

보기
ㄱ 바깥쪽에 가는 털이 있다.
ㄴ 끝이 둥글고 길쭉한 모양이다.
ㄷ 안쪽에 여러 가지 모양이 보인다.
ㄹ 여러 개의 마디로 이루어져 있다.

( )

13 세균이 사는 곳에 대한 설명으로 옳은 것은 어느 것입니까? ( )

① 세균은 생물의 몸에서만 산다.
② 세균은 바닷물에서는 살 수 없다.
③ 세균은 공기 중에서는 살 수 없다.
④ 세균은 연필과 같은 물체에는 살지 못한다.
⑤ 세균은 우리 주변의 어느 곳에서나 살 수 있다.

14 균류를 이용해 만든 음식으로 옳은 것은 어느 것입니까? ( )

① 우유   ② 버터
③ 간장   ④ 김치
⑤ 요구르트

15 다음 세균을 보고, ( ) 안에 공통으로 들어갈 알맞은 말을 쓰시오.

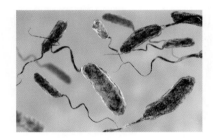

> 막대 모양으로 구부러져 있고 ( )이/가 달려 있어 ( )을/를 이용하여 이동한다.

( )

16 다양한 생물이 우리 생활에 미치는 해로운 영향을 보기 에서 골라 기호를 쓰시오.

> **보기**
> ㉠ 세균을 이용해 김치나 요구르트를 만든다.
> ㉡ 원생생물은 다른 생물에게 양분을 제공한다.
> ㉢ 세균은 우리 몸에 여러 가지 질병을 일으킨다.
> ㉣ 곰팡이는 죽은 생물이나 배설물을 작게 분해한다.

( )

17 세균이 우리 생활에 미치는 이로운 영향으로 옳은 것은 어느 것입니까? ( )

① 감염을 일으킨다.
② 우리 몸에 질병을 일으킨다.
③ 지구의 온도를 높아지게 한다.
④ 우리 주변의 물건을 상하게 한다.
⑤ 죽은 생물을 작게 분해하여 지구의 환경이 유지되도록 한다.

18 양분을 만드는 특성이 있어서 생물 연료로 이용되는 생물을 골라 ○표 하시오.

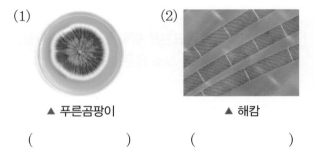

(1) ▲ 푸른곰팡이   (2) ▲ 해캄

( )   ( )

중요
19 첨단 생명 과학이 활용되는 예로 옳지 <u>않은</u> 것은 어느 것입니까? ( )

① 김치를 만들 때 젖산균이 이용된다.
② 양분을 만드는 해캄을 이용해 기름을 만든다.
③ 영양소가 풍부한 원생생물을 건강식품을 만드는 데 활용한다.
④ 물질의 분해하는 세균을 이용해 오염된 물을 깨끗하게 만든다.
⑤ 스키장에서 인공 눈을 만드는 데 얼음을 만드는 물질이 가진 세균을 활용한다.

20 생물을 활용하는 첨단 생명 과학의 좋은 점으로 옳지 <u>않은</u> 것은 어느 것입니까? ( )

① 건강식품을 만든다.
② 환경이 깨끗해진다.
③ 생활 하수를 처리한다.
④ 사람에게 해로운 물질을 만든다.
⑤ 질병을 치료하는 약을 개발한다.

01 곰팡이와 버섯이 공통적으로 양분을 얻는 방법을 쓰시오.

▲ 빵에 자란 곰팡이   ▲ 버섯

_____

_____

_____

03 다음은 헬리코박터 파일로리균을 현미경으로 본 모습입니다. 생김새의 특징을 한 가지 쓰시오.

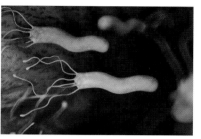

▲ 헬리코박터 파일로리균

_____

_____

_____

02 다음과 같이 해캄 표본을 만들어 광학 현미경으로 관찰하려고 합니다. 물음에 답하시오.

받침 유리   해캄   덮개 유리

▲ 해캄을 받침 유리 위에   ▲ 덮개 유리를 덮기
올려놓기

(1) 위와 같이 해캄 표본을 만들 때 주의할 점을 쓰시오.

_____

_____

_____

(2) 위와 같이 만든 해캄 표면을 광학 현미경으로 관찰한 결과를 한 가지 쓰시오.

_____

_____

_____

04 만약 곰팡이나 세균이 사라진다면 우리 생활이 어떻게 달라질지 예상하여 쓰시오.

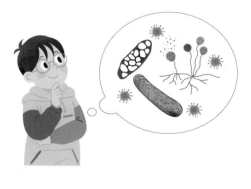

_____

_____

_____

큰곰자리 이야기

별자리에는 저마다 이야기가 담겨 있어요. 큰곰자리에는 그리스 신화에 나오는 아름다운 공주 칼리스토의 슬픈 이야기가 전해진답니다. 옛날 아르카디아라는 왕국에는 아름다운 공주 칼리스토가 있었어요. 너무 아름답고 사랑스러운 모습에 하늘의 최고의 신 제우스도 한눈에 반했지요. 제우스와 사랑에 빠진 칼리스토는 제우스의 아들 아르카스를 낳았어요. 하지만 이를 알게 된 제우스의 부인 헤라 여신은 단단히 화가 났지요. 그래서 아름다운 칼리스토를 털복숭이 커다란 곰으로 만들어 버렸답니다.

오늘은 곰을 한 마리 사냥해 볼까? 앗! 곰이다.

아니? 내 아들 아르카스가 이렇게 자라 성인이 되었구나. 얘야, 내가 엄마란다.

어? 곰이 도망가지도 않네? 잘됐다.

아르카스, 쏘지 마. 난 네 엄마란다. 우워~

안되겠구나. 곰과 아르카스를 하늘의 별로 만들어야겠어.

칼리스토는 큰곰자리, 아르카스는 작은곰자리가 되었답니다.

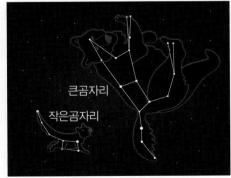

큰곰자리
작은곰자리

큰곰자리의 꼬리 부분에 북두칠성이 있어요. 국자 모양 북두칠성의 손잡이 부분이 큰 곰의 꼬리이지요.

카시오페이아자리 이야기

카시오페이아는 그리스 신화에 나오는 에티오피아의 왕비 이름이에요. 카시오페이아는 아름다운 모습을 가지고 있었지요. 자기가 예쁘다는 것을 잘 알고 있었던 왕비는 어디를 가나 자신의 예쁨을 뽐내고 다녔답니다. 이를 본 바다 요정들은 카시오페이아를 미워하게 되었어요.

괴물 고래가 안드로메다를 잡아 먹으려 하자, 페르세우스가 괴물 고래를 물리쳤어요.

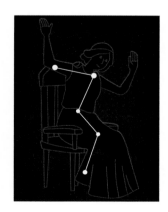

카시오페이아자리는 은하수가 지나가는 길목에 있기 때문에 다른 곳보다 더 많은 별자리를 볼 수 있습니다. 날씨가 맑은 날 밤, 주변에 불빛이 없는 곳이라면 맨눈으로도 은하수를 관찰할 수 있습니다.
특히 카시오페이아자리 W자의 오른쪽 끝에 있는 별 두 개를 같은 길이만큼 이은 곳에는 M52라는 성단★이 있는데, 망원경만 있어도 뿌연 성단의 모습을 볼 수 있습니다.

★ 성단 : 수백 개에서 수십만 개의 별로 이루어진 별들의 집단

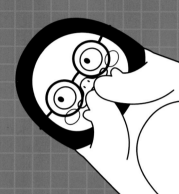
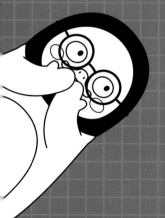

EBS와 **교보문고**가 함께하는 듄듄한 스터디메이트!

듄듄한 할인 혜택을 담은 **학습용품**과 **참고서**를 한 번에!

기프트/도서/음반 추가 할인 쿠폰팩

COUPON
PACK

+QR코드를 스캔하시면 듄듄문고 쿠폰팩을 다운받을 수 있는 이벤트 페이지로 연결됩니다+

EBS

새 교육과정 반영

중학 내신 영어듣기,
초등부터
미리 대비하자!

초등 영어 듣기 실전 대비서

영어듣기평가 완벽대비

전국 시·도교육청 영어듣기능력평가 시행 방송사 EBS가 만든
초등 영어듣기평가 완벽대비

'듣기 - 받아쓰기 - 문장 완성'을 통한 반복 듣기 →	듣기 집중력 향상 + 영어 어순 습득
다양한 유형의 **실전 모의고사 10회** 수록 →	각종 영어 듣기 시험 대비 가능
딕토글로스* 활동 등 **수행평가 대비 워크시트** 제공 →	중학 수업 미리 적응

* Dictogloss, 듣고 문장으로 재구성하기

Q | https://on.ebs.co.kr

★ ★ ★ ★ ★
초등 공부의 모든 것
EBS 초등ON

제대로 배우고 익혀서 (溫)
더 높은 목표를 향해 위로 올라가는 비법 (ON)
초등온과 함께 **즐거운 학습경험**을 쌓으세요!

EBS 초등 ON

아직 기초가 부족해서
차근차근
공부하고 싶어요.

조금 어려운 내용에
도전해보고 싶어요.

영어의 모든 것!
체계적인
영어공부를 원해요.

조금 어려운
내용에
도전해보고
싶어요.

학습 고민이 있나요?
초등온에는
친구들의 고민에 맞는
다양한 강좌가 준비되어 있답니다.

학교 진도에
맞춰
공부하고
싶어요.

초등 ON 이란?

EBS가 직접 제작하고 분야별 전문 교육업체가 개발한
다양한 콘텐츠를 바탕으로,

대표강좌

초등 목표달성을 위한 <초등온> 서비스를 제공합니다.

BOOK 3

해설책

BOOK 3 해설책으로
틀린 문제의 해설도 확인해 보세요!

과학 5-1

만점왕

예습, 복습, 숙제까지 해결되는
교과서 완전 학습서

초|등|부|터 EBS

EBS초등 인터넷·모바일·TV
무료 강의 제공

BOOK 3
해설책

BOOK 3
해설책

만점왕 과학
5-1

2 단원
온도와 열

(1) 온도의 의미와 온도 변화

탐구 문제	18쪽

1 ㉠ **2** (1) ○ (2) ○ (4) ○

1 비커에 담긴 따뜻한 물은 시간이 지날수록 온도가 점점 낮아집니다.

2 온도가 다른 두 물질이 접촉하면 따뜻한 물질의 온도는 점점 낮아지고, 차가운 물질의 온도는 점점 높아집니다. 그리고 두 물질이 접촉한 채로 시간이 지나면 두 물질의 온도는 같아집니다.
(3) 열은 온도가 높은 비커에 담긴 물에서 온도가 낮은 음료수 캔에 담긴 물로 이동합니다.

핵심 개념 문제	19~22쪽

01 ㉠ 차갑고, ㉡ 뜨겁다 **02** 온도 **03** ㉣ **04** ℃ **05** ④
06 ② **07** 알코올 온도계 **08** ㉠, ㉡, ㉢ **09** ㉢ **10** 수평
11 ②, ⑤ **12** ㉣ **13** ㉠ 높아지고, ㉡ 낮아진다 **14** (3) ○
15 ㉢ **16** ←

01 따뜻하거나 차가운 정도를 표현하는 말에는 '따뜻하다', '뜨겁다', '미지근하다', '시원하다', '차갑다' 등이 있습니다.

02 차갑거나 따뜻한 정도를 말로만 표현하면 얼마나 차갑거나 따뜻한지 정확하게 알 수 없어 의사소통에 불편함이 생길 수 있습니다. 따라서 물질의 차갑거나 따뜻한 정도를 온도로 나타냅니다.

03 두 물질의 온도를 측정하면 차갑거나 따뜻한 정도를 정확하게 알 수 있어 어떤 물질이 더 차갑거나 따뜻한지 정확하게 비교할 수 있습니다.

04 온도는 숫자에 단위 ℃(섭씨도)를 붙여 나타냅니다.

05 우리 생활에서 온도를 정확하게 측정해야 할 때는 병원에서 환자의 체온을 잴 때, 어항 속 물의 온도가 물고기가 살기에 적절한지 확인할 때, 새우튀김을 요리할 때 등이 있습니다.

06 비닐 온실에서 배추를 재배할 때나 새우튀김을 요리할 때 온도를 정확하게 측정해야 합니다.

07 물의 온도는 알코올 온도계로 측정합니다.

08 적외선 온도계는 주로 컵이나 땅, 필통과 같은 고체의 온도를 측정할 때 사용합니다. ㉣ 공기의 온도는 알코올 온도계로 측정합니다.

09 알코올 온도계는 고리, 몸체, 액체샘으로 이루어져 있습니다.

10 알코올 온도계의 눈금을 읽을 때는 액체 기둥의 끝이 닿은 위치에 수평으로 눈높이를 맞추어 읽습니다.

11 쓰임새에 맞는 온도계를 사용해야 온도를 정확하고 편리하게 측정할 수 있습니다.
① 책상의 온도, ③ 철봉의 온도, ④ 교실 벽의 온도는 적외선 온도계로 측정합니다.

12 물질의 온도는 물질이 놓인 장소에 따라 다를 수 있습니다.

13 음료수 캔에 담긴 차가운 물의 온도는 점점 높아지고, 비커에 담긴 따뜻한 물의 온도는 점점 낮아집니다.

14 열은 온도가 높은 비커에 담긴 따뜻한 물에서 온도가 낮은 음료수 캔에 담긴 차가운 물로 이동합니다.

15 갓 삶은 달걀을 차가운 물에 담가 두면 온도가 높은 달걀에서 온도가 낮은 물로 열이 이동합니다.

16 얼음 위에 생선을 올려놓으면 온도가 높은 생선에서 온도가 낮은 얼음으로 열이 이동합니다.

01 ⑤ **02** ㉢ **03** 진수 **04** 온도 **05** (1) – ㉡, (2) – ㉢, (3) – ㉠ **06** ⑤ **07** ㉠ **08** 적외선 온도계 **09** ② **10** ② **11** (1) 29.0 ℃ (2) 섭씨 이십구 점 영 도 **12** ① **13** ㉠, ㉡ **14** ④ **15** ㉠ 장소, ㉡ 시각 **16** ㉠ **17** ← **18** 예 음료수 캔에 담긴 물과 비커에 담긴 물의 온도는 시간이 지나면 같아진다. **19** ㉠ 낮아지고, ㉡ 높아진다 **20** 예 열은 온도가 높은 이마에서 온도가 낮은 얼음주머니로 이동한다. **21** ㉣ **22** ㉡ **23** ③ **24** 예 갓 삶은 면을 차가운 물에 헹굴 때, 얼음 위에 생선을 올려놓았을 때, 얼음주머니를 열이 나는 이마에 올려놓았을 때 등

01 화덕은 숯불을 피워서 사용하는 큰 화로입니다. 화덕에서 꺼낸 피자는 '뜨겁다'와 더 잘 어울립니다. '미지근하다'는 더운 기운이 조금 있는 것을 표현하는 말입니다.

02 차갑거나 따뜻한 정도를 손으로 만져 어림하면 얼마나 따뜻한지 알려고 만져 보다가 손을 델 수 있습니다. 그리고 두 가지 물질 중 어떤 물질이 더 차갑거나 따뜻한지 정확하게 비교하기 어렵습니다.

03 '뜨뜻하다'와 '따끈하다' 중 어느 것이 더 따뜻한지 정확히 알 수 없습니다.

04 온도는 숫자에 단위 ℃(섭씨도)를 붙여 나타냅니다. 온도로 나타내면 물질의 차갑거나 따뜻한 정도를 정확하게 알 수 있습니다.

05 공기의 온도는 기온, 물의 온도는 수온, 몸의 온도는 체온이라고 합니다.

06 학교에서 찰흙으로 만들기를 할 때는 온도를 정확하게 측정할 필요가 없습니다.

07 제시된 온도계는 체온을 측정할 수 있는 귀 체온계입니다. ㉡은 적외선 온도계에 대한 설명이고, ㉢은 알코올 온도계에 대한 설명입니다.

08 고체의 온도를 측정할 때 편리한 온도계는 적외선 온도계입니다.

09 알코올 온도계는 주로 액체나 기체의 온도를 측정할 때 사용합니다. ① 교실 벽, ③ 책상, ④ 의자, ⑤ 칠판은 고체이므로 적외선 온도계로 측정합니다.

10 알코올 온도계는 유리로 만들어졌기 때문에 부딪쳐 깨지는 일이 없도록 주의해야 합니다.
① 액체샘이 비커 바닥에 닿지 않도록 온도계의 높이를 조절해야 합니다.
③ 알코올 온도계의 빨간색 액체가 더 이상 움직이지 않을 때 눈금을 읽습니다.
④ 액체샘을 손으로 잡지 않습니다.
⑤ 알코올 온도계의 눈금을 읽을 때는 액체 기둥의 끝이 닿은 위치에 수평으로 눈높이를 맞추고 읽습니다.

11 온도는 숫자에 단위 ℃(섭씨도)를 붙여 나타냅니다.

12 연못의 수온은 알코올 온도계로 측정합니다.

13 쓰임새에 맞는 온도계를 사용해야 온도를 정확하고 편리하게 측정할 수 있습니다.

14 같은 물질이라도 온도가 다를 수 있습니다. 물질의 온도는 물질이 놓인 장소, 측정 시각, 햇빛의 양 등에 따라 다릅니다.

15 오전 9시에 측정한 교실의 기온과 운동장의 기온이 다른 것으로 보아 물질이 놓인 장소(교실, 운동장)에 따라 온도가 다르다는 것을 알 수 있습니다. 교실에서 측정한 오전 9시와 오후 2시의 기온이 다른 것으로 보아 온도를 측정한 시각에 따라 물질의 온도가 다르다는 것을 알 수 있습니다.

16 음료수 캔에 담긴 차가운 물은 비커에 담긴 따뜻한 물과 접촉하여 온도가 점점 높아집니다. 처음에 온도가 낮았다가 점점 높아지는 ㉠이 음료수 캔에 담긴 물의 온도입니다.

17 열은 온도가 높은 비커에 담긴 물에서 온도가 낮은 음료수 캔에 담긴 물로 이동합니다.

18 두 물질이 접촉한 채로 충분한 시간이 지나면 두 물질의 온도는 같아집니다.

채점 기준

시간이 지나면 두 물질의 온도가 같아진다는 내용으로 썼으면 정답으로 합니다.

19 온도가 높은 이마에서 온도가 낮은 얼음주머니로 열이 이동합니다.

20 열은 온도가 높은 물질인 이마에서 온도가 낮은 물질인 얼음주머니로 이동합니다.

채점 기준

온도가 높은 이마에서 온도가 낮은 얼음주머니로 열이 이동한다는 내용으로 썼으면 정답으로 합니다.

21 접촉한 두 물질 사이에서 열은 온도가 높은 물질에서 온도가 낮은 물질로 이동합니다.

22 차가운 물에 헹군 삶은 면의 온도는 낮아집니다. ㉠ 손난로를 잡은 손, ㉡ 공기 중에 놓아둔 아이스크림의 온도는 높아집니다.

23 ㈎ 갓 삶은 달걀을 차가운 물에 담가 두면 온도가 높은 달걀에서 온도가 낮은 물로 열이 이동합니다. ㈏ 프라이팬에서 달걀부침을 요리할 때는 온도가 높은 프라이팬에서 온도가 낮은 달걀로 열이 이동합니다.

24 우리 생활에서 온도가 다른 두 물질이 접촉하여 열이 이동하는 예에는 갓 삶은 면을 차가운 물에 헹굴 때, 얼음 위에 생선을 올려놓았을 때, 얼음주머니를 열이 나는 이마에 올려놓았을 때 등이 있습니다.

채점 기준

예시와 같이 온도가 다른 두 물질이 접촉하는 내용으로 썼으면 정답으로 합니다.

 서술형·논술형 평가 돋보기 27~28쪽

연습 문제

1 (1) 고체, 액체(기체), 기체(액체) (2) 온도 **2** (1) 높아진다, 낮아진다 (2) 높은, 낮은

실전 문제

1 (1) 온도 (2) ㈎ 비닐 온실에서 배추를 재배할 때 일정한 온도를 유지하지 못해 배추가 잘 자라지 못한다. 알맞은 기름의 온도를 맞추지 못해 새우튀김의 맛과 식감이 달라진다. **2** 은수, ㈎ 수온을 측정하려면 알코올 온도계가 필요해. **3** (1) ㈎ 비커에 담긴 물에서 음료수 캔에 담긴 물로 열이 이동한다. (2) ㈎ 음료수 캔에 담긴 물과 비커에 담긴 물이 접촉한 채로 시간이 지나면 두 물의 온도는 같아진다. **4** ㈎ 온도가 높은 손난로에서 온도가 낮은 손으로 열이 이동한다.

연습 문제

1 (1) 적외선 온도계는 주로 고체, 알코올 온도계는 주로 액체 또는 기체의 온도를 측정할 때 사용합니다.

(2) 쓰임새에 맞는 온도계를 사용해야 온도를 정확하고 편리하게 측정할 수 있습니다.

2 (1) 음료수 캔에 담긴 차가운 물의 온도는 점점 높아지고, 비커에 담긴 따뜻한 물의 온도는 점점 낮아집니다.

(2) 온도가 다른 두 물질이 접촉하면, 접촉한 두 물질 사이에서 열은 온도가 높은 물질에서 온도가 낮은 물질로 이동합니다.

실전 문제

1 (1) 비닐 온실에서 채소를 재배할 때에는 온도를 일정하게 유지해야 합니다. 배추는 보통 18~20 ℃에서 잘 자랍니다. 새우튀김은 기름의 온도에 따라 맛과 식감이 달라지기 때문에 새우튀김을 요리할 때 기름의 온도는 170~190 ℃ 정도가 되어야 합니다.

(2) 온도를 어림하면 비닐 온실의 온도를 일정하게 유지하지 못해 배추가 잘 자라지 못하고, 새우튀김을 요리할 때 알맞은 기름의 온도를 맞추지 못합니다.

채점 기준	
상	비닐 온실에서 배추를 재배할 때 생기는 문제점과 새우튀김을 요리할 때 생기는 문제점을 모두 옳게 쓴 경우
중	비닐 온실에서 배추를 재배할 때 생기는 문제점과 새우튀김을 요리할 때 생기는 문제점 중 한 가지만 옳게 쓴 경우
하	답을 틀리게 쓴 경우

2 수온을 측정할 때는 적외선 온도계가 아니라 알코올 온도계를 사용합니다.

채점 기준	
상	잘못 말한 친구를 고르고, 바르게 고쳐 쓴 경우
중	잘못 말한 친구는 골랐으나, 바르게 고쳐 쓰지 못한 경우
하	답을 틀리게 쓴 경우

3 (1) 접촉한 두 물질 사이에서 열은 온도가 높은 물질에서 온도가 낮은 물질로 이동합니다.

채점 기준	
온도가 높은 물질에서 온도가 낮은 물질로 열이 이동한다는 내용으로 썼으면 정답으로 합니다.	

(2) 두 물질이 접촉한 채로 시간이 지나면 두 물질의 온도는 같아집니다.

채점 기준	
두 물질의 온도가 같아진다는 내용으로 썼으면 정답으로 합니다.	

4 손으로 따뜻한 손난로를 잡고 있으면 온도가 높은 손난로에서 온도가 낮은 손으로 열이 이동합니다.

채점 기준	
온도가 높은 물질에서 온도가 낮은 물질로 열이 이동한다는 내용으로 썼으면 정답으로 합니다.	

(2) 고체, 액체, 기체에서의 열의 이동

탐구 문제   33쪽

1 유리판   **2** (4) ○

1 구리판, 철판, 유리판의 순서로 열이 빠르게 이동합니다. 따라서 버터가 가장 늦게 녹는 것은 유리판입니다.

2 (1) 유리보다 금속(구리, 철)에서 열이 더 빠르게 이동합니다.
(2) 금속의 종류(구리, 철)에 따라 열이 이동하는 빠르기가 다릅니다.
(3) 고체 물질의 종류(구리, 철, 유리)에 따라 열이 이동하는 빠르기가 다릅니다.

핵심 개념 문제   34~37쪽

01 ② **02** ㉡ **03** ㉠, ㉣ **04** ⑤ **05** ㉢ **06** (2) ○ **07** ㉠ 금속, ㉡ 플라스틱 **08** ④ **09** 위 또는 위쪽 **10** (1) ○ **11** 대류 **12** > **13** 위 또는 위쪽 **14** ㉠ **15** ② **16** ㉠ 높은, ㉡ 낮은

01 열은 온도가 높은 곳에서 낮은 곳으로 이동합니다.

02 사각형 구리판의 한 꼭짓점을 가열하면 가열한 곳에서 멀어지는 방향으로 열이 이동합니다.

03 ㉡ 고체에서 온도가 높은 곳에서 온도가 낮은 곳으로 고체 물질을 따라 열이 이동하는 것을 전도라고 합니다.
㉢ 두 고체 물질이 접촉하고 있지 않으면 전도는 일어나지 않습니다.

04 ①, ② 기체에서의 대류를 확인할 수 있는 예입니다.
③, ④ 액체에서의 대류를 확인할 수 있는 예입니다.

05 철판보다 구리판에서 열이 더 빠르게 이동합니다.

06 금속의 종류(구리, 철)에 따라 열이 이동하는 빠르기가 다릅니다.

07 주전자의 바닥은 열이 잘 이동하는 금속으로 만들지만,

주전자의 손잡이는 열이 잘 이동하지 않는 플라스틱이나 나무 등으로 만듭니다.

08 주방 장갑은 열이 잘 이동하지 않는 옷감 속에 솜을 넣어 만들어 뜨거운 것을 안전하게 잡을 수 있도록 합니다.
① 컵 싸개는 열이 잘 이동하지 않는 골판지(종이)나 고무로 만들어 컵 안의 온도를 오랫동안 유지할 수 있도록 합니다.
② 냄비 받침은 열이 잘 이동하지 않는 나무나 플라스틱으로 만들어 뜨거운 냄비를 받침 위에 놓았을 때 식탁 유리가 깨지지 않게 합니다.
③ 국자의 손잡이는 열이 잘 이동하지 않는 나무나 플라스틱으로 만들어 손이 데지 않도록 합니다.
⑤ 다리미 바닥은 열이 잘 이동하는 금속으로 만듭니다.

09 파란색 잉크가 움직이는 모습을 관찰하면 뜨거워져 온도가 높아진 물은 위로 올라간다는 것을 알 수 있습니다.

10 사각 수조 속 물은 윗부분과 아랫부분의 온도가 같거나 윗부분이 아랫부분보다 온도가 높을 경우에 파란색 잉크를 넣어도 파란색 잉크가 움직이지 않습니다.

11 액체에서 온도가 높아진 물질이 위로 올라가고, 위에 있던 물질이 아래로 밀려 내려오는 과정을 대류라고 합니다.

12 액체에서 온도가 높아진 물은 위로 올라갑니다. 욕조나 세면대에서도 온도가 높은 물은 위로 올라가기 때문에 윗부분이 아랫부분보다 온도가 높습니다.

13 알코올램프에 불을 붙이면 알코올램프 주변의 공기가 뜨거워져 위로 올라가기 때문에 비눗방울이 위로 올라갑니다.

14 겨울철 집 안에 난로를 켜 놓으면 난로 주변의 공기는 온도가 높아지고, 온도가 높아진 공기는 위로 올라갑니다. 이때 난로 주변에 비눗방울을 불면 온도가 높아진 공기를 따라 비눗방울이 위로 올라갑니다.

15 온도가 높아진 공기는 위로 올라가고 위에 있던 공기는

아래로 밀려 내려오면서 열이 이동하는 과정을 대류라고 합니다.

16 에어컨을 높은 곳에 설치하면 차가운 공기가 아래로 내려오는 성질을 이용해 실내를 골고루 시원하게 할 수 있습니다. 난로를 낮은 곳에 설치하면 난로 주변에서 데워진 따뜻한 공기가 위로 올라가는 성질을 이용해 실내를 골고루 따뜻하게 할 수 있습니다.

중단원 실전 문제 38~41쪽

01 ㉠, ㉢, ㉡　**02** 해설 참조　**03** (1) ○ (3) ○　**04** 전도
05 ←　**06** ㉢　**07** (라), (가), (다)　**08** ㉡, ㉢, ㉣, ㉤　**09** 예 유리보다 금속에서 열이 더 빠르게 이동한다. 금속의 종류에 따라 열이 이동하는 빠르기가 다르다. 고체 물질의 종류에 따라 열이 이동하는 빠르기가 다르다.　**10** ②　**11** ③　**12** (1) ㉢ (2) ㉠, ㉡, ㉣　**13** 예 열이 잘 이동하지 않게 하여 손을 데는 것을 막기 위해서이다.　**14** ㉡　**15** 민혁　**16** 스포이트
17 해설 참조　**18** 대류　**19** ⑤　**20** ㉠　**21** ④　**22** 예 알코올램프에 불을 붙이지 않았을 때는 비눗방울이 아래로 떨어지지만, 알코올램프에 불을 붙였을 때는 비눗방울이 알코올램프 주변에서 위로 올라간다.　**23** ③　**24** ②

---

01 열 변색 붙임딱지를 붙인 ⊏ 모양 구리판의 한 꼭짓점을 가열하면 구리판을 따라 가열하는 곳에서 멀어지는 방향으로 색깔이 변하는 것을 관찰할 수 있습니다. 구리판이 끊긴 곳으로는 열이 이동하지 않습니다.

02  열은 가열한 부분에서 멀어지는 방향으로 구리판을 따라 이동합니다.

03 고체 물질이 끊겨 있거나, 두 고체 물질이 접촉하고 있지 않으면 열의 이동은 일어나지 않습니다.

04 고체에서 온도가 높은 곳에서 온도가 낮은 곳으로 고체 물질을 따라 열이 이동하는 것을 전도라고 합니다.

05 뜨거운 찌개와 닿아 온도가 높아진 숟가락의 아래쪽(㉡)

에서 손잡이가 있는 위쪽(㉠)으로 열이 이동합니다.

06 프라이팬에서는 불과 가까이 있는 부분에서 불에서 멀어지는 쪽으로 열이 이동합니다. 그리고 프라이팬에서 고기로 열이 이동합니다.

07 ㈏ 구리판, 유리판, 철판의 끝부분에 버터 조각을 붙이고, 비커에 각각 넣습니다. → ㈎ 비커에 뜨거운 물을 동시에 붓습니다. → ㈐ 두꺼운 종이로 비커의 윗부분을 각각 덮습니다. → ㈑ 각 판에 붙어 있는 버터의 변화를 관찰합니다.

08 실험에서 다르게 해야 할 조건과 같게 해야 할 조건을 확인하고 통제하는 것을 변인 통제라고 합니다. 이 실험에서 다르게 해야 할 조건은 고체 물질의 종류입니다. 그 외의 조건은 모두 같게 해야 다르게 한 조건이 실험 결과에 어떤 영향을 미치는지 알 수 있습니다.

09 구리판, 철판, 유리판의 순서로 버터가 빨리 녹는 것을 관찰할 수 있습니다. 따라서 유리보다 금속에서 열이 더 빠르게 이동하고, 금속의 종류에 따라 열이 이동하는 빠르기가 다르다는 것을 알 수 있습니다.

채점 기준
고체 물질의 종류에 따라 열이 이동하는 빠르기가 다르다는 내용으로 썼으면 정답으로 합니다.

10 열 변색 붙임딱지의 색깔은 구리판, 철판, 유리판의 순서로 빨리 변합니다.

11 고체 물질의 종류(구리, 철, 유리)에 따라 열이 이동하는 빠르기를 알아보기 위한 실험입니다.

12 ㉢ 다리미의 바닥은 열이 잘 이동하는 물질로 만듭니다. ㉠ 냄비 받침, ㉡ 주방 장갑, ㉣ 주전자의 손잡이는 열이 잘 이동하지 않는 물질로 만듭니다.

13 국자의 손잡이와 냄비의 손잡이는 열이 잘 이동하지 않는 플라스틱으로 만들어 손이 데지 않도록 합니다.

채점 기준
열이 잘 이동하지 않는다는 내용으로 썼으면 정답으로 합니다.

14 두 물질 사이에서 열의 이동을 줄이는 것을 단열이라고 합니다. 집을 지을 때 집의 벽, 바닥, 지붕에 단열재를 사용하면 집 안과 집 밖의 열의 이동을 줄일 수 있습니다.

15 구리판과 철판은 열이 잘 이동하는 금속 물질이기 때문에 단열재로 적당하지 않습니다.

16 스포이트를 사용해 수조 바닥에 파란색 잉크를 천천히 넣습니다.

17

뜨거운 물이 담긴 종이컵 ── 파란색 잉크

파란색 잉크의 아랫부분에 뜨거운 물이 담긴 종이컵을 놓으면 뜨거운 물 때문에 온도가 높아진 물이 위로 올라갑니다. 이때 파란색 잉크도 물을 따라 위로 올라갑니다.

18 액체에서 온도가 높아진 물질이 위로 올라가고, 위에 있던 물질이 아래로 밀려 내려오면서 열이 이동하는 과정을 대류라고 합니다.

19 물이 담긴 냄비를 가열하면 냄비 바닥에 있는 물의 온도가 높아집니다. 온도가 높아진 물은 위로 올라가고 위에 있던 물은 아래로 밀려 내려옵니다. 시간이 지나 이 과정이 반복되면서 물 전체가 따뜻해집니다.
⑤ 액체에서는 이러한 대류를 통해 열이 이동합니다.

20 액체에서 온도가 높아진 물은 위로 올라갑니다. 욕조에서도 온도가 높은 물은 위로 올라가기 때문에 윗부분이 아랫부분보다 온도가 높습니다.

21 액체의 대류 현상을 관찰할 수 있는 실험입니다. ㈎는 따뜻한 물이 담긴 집기병이 아래에 있으므로 색깔이 섞입니다. 온도가 높은 따뜻한 물이 위로 올라가기 때문입니다.

22 알코올램프에 불을 붙이지 않고 삼발이의 위쪽에 비눗

방울을 불면 비눗방울이 아래로 떨어지고, 알코올램프에 불을 붙이고 삼발이의 위쪽에 비눗방울을 불면 비눗방울이 알코올램프 주변에서 위로 올라갑니다.

채점 기준	
상	알코올램프에 불을 붙이지 않았을 때와 불을 붙였을 때 비눗방울의 움직임을 모두 옳게 쓴 경우
중	알코올램프에 불을 붙이지 않았을 때와 불을 붙였을 때 비눗방울의 움직임 중 한 가지만 옳게 쓴 경우
하	답을 틀리게 쓴 경우

23 알코올램프에 불을 붙였을 때 비눗방울이 알코올램프 주변에서 위로 올라간 것은 불을 붙인 알코올램프 주변의 뜨거워진 공기가 위로 올라갔기 때문입니다.

24 액체와 기체에서 온도가 높아진 물질이 위로 올라가고 위에 있던 물질이 아래로 밀려 내려오는 과정을 대류라고 합니다. 액체와 기체에서는 대류를 통해 열이 이동합니다. 전도는 고체에서 열의 이동 방법입니다.

서술형·논술형 평가 돋보기
42~43쪽

연습 문제

1 (1) 버터, 뜨거운 물 (2) 빠르게, 다르다   2 (1) 따뜻한, 위, 차가운, 아래 (2) 대류

실전 문제

1 (1) 해설 참조 (2) 예 구리판에서 열은 가열한 부분에서 멀어지는 방향으로 구리판을 따라 이동한다.   2 (1) 예 겨울에 집 안의 따뜻한 공기가 집 밖으로 이동하는 것을 막아 집 안을 따뜻하게 유지하기 위해서 (2) 예 이중 유리창을 만든다. 창문이나 문의 틈을 문풍지로 잘 막는다. 집의 벽, 바닥, 지붕 등에 단열재를 사용한다.   3 (1) 예 온도가 높아진 액체는 위로 올라가고, 위에 있던 액체가 아래로 밀려 내려오면서 열이 이동한다. (2) 예 냄비를 가열하면 냄비 바닥에 있는 물은 온도가 높아져 위로 올라가고, 위에 있던 물은 아래로 밀려 내려온다. 시간이 지나면 이 과정이 반복되면서 물 전체가 따뜻해진다.   4 (1) 예 비눗방울이 알코올램프 주변에서 위로 올라간다. (2) 예 열기구 아랫부분에서 가열된 공기는 온도가 높아져 위로 올라가기 때문이다.

연습 문제

1 (1) 고체 물질의 종류에 따라 열이 이동하는 빠르기를 알아보는 실험에서 다르게 해야 할 조건은 고체 물질의 종류입니다. 그 외의 조건(버터의 종류와 크기, 버터를 붙이는 위치, 뜨거운 물의 온도와 붓는 시각 등)은 모두 같게 해야 다르게 한 조건이 실험 결과에 어떤 영향을 미치는지 알 수 있습니다.
(2) 고체 물질의 종류(구리, 철, 유리)에 따라 열이 이동하는 빠르기가 다르며, 유리보다 금속(구리, 철)에서 열이 더 빠르게 이동한다는 사실을 알 수 있습니다. 그리고 금속의 종류(구리, 철)에 따라 열이 이동하는 빠르기가 다르다는 사실도 알 수 있습니다.

2 (1) 난로 주변에서 데워진 따뜻한 공기가 위로 올라가는 성질을 이용해 실내를 골고루 따뜻하게 할 수 있고, 에어컨에서 나오는 차가운 공기가 아래로 내려오는 성질을 이용해 실내를 골고루 시원하게 할 수 있습니다.
(2) 난로를 한 곳에만 켜 놓아도 집 안 전체의 공기가 따뜻해지는 까닭은 대류를 통해 열이 이동하기 때문입니다.

실전 문제

1 (1)  길게 자른 구리판의 한쪽 끝 부분을 가열하면 온도가 높아진 부분에서 온도가 낮은 부분으로 열이 이동합니다.

채점 기준

가열하여 온도가 높아진 부분에서 구리판을 따라 열이 이동하는 것으로 표시하였다면 정답으로 합니다.

(2) 구리판에서 열은 온도가 높은 곳에서 온도가 낮은 곳으로 구리판을 따라 이동합니다.

채점 기준	
상	가열한 구리판에서 온도 변화와 열의 이동 방향을 모두 옳게 쓴 경우
중	가열한 구리판에서 온도 변화와 열의 이동 방향 중 한 가지만 옳게 쓴 경우
하	답을 틀리게 쓴 경우

2 (1) 겨울에 집 안의 따뜻한 공기가 집 밖으로 이동하는 것을 막아 집 안을 따뜻하게 유지하기 위해서 창문에 뽁뽁이를 붙입니다.

(2) 단열이 잘되려면 이중 유리창을 만들고, 창문이나 문의 틈을 문풍지로 잘 막습니다. 그리고 집의 벽, 바닥, 지붕 등에 단열재를 사용합니다.

3 (1) ㈎ 액체는 직접 위로 움직이면서 열이 이동합니다. 파란색 잉크의 아랫부분에 뜨거운 물이 담긴 종이컵을 놓으면 뜨거운 물 때문에 온도가 높아진 물이 위로 올라갑니다. 이때 파란색 잉크도 물을 따라 위로 올라갑니다. ㈏ 물이 담긴 냄비를 가열하면 냄비 바닥에 있는 물의 온도가 높아져 위로 올라갑니다.

(2) 냄비를 가열하면 냄비 바닥에 있는 물의 온도가 높아져 위로 올라가고, 위에 있던 물은 아래로 밀려 내려옵니다. 시간이 지나면 이 과정이 반복되면서 물 전체가 따뜻해집니다.

4 (1) 알코올램프에 불을 붙였을 때는 알코올램프 주변의 뜨거워진 공기가 위로 올라가기 때문에 비눗방울이 알코올램프 주변에서 위로 올라갑니다.

(2) 열기구 아랫부분에서 가열된 공기는 온도가 높아져 위로 올라가기 때문에 열기구가 위로 올라갑니다.

 대단원 마무리 45~48쪽

01 ② **02** ② **03** ㉢, ㉣ **04** 현주 **05** ③ **06** ⓔ 알코올 온도계의 빨간색 액체가 더 이상 움직이지 않을 때 액체 기둥의 끝이 닿은 위치에 수평으로 눈높이를 맞추어 눈금을 읽는다. **07** 햇빛 **08** ④ **09** ⓔ 열은 온도가 높은 물질에서 온도가 낮은 물질로 이동한다. **10** → **11** ② **12** ㉠ **13** ㉢, ⓔ 구리판이 끊긴 곳으로는 열이 이동하지 않는다. **14** ④ **15** 전도 **16** 구리판, 철판, 유리판 **17** ④ **18** ④ **19** ③ **20** (1) ○ **21** ⓔ 온도가 높아진 물은 위로 올라가고 **22** > **23** (2) ○ **24** (1) ○

01 물체의 차갑거나 따뜻한 정도를 정확하게 알기 위해서 온도를 측정합니다.

02 7.0 °C는 '섭씨 칠 점 영 도'로 읽습니다.

03 우리 생활에서 온도를 정확하게 측정해야 할 때는 비닐 온실에서 배추를 재배할 때, 어항 속 물의 온도가 물고기가 살기에 적절한지 확인할 때 등입니다.

04 적외선 온도계는 주로 고체의 온도를 측정할 때 사용합니다.

05 ㈎ 적외선 온도계는 주로 고체(책상, 철봉 등)의 온도를 측정할 때 사용합니다. ㈏ 알코올 온도계는 주로 액체(물) 또는 기체(공기)의 온도를 측정할 때 사용합니다.

06 빨간색 액체가 더 이상 움직이지 않을 때 액체 기둥의 끝이 닿은 위치에 수평으로 눈높이를 맞춰 눈금을 읽습니다.

07 같은 물질이라도 물질이 놓인 장소, 측정 시각, 햇빛의 양 등에 따라 물질의 온도가 다를 수 있습니다. 나무 그늘에 있는 흙과 햇빛이 비치는 곳에 있는 흙은 놓인 장소와 측정 시각은 같고, 햇빛의 양이 다른 경우입니다.

08 온도가 다른 두 물질이 접촉하면 따뜻한 물질(비커에 담긴 따뜻한 물)의 온도는 점점 낮아지고, 차가운 물질(음료수 캔에 담긴 차가운 물)의 온도는 점점 높아집니다. ④ 두 물질이 접촉한 채로 시간이 지나면 두 물의 온도는 같아집니다.

09 비커에 담긴 따뜻한 물에서 음료수 캔에 담긴 차가운 물로 열이 이동합니다.

10 얼음주머니를 열이 나는 이마에 올려놓으면 온도가 높은 이마에서 온도가 낮은 얼음주머니로 열이 이동합니다.

11 얼음 위에 올려놓은 생선의 온도는 낮아집니다. ① 손난로를 잡은 손, ③ 프라이팬 위에서 굽는 고기, ④ 공기 중에 놓아둔 아이스크림, ⑤ 갓 삶은 달걀을 넣어 둔 차가운 물의 온도는 높아집니다.

12 두 물질이 접촉한 채로 시간이 지나면 두 물질의 온도는 같아집니다.

13 열 변색 붙임딱지를 붙인 ⊏ 모양 구리판의 한 꼭짓점을 가열하면 구리판을 따라 가열하는 곳에서 멀어지는 방향으로 색깔이 변하는 것을 관찰할 수 있지만 구리판이 끊긴 곳으로는 열이 이동하지 않습니다.

14 열은 온도가 높은 곳에서 온도가 낮은 곳으로 이동합니다.

15 뜨거운 찌개에 넣어 둔 숟가락의 아래쪽에서 숟가락의 손잡이가 있는 위쪽으로 열이 이동합니다.

16 열 변색 붙임딱지의 색깔이 빨리 변하는 순서는 구리판, 철판, 유리판입니다.

17 ① 철은 구리보다 열이 더 느리게 이동합니다.
② 유리는 철보다 열이 더 느리게 이동합니다.

③ 유리는 구리보다 열이 더 느리게 이동합니다.
⑤ 고체 물질의 종류(구리, 철, 유리)에 따라 열이 이동하는 빠르기가 다릅니다.

18 다리미의 바닥은 열이 잘 이동하는 물질로 만듭니다.
㉠ 컵 싸개는 열이 잘 이동하지 않는 골판지(종이)나 고무로 만들어 컵 안의 온도를 오랫동안 유지할 수 있도록 합니다.
㉡ 냄비 받침은 열이 잘 이동하지 않는 나무, 플라스틱 등으로 만들어 뜨거운 냄비 때문에 식탁 유리가 깨지는 것을 막을 수 있습니다.
㉢ 국자의 손잡이는 열이 잘 이동하지 않는 나무, 플라스틱 등으로 만들어 손을 데지 않도록 합니다.

19 솜, 천, 종이, 나무, 공기, 스타이로폼, 플라스틱, 가죽 등은 열의 이동을 줄일 수 있습니다.
③ 구리는 열이 잘 이동하는 금속이기 때문에 단열재로는 적당하지 않습니다.

20 파란색 잉크의 아랫부분에 뜨거운 물이 담긴 종이컵을 놓으면 뜨거운 물 때문에 온도가 높아진 물이 위로 올라갑니다. 이때 파란색 잉크도 물을 따라 위로 올라갑니다.

21 물이 담긴 주전자를 가열하면 바닥에 있는 물의 온도가 높아집니다. 온도가 높아진 물은 위로 올라가고, 위에 있던 물은 아래로 밀려 내려옵니다. 시간이 지나면 이 과정이 반복되면서 물 전체가 따뜻해집니다.

22 액체에서 온도가 높아진 물은 위로 올라갑니다. 욕조에서도 온도가 높은 물은 위로 올라가기 때문에 윗부분이 아랫부분보다 온도가 높습니다.

23 액체 또는 기체에서 온도가 높아진 물질이 위로 올라가고, 위에 있던 물질이 아래로 밀려 내려오는 과정을 대류라고 합니다.

24 알코올램프에 불을 붙였을 때 비눗방울이 알코올램프 주변에서 위로 올라간 것은 불을 붙인 알코올램프 주변의 뜨거워진 공기가 위로 올라갔기 때문입니다.

1 ㉠ 귀 체온계, ㉔ 체온을 측정한다. ㉡ 적외선 온도계, ㉔ 주로 고체의 온도를 측정한다. ㉢ 알코올 온도계, ㉔ 주로 기체 또는 액체의 온도를 측정한다. (2) ㉔ 비닐 온실에서 배추를 재배할 때, 병원에서 환자의 체온을 잴 때, 새우튀김을 요리할 때, 어항 속 물의 온도를 측정할 때 등   **2** (1) ㉠ 고체, 전도 ㉡ 액체, 대류 (2) ㉔ 열은 온도가 높은 곳에서 온도가 낮은 곳으로 이동한다.

1 (1) ㉠은 귀 체온계, ㉡은 적외선 온도계, ㉢은 알코올 온도계입니다. 쓰임새에 맞는 온도계를 사용해 물질의 온도를 측정합니다.

(2) 온도를 측정하면 차갑거나 따뜻한 정도를 정확하게 알 수 있습니다.

2 (1) ㉠ 고체에서 온도가 높은 곳에서 온도가 낮은 곳으로 고체 물질을 따라 열이 이동하는 것을 전도라고 합니다.

㉡ 액체에서 온도가 높아진 물질이 위로 올라가고, 위에 있던 물질이 아래로 밀려 내려오는 과정을 대류라고 합니다.

(2) ㉠ 뜨거운 찌개와 닿아 온도가 높아진 숟가락의 아래쪽에서 온도가 낮은 숟가락의 위쪽으로 열이 이동합니다.

㉡ 냄비 바닥에 있는 물의 온도가 높아지면 위로 올라갑니다.

③ 단원
태양계와 별

(1) 태양계의 구성원

탐구 문제   56쪽

1 해왕성   **2** 금성

1 태양에서 행성까지 상대적인 거리가 먼 것부터 순서대로 나열하면 해왕성, 천왕성, 토성, 목성, 화성, 지구, 금성, 수성입니다. 태양에서 가장 먼 행성은 해왕성이므로 두루마리 휴지가 가장 많이 필요합니다.

2 지구에서 가장 가까운 행성을 찾기 위해서 지구에서 행성까지의 거리를 휴지 칸 수로 구하면 지구에서 수성까지 0.6칸, 지구에서 금성까지 0.3칸, 지구에서 화성까지 0.5칸, 지구에서 목성까지 4.2칸입니다. 따라서 지구에서 가장 가까운 행성은 금성입니다.

핵심 개념 문제   57~60쪽

01 ①   **02** 양분   **03** 수연, 지아   **04** ⑤   **05** 태양계   **06** (1) ○   **07** ③   **08** 토성   **09** (3) ○   **10** (1) ㉢, ㉣ (2) ㉠, ㉡   **11** ㉠, ㉣   **12** ㉠ 화성, ㉡ 목성   **13** (1) – ㉡ (2) – ㉢ (3) – ㉠   **14** ③   **15** ①   **16** ㉡, ㉢, ㉣

01 제시된 그림은 해변에서 태양 빛으로 일광욕을 하는 모습입니다.

02 식물은 태양 빛으로 광합성을 하여 스스로 양분을 만들어 자랍니다. 식물을 먹이로 하는 동물은 식물이 만든 양분을 먹고 살아갑니다.

03 태양은 생물이 살아가는 데 알맞은 환경을 만들어 줍니다. 태양이 없다면 지구는 차갑게 얼어붙어 생물이 살기 어렵고, 식물은 태양 빛을 이용해 양분을 만들 수 없어서 식물을 먹고 살아가는 동물은 살 수 없을 것입니다.

04 생물은 태양으로부터 에너지를 얻어 살아갑니다. 식물은 태양 빛으로 광합성을 하여 스스로 양분을 만들어 자라는데, 태양이 없다면 식물은 자랄 수 없습니다. ⑤ 모든 생물이 태양 빛이 비치는 밝은 낮에만 움직이는 것은 아닙니다.

05 태양계는 태양과 태양의 영향을 받는 천체들 그리고 그 공간을 말합니다.

06 (2) 지구 주위를 도는 천체는 달(위성)입니다.
(3) 태양 주위를 도는 천체는 행성입니다.
(4) 태양계에서 유일하게 스스로 빛을 내는 천체는 태양입니다.

07 ① 목성은 고리가 있습니다.
② 목성은 거대한 반점이 있습니다.
④ 목성은 태양계 행성 중 가장 큽니다.
⑤ 목성의 표면은 기체로 되어 있습니다.

08 토성은 적도와 나란한 줄무늬가 있고 옅은 갈색이며, 태양계 행성 중 가장 뚜렷한 고리를 가지고 있습니다.

09 '고리가 있는가?'로 분류하면 고리가 있는 것은 목성, 토성, 천왕성, 해왕성이고, 고리가 없는 것은 수성, 금성, 지구, 화성입니다. '색깔이 푸른색인가?'로 분류하면 푸른색 계열인 것은 지구, 천왕성, 해왕성이고, 나머지는 푸른색 계열이 아닙니다.

10 목성과 천왕성은 표면이 기체로 되어 있고, 수성과 지구는 표면이 암석으로 되어 있습니다.

11 ⓒ 지구의 반지름을 1로 보았을 때, 태양은 109, 목성은 11.2입니다. 가장 큰 행성인 목성도 태양에 비해서 작습니다.
ⓒ 지구의 반지름을 1로 보았을 때, 태양계 행성들의 반지름을 모두 합한 값은 31.3입니다. 태양은 지구의 반지름보다 약 109배 크기 때문에, 태양계 행성들의 반지름을 모두 합하여도 태양의 반지름이 더 큽니다.

12 지구의 반지름을 1로 보았을 때 태양계 행성의 상대적인 크기가 11.2로 가장 큰 것은 목성이고, 상대적인 크

기가 0.5인 행성은 화성입니다.

13 상대적인 크기가 비슷한 행성끼리 분류하면, 화성(0.5)과 수성(0.4), 금성(0.9)과 지구(1.0), 천왕성(4.0)과 해왕성(3.9)의 크기가 각각 비슷합니다.

14 지구에 비해 상대적으로 크기가 큰 행성에는 목성, 토성, 천왕성, 해왕성이 있습니다. ③ 금성은 지구에 비해 상대적으로 크기가 작은 행성입니다.

15 ② 태양에서 가장 먼 행성은 해왕성입니다.
③ 지구에서 가장 가까운 행성은 금성입니다.
④ 태양에서 가장 가까운 행성은 수성입니다.
⑤ 태양에서 가까울수록 크기가 작은 편입니다. 상대적으로 크기가 작은 행성은 태양 가까이에 있고, 크기가 큰 행성은 태양으로부터 멀리 떨어져 있습니다.

16 태양에서 지구보다 가까이 있는 행성은 수성, 금성이고, 태양에서 지구보다 멀리 있는 행성은 화성, 목성, 토성, 천왕성, 해왕성입니다.

중단원 실전 문제
61~64쪽

01 ④ **02** (1) ○ (2) × (3) ○ **03** 예 태양 빛으로 전기를 만들어 생활에 이용한다. **04** ⑤ **05** 영진, 형식 **06** ⓒ **07** ㉠ 태양, ㉡ 위성 **08** ⓒ, ㉢ **09** 해왕성 **10** Q1 × Q2 ○ Q3 × **11** ② **12** 예 금성은 표면이 암석으로 되어 있고, 토성은 표면이 기체로 되어 있다. 금성은 고리가 없고, 토성은 고리가 있다. 등 **13** 예 행성의 표면이 암석으로 되어 있는가?, 상대적으로 태양 가까이에 있는가? 등 **14** ①, ④ **15** ㉠ 없고, ㉡ 있다, ⓒ 암석, ㉢ 기체 **16** ⓒ, ㉢, ㉢, ㉠ **17** ⑤ **18** (2) ○ **19** ⑤ **20** ⑤ **21** 지구 **22** ⓒ **23** (3) ○ **24** 수성, 금성

01 태양은 지구에 낮과 밤을 만들고, 지구를 따뜻하게 하여 생물이 살아가기에 알맞은 환경을 만듭니다. 또 생물은 태양으로부터 에너지를 얻어 살아갑니다.

02 증발은 태양 빛이 강할 때 잘 일어납니다.

03 (가)의 주택의 지붕과 (나)의 가로등에 설치된 태양 전지

판은 태양 빛으로 전기를 만들어 생활에 이용할 수 있게 합니다.

태양 빛으로 전기를 만들어 생활에 이용한다는 내용으로 썼으면 정답으로 합니다.

04 염전에서 바닷물이 증발하면 소금을 얻을 수 있는데, 태양 빛이 강할 때 증발이 더 잘 일어납니다.

05 태양이 없다면 빙하는 녹지 않으며 지구는 차갑게 얼어붙어 생물이 살기 어려워질 것입니다.

06 태양계는 태양, 행성, 위성, 소행성, 혜성 등으로 구성되어 있습니다. 태양계의 구성원이며, 태양의 주위를 도는 둥근 천체는 행성입니다.

07 태양은 태양계의 중심에 위치하며, 태양계에서 유일하게 스스로 빛을 내는 천체입니다. 위성은 행성의 주위를 도는 천체로, 지구의 위성은 달입니다.

08 ㉠ 토성과 ㉣ 화성은 태양계 행성입니다.

09 태양계에서 가장 멀리 떨어져 있는 행성은 해왕성입니다.

10 제시된 행성은 화성입니다. 화성은 고리가 없고, 표면이 암석으로 되어 있습니다.

11 ㈎는 지구, ㈏는 목성입니다. ② 목성은 고리가 있습니다.

12 금성과 토성의 특징은 다음과 같습니다.

구분	금성	토성
색깔	노란색	옅은 갈색
표면 상태	암석	기체
고리	×	○
기타	• 표면이 두꺼운 대기로 둘러싸여 있다. • 행성 중에서 가장 밝게 보인다.	• 태양계 행성 중 두 번째로 큰 행성이다. • 태양계에서 가장 뚜렷한 고리를 가지고 있다.

금성과 토성의 특징을 비교하여 썼으면 정답으로 합니다.

13 금성, 화성, 천왕성, 해왕성의 특징은 다음과 같습니다.

행성	색깔	표면 상태	고리
금성	노란색	암석	×
화성	붉은색	암석	×
천왕성	청록색	기체	○
해왕성	파란색	기체	○

금성과 화성, 천왕성과 해왕성으로 분류되는 기준으로는 표면 상태와 고리의 유무가 있습니다. 또 금성과 화성은 상대적으로 태양 가까이에 있고, 천왕성과 해왕성은 상대적으로 태양으로부터 멀리 있습니다. 금성과 화성은 상대적으로 지구 가까이에 있고, 천왕성과 해왕성은 상대적으로 지구로부터 멀리 있습니다.

금성과 화성, 천왕성과 해왕성으로 분류되는 기준을 썼으면 정답으로 합니다.

14 태양계 행성은 모두 태양 주위를 도는 둥근 모양의 천체라는 공통점이 있습니다. ② 색깔, ③ 고리의 유무, ⑤ 표면 상태는 행성마다 다릅니다.

15 수성은 고리가 없고 표면이 암석으로 되어 있지만, 목성은 고리가 있고 표면이 기체로 되어 있습니다.

16 상대적인 크기가 큰 행성부터 순서대로 나열하면, ㉡ 목성(11.2) > ㉣ 천왕성(4.0) > ㉢ 지구(1.0) > ㉠ 수성(0.4)입니다.

17 금성, 지구, 화성은 상대적으로 크기가 작은 행성입니다.

18 지구의 크기가 반지름이 1 cm인 구슬과 같다면, 상대적인 크기가 3.9인 해왕성은 반지름이 약 3.5 cm인 야구공에 비유할 수 있습니다.
⑴ 반지름이 약 0.5 cm인 콩은 수성과 화성에 비유할 수 있습니다.
⑶ 반지름이 약 9.0 cm인 핸드볼공은 토성에 비유할 수 있습니다.

19 상대적인 크기가 비슷한 행성끼리 분류하면 화성(0.5)과 수성(0.4), 금성(0.9)과 지구(1.0), 천왕성(4.0)과 해왕성(3.9)이 각각 비슷합니다.

20 상대적인 크기가 작은 행성과 큰 행성으로 분류하면 상대적으로 크기가 작은 행성에는 수성, 금성, 지구, 화성이 있고, 상대적으로 크기가 큰 행성에는 목성, 토성, 천왕성, 해왕성이 있습니다.

21 태양계 행성을 상대적인 크기가 큰 것부터 순서대로 나열하면 목성(11.2), 토성(9.4), 천왕성(4.0), 해왕성(3.9), 지구(1.0), 금성(0.9), 화성(0.5), 수성(0.4)입니다. 따라서 다섯 번째로 큰 행성은 지구입니다.

22 지구에서 태양까지의 거리가 더 멀어지면 지구는 차갑게 얼어붙어 생물이 살기 어려워질 것입니다.

23 (1) 상대적으로 크기가 작은 행성은 태양 가까이에 있고, 상대적으로 크기가 큰 행성은 태양으로부터 멀리 떨어져 있습니다.
(2) 태양에서 행성까지의 거리가 멀어질수록 행성 사이의 거리는 대체로 멀어집니다.

24 태양에서 지구보다 가까이 있는 행성은 수성, 금성이고, 태양에서 지구보다 멀리 있는 행성은 화성, 목성, 토성, 천왕성, 해왕성입니다. 따라서 태양과 지구 사이에 위치하는 행성은 수성과 금성입니다.

서술형·논술형 평가 돋보기
65~66쪽

연습 문제
1 (1) 태양, 둥근 (2) 다르다 2 (1) 화성, 지구, 해왕성 (2) 작은, 큰

실전 문제
1 해설 참조 2 (1) > (2) 예 공통점은 태양과 지구는 태양계에 속한 둥근 모양의 천체이다. 차이점은 태양은 태양계의 중심에 있지만, 지구는 태양 주위를 도는 행성이다. 3 예 표면이 암석으로 되어 있는가?, 상대적인 크기가 지구보다 작은가?, 태양까지의 상대적인 거리가 가까운가? 4 해설 참조

연습 문제
1 (1) 태양계 행성은 태양 주위를 도는 둥근 모양의 천체라는 공통점이 있습니다.

(2) 태양계 행성은 색깔, 표면 상태, 고리의 유무 등 행성마다 다른 특징이 있습니다.

2 (1) 상대적인 크기가 비슷한 행성끼리 분류하면 화성(0.5)과 수성(0.4), 금성(0.9)과 지구(1.0), 천왕성(4.0)과 해왕성(3.9)입니다.
(2) 상대적인 크기가 작은 행성과 큰 행성으로 분류하면 상대적으로 크기가 작은 행성에는 수성, 금성, 지구, 화성이 있고, 상대적으로 크기가 큰 행성에는 목성, 토성, 천왕성, 해왕성이 있습니다.

실전 문제
1 태양이 생물에게 소중한 까닭은 생물은 태양으로부터 에너지를 얻어 살아가고, 태양이 지구를 따뜻하게 하여 생물이 살아가기에 알맞은 환경을 만들어 주기 때문입니다. 이 외에도 태양은 낮에 물체를 볼 수 있고 야외 활동을 할 수 있게 해 주며, 지구의 물이 순환할 수 있도록 에너지를 공급해 줍니다. 또 태양 빛으로 전기를 만들어 생활에 이용할 수 있으며, 일광욕을 즐길 수 있고, 염전에서 소금을 얻을 수 있게 해 줍니다. 그리고 태양 빛으로 빨래를 말리면 잘 마르고 세균을 없앨 수 있습니다.

채점 기준	
상	태양이 생물에게 소중한 까닭을 두 가지 모두 쓴 경우
중	태양이 생물에게 소중한 까닭을 한 가지만 쓴 경우
하	답을 틀리게 쓴 경우

2 (1) 태양의 반지름은 지구의 반지름보다 약 109배 큽니다.
(2) 태양과 지구는 태양계에 속하는 둥근 모양의 천체라는 공통점이 있고, 태양은 스스로 빛을 내지만 지구는 스스로 빛을 내지 못한다는 차이점이 있습니다.

채점 기준	
상	태양과 지구의 공통점과 차이점을 모두 쓴 경우
중	태양과 지구의 공통점과 차이점 중 한 가지만 쓴 경우
하	답을 틀리게 쓴 경우

3 행성은 표면 상태, 상대적인 크기, 태양까지의 상대적

인 거리에 따라 분류할 수 있습니다. 이 외 다른 기준으로 분류할 수도 있습니다.

채점 기준

금성과 화성, 목성과 토성으로 분류할 수 있는 기준을 썼으면 정답으로 합니다.

4 태양에서 가장 먼 행성은 해왕성이고, 태양에서 가장 가까운 행성은 수성입니다. 태양과 지구 사이에 있는 행성은 수성과 금성이고, 수성, 금성, 지구, 화성은 상대적으로 태양 가까이에 있습니다. 상대적으로 크기가 작은 행성은 태양에 가까이 있고, 상대적으로 크기가 큰 행성은 태양으로부터 멀리 떨어져 있습니다. 태양에서 행성까지의 거리가 멀어질수록 행성 사이의 거리도 대체로 멀어집니다.

채점 기준

태양에서 행성까지의 상대적인 거리를 비교하여 알 수 있는 사실을 썼으면 정답으로 합니다.

(2) 밤하늘의 별

탐구 문제   71쪽

1 해설 참조   **2** (1) ○

1 여러 날 동안 밤하늘을 관측하였을 때 위치가 달라진 천체가 행성입니다.

▲ 첫째 날   ▲ 7일 뒤   ▲ 15일 뒤

2 투명 필름 세 장을 겹쳤을 때 위치가 변하지 않은 천체는 별입니다.

(2) 행성의 위치는 조금씩 변합니다.

(3) 투명 필름에 나타난 행성의 개수는 한 개입니다.

핵심 개념 문제   72~74쪽

01 ㉡   **02** 행성   **03** ⑤   **04** ④   **05** ①   **06** 시진   **07**
(1) – ㉢ (2) – ㉠ (3) – ㉡   **08** ③   **09** ③   **10** ㉠ 북쪽, ㉡
서쪽   **11** ㉡   **12** 다섯(5)

01 여러 날 동안 밤하늘을 관측하면 별은 위치가 거의 변하지 않지만, 행성의 위치는 조금씩 변합니다.

02 여러 날 동안 밤하늘을 관측하였을 때 위치가 조금씩 변한 천체는 행성입니다.

03 ① 행성은 스스로 빛을 내는 것이 아니라, 태양 빛이 반사되어 우리에게 보입니다.
② 별은 행성보다 지구에서 매우 먼 거리에 있습니다.
③ 행성은 별보다 지구에 가까이 있습니다.
④ 별은 스스로 빛을 냅니다.

04 별은 행성보다 지구에서 매우 먼 거리에 있기 때문에 반짝이는 밝은 점으로 보이며, 항상 같은 위치에서 움직이지 않는 것처럼 보입니다.

05 해가 진 뒤 약 1시간 정도 지나야 별이 보일 정도로 어두워집니다.

06 별자리를 관측하기에 적당한 곳은 주변이 탁 트이고 밝지 않은 곳입니다. 아파트 근처 밝은 공원은 높은 아파트 건물 때문에 밤하늘이 가리는 부분이 생기고, 조명이 있어 밝기 때문에 별을 관측하기에 적당하지 않습니다.

07 (1)은 북두칠성, (2)는 카시오페이아자리, (3)은 작은곰자리입니다.

08 북쪽 밤하늘에서 계절에 상관없이 항상 볼 수 있는 별자리는 북두칠성, 큰곰자리. 작은곰자리, 카시오페이아자리입니다.

09 북극성은 항상 북쪽에 있어서 방위를 알 수 있는 별입니다. ③ 북극성은 태양계 밖에 있는 별입니다.

10 북극성을 찾으면 방위를 알 수 있습니다. 북극성을 찾아 바라보고 섰을 때 앞쪽은 북쪽, 뒤쪽은 남쪽, 오른쪽

은 동쪽, 왼쪽은 서쪽이 됩니다.

11 ㉠은 북두칠성, ㉡은 북극성, ㉢은 카시오페이아자리입니다.

12 북쪽 밤하늘에서 북두칠성을 이용하면 북극성을 찾을 수 있습니다. 북두칠성의 국자 모양 끝부분에서 별 두 개를 찾아 연결한 뒤, 그 거리의 다섯 배만큼 떨어진 곳에 있는 별이 북극성입니다.

중단원 실전 문제　　　　　　　75~77쪽

01 ㉢　02 ⓔ 태양은 지구에 비교적 가까운 거리에 있고, 다른 별들은 지구에서 매우 먼 거리에 있기 때문이다.　03 ⑤
04 해설 참조　05 ④　06 ㉠ 별, ㉡ 가깝기　07 ㉠　08
①　09 ②, ④, ⑤　10 북두칠성　11 ②　12 북쪽　13 ㉠ 북쪽, ㉡ 방위　14 ②　15 ⓔ 북극성은 항상 북쪽에 있어서 북극성을 찾으면 방위를 알 수 있기 때문이다.　16 ②　17 카시오페이아자리　18 ⓔ 카시오페이아자리에서 바깥쪽 두 선을 연장해 만나는 점 ㉠을 찾고, 점 ㉠과 가운데에 있는 별 ㉡을 연결한 거리의 다섯 배만큼 떨어진 곳에 있는 별이 북극성이다.

---

01 별은 스스로 빛을 내는 천체입니다.

02 별은 지구에서 매우 먼 거리에 있어서 반짝이는 밝은 점으로 보이지만, 태양은 지구에 비교적 가까운 거리에 있어서 크게 보입니다.

채점 기준
태양이 다른 별과 비교하여 지구와 가까이 있다는 내용으로 썼으면 정답으로 합니다.

03 행성은 태양 주위를 돌며 별보다 지구에 가까이 있기 때문에 여러 날 동안 관측하면 별들 사이에서 위치가 조금씩 변합니다.

04 위치가 변한 천체를 찾아 ◯표 하면 다음과 같습니다.

05 여러 날 동안 밤하늘을 관측했을 때 위치가 변한 천체는 행성입니다. 행성은 태양 주위를 도는 둥근 모양의 천체입니다.
① 행성은 스스로 빛을 내는 것이 아니라 태양 빛이 반사되어 우리에게 보입니다.
② 행성은 태양계의 구성원입니다.
③ 행성은 태양 주위를 도는 천체입니다.
⑤ 행성은 별보다 지구에 가까이 있습니다.

06 목성과 토성은 주위의 별보다 지구로부터 떨어져 있는 거리가 훨씬 가깝기 때문에 더 밝고 또렷하게 보입니다.

07 별자리의 이름에 동물이 많지만, 사람 또는 물건의 이름을 붙이기도 합니다.

08 별을 관측하기에 적당한 곳은 주변이 탁 트이고 밝지 않은 곳입니다.
㉢ 가로등이 켜져 있는 곳은 밝아서 별자리 관측이 어렵습니다.
㉣ 나무나 건물이 많은 곳은 밤하늘을 가리는 부분이 생길 수 있습니다.

09 ① 해가 진 뒤 약 1시간 정도 지나야 별이 보일 정도로 어두워집니다.
③ 흐린 날에는 구름 때문에 별자리 관측이 어려울 수 있으므로 맑은 날 관측합니다.

10 북두칠성은 큰곰자리의 꼬리에 해당하는 부분으로, 일곱 개의 별로 되어 있고 국자 모양입니다.

11 카시오페이아자리는 W자 또는 M자 모양입니다.

12 큰곰자리, 북두칠성, 작은곰자리, 카시오페이아자리는 북쪽 밤하늘에서 계절에 상관없이 항상 볼 수 있는 별자리입니다.

13 북극성은 항상 북쪽에 있어서 방위를 알 수 있는 별입니다.

14 북극성을 찾아 바라보고 섰을 때 앞쪽은 북쪽, 뒤쪽은

남쪽, 오른쪽은 동쪽, 왼쪽은 서쪽이 됩니다.

15 북극성은 항상 북쪽에 있어서 나침반이나 지도가 없을 때 북극성을 보고 방위를 알 수 있습니다.

> **채점 기준**
>
> 북극성은 항상 북쪽에 있어서 방위를 알 수 있다는 내용으로 썼으면 정답으로 합니다.

16 ㉠은 일곱 개의 별이 국자 모양으로 무리 지어 있는 북두칠성이고, ㉡은 다섯 개의 별이 W자 또는 M자 모양으로 무리 지어 있는 카시오페이아자리입니다. 북두칠성과 카시오페이아자리를 이용하여 북극성을 찾을 수 있습니다.

17 북쪽 밤하늘에서 볼 수 있는 카시오페이아자리입니다.

18 카시오페이아자리를 이용하여 북극성을 찾을 수 있습니다.

> **채점 기준**
>
> 점 ㉠과 별 ㉡을 연결한 거리의 다섯 배만큼 떨어진 곳에서 북극성을 찾을 수 있다는 내용으로 썼으면 정답으로 합니다.

 서술형·논술형 평가 돋보기 78~79쪽

연습 문제

1 (1) 별, 행성 (2) 행성, 별, 가까이 **2** (1) 북쪽, 남쪽, 동쪽, 서쪽 (2) 북, 방위

실전 문제

1 예 목성과 토성이 별보다 지구에 훨씬 가까이 있기 때문이다. **2** 예 별자리 모습과 이름은 지역과 시대에 따라 다르기 때문이다. **3** (1) 북극성 (2) 예 주변이 탁 트이고 밝지 않은 곳이다. **4** 예 북두칠성의 국자 모양 끝부분에서 별 ㉠, ㉡을 찾아 연결한 뒤, 그 거리의 다섯 배만큼 떨어진 곳에서 북극성을 찾을 수 있다.

연습 문제

1 (1) 여러 날 동안 밤하늘을 관측하면 별은 위치가 거의 변하지 않지만, 행성은 위치가 조금씩 변합니다.

(2) 행성은 태양 주위를 돌며 별보다 지구에 가까이 있기 때문에 여러 날 동안 관측하면 위치가 조금씩 변합니다. 별은 행성보다 지구에서 매우 먼 거리에 있기 때문에 반짝이는 밝은 점으로 보이며, 항상 같은 위치에서 움직이지 않는 것처럼 보입니다.

2 (1) 북극성을 찾으면 방위를 알 수 있습니다. 북극성을 찾아 바라보고 섰을 때 앞쪽은 북쪽, 뒤쪽은 남쪽, 오른쪽은 동쪽, 왼쪽은 서쪽이 됩니다.

(2) 북극성은 항상 북쪽에 있어서 방위를 알 수 있는 별입니다.

실전 문제

1 목성과 토성은 태양계 행성이고, 대부분의 별은 태양계 밖의 매우 먼 거리에 있습니다.

> **채점 기준**
>
> 목성과 토성이 별보다 지구에 훨씬 가까이 있다는 내용으로 썼으면 정답으로 합니다.

2 별자리의 모습과 이름은 지역과 시대에 따라 다릅니다. 큰곰자리는 서양의 별자리이고, 북두칠성은 큰곰자리의 꼬리에 해당하는 부분으로 동양의 별자리입니다.

> **채점 기준**
>
> 별자리의 이름이 지역과 시대에 따라 다르다는 내용으로 썼으면 정답으로 합니다.

3 (1) ㈎는 작은곰자리이고 북극성을 포함하고 있으며, ㈏는 카시오페이아자리이고 북극성을 찾는 데 이용하는 별자리입니다.

(2) 별을 관측하기에 적당한 곳은 주변이 탁 트이고 밝지 않은 곳입니다. 주변에 높은 건물이 있으면 밤하늘에서 가려지는 부분이 생길 수 있고, 가로등이 켜져 있는 곳은 밝아서 별자리 관측이 어렵습니다.

> **채점 기준**
>
> | 상 | 주변이 탁 트인 곳, 밝지 않은 곳이라는 내용을 모두 포함하여 옳게 쓴 경우 |
> |---|---|
> | 중 | 주변이 탁 트인 곳, 밝지 않은 곳이라는 내용 중 일부만 포함하여 옳게 쓴 경우 |
> | 하 | 답을 틀리게 쓴 경우 |

4 북두칠성의 국자 모양 끝부분에서 별 ㉠, ㉡을 찾아 연결한 뒤, 그 거리의 다섯 배만큼 떨어진 곳에서 북극성을 찾을 수 있습니다.

채점 기준
별 ㉠, ㉡을 연결한 거리의 다섯 배만큼 떨어진 곳에서 북극성을 찾을 수 있다는 내용으로 썼으면 정답으로 합니다.

 대단원 마무리 81~84쪽

01 태양 **02** ③ **03** ③ **04** (1) – ㉡ (2) – ㉢ (3) – ㉠
05 ③ **06** 예 태양 주위를 도는 둥근 모양의 천체이다.
07 (1) ㉠, ㉡ (2) ㉢, ㉣ **08** ③ **09** ㉡ **10** ④ **11** (1) ㉢
(2) ㉡ **12** 예 상대적으로 크기가 작은 행성에는 수성, 금성, 지구, 화성이 있고, 상대적으로 크기가 큰 행성에는 목성, 토성, 천왕성, 해왕성이 있다. **13** ③ **14** ① **15** ㉡ **16** 행성
17 ① **18** ① **19** 이름 **20** 예 ㉡, 해가 진 뒤 약 1시간 정도 지나서 별이 보일 정도로 어두워졌을 때 관측한다. **21** 북극성 **22** ② **23** ③ **24** 다섯(5)

01 태양은 우리 생활에 여러 가지 영향을 미칩니다.

02 생물은 태양으로부터 에너지를 얻어 살아갑니다. 식물은 태양 빛으로 광합성을 하여 스스로 양분을 만들어 살아가는데 태양이 없다면 식물은 자랄 수 없습니다. 식물이 없어지면 식물을 먹이로 하는 동물도 살기 어렵습니다.

03 태양은 지표면의 물이 증발하여 순환할 수 있도록 에너지를 공급합니다.

04 태양은 태양계에서 유일하게 스스로 빛을 내는 별입니다. 지구는 태양의 주위를 도는 둥근 천체로 행성입니다. 달은 행성인 지구 주위를 도는 위성입니다.

05 태양은 스스로 빛을 내지만, 행성은 스스로 빛을 내는 것이 아니라 태양 빛이 반사되어 우리에게 보입니다.

06 태양계 행성은 모두 태양 주위를 돌고 있으며, 둥근 모양을 하고 있습니다.

07 태양계는 태양, 행성, 위성, 소행성, 혜성 등으로 구성되어 있습니다. ㉢ 북극성, ㉣ 북두칠성은 태양계 밖의 별이므로 태양계의 구성원이 아닙니다.

08 제시된 행성은 토성입니다. 태양계 행성 중 가장 큰 것은 목성입니다.

09 지구와 가장 가까운 행성은 금성입니다.

10 태양계 행성을 상대적인 크기가 큰 것부터 순서대로 나열하면 목성(11.2), 토성(9.4), 천왕성(4.0), 해왕성(3.9), 지구(1.0), 금성(0.9), 화성(0.5), 수성(0.4)입니다.
① 금성은 지구보다 작습니다.
② 화성은 지구보다 작습니다.
③ 수성은 화성보다 작습니다.
⑤ 해왕성은 천왕성보다 작습니다.

11 지구를 반지름이 1 cm인 구슬이라고 하면 목성은 반지름이 약 11.0 cm인 축구공에 비유할 수 있고, 천왕성은 반지름이 약 3.5 cm인 야구공에 비유할 수 있습니다.

12 태양계 행성의 상대적인 크기를 비교하여 상대적으로 크기가 작은 행성과 큰 행성으로 분류할 수 있습니다.

13 태양에서 행성까지의 거리가 먼 것부터 순서대로 나열하면 해왕성, 천왕성, 토성, 목성, 화성, 지구, 금성, 수성입니다. 그러므로 두루마리 휴지가 세 번째로 많이 필요한 행성은 토성입니다.

14 태양에서 지구보다 가까이 있는 행성은 수성, 금성이고, 태양에서 지구보다 멀리 있는 행성은 화성, 목성, 토성, 천왕성, 해왕성입니다. 그러므로 태양과 지구 사이에 있는 행성은 수성과 금성입니다.

15 지금보다 태양과 지구가 더 가까워지면 빙하가 모두 녹아 해수면이 높아져 생물이 살 수 있는 땅이 없어질 것입니다.

16 천체의 위치를 표시한 투명 필름 세 장을 겹쳤을 때 위

치가 달라진 천체는 행성입니다. 별의 위치는 변하지 않았습니다.

17 여러 날 동안 밤하늘을 관측하였을 때 위치가 변한 천체는 행성이고, 한 개입니다. 위치가 변하지 않은 천체는 별이고, 별의 개수는 많습니다.

18 ② 밤하늘에서 볼 수 있는 천체는 별뿐만 아니라 행성도 있습니다.
③ 밤하늘에 있는 수많은 별은 태양계의 구성원이 아니라 태양계 밖에 있습니다.
④ 밤하늘에 보이는 별은 행성보다 지구에서 멀리 떨어져 있습니다.
⑤ 별은 스스로 빛을 내는 천체입니다.

19 별자리는 밤하늘에 무리 지어 있는 별을 연결해 사람이나 동물 또는 물건의 이름을 붙인 것입니다. 별자리의 모습과 이름은 지역과 시대에 따라 다릅니다.

20 별자리는 해가 진 뒤 약 1시간 정도 지나 어두워진 뒤 관측합니다.

21 북극성은 항상 북쪽에 있어서 방위를 알 수 있는 별입니다.

22 북쪽 밤하늘에서 계절에 상관없이 항상 볼 수 있는 별자리는 큰곰자리, 북두칠성, 작은곰자리, 카시오페이아자리입니다. 작은곰자리는 북극성을 포함하고 있습니다.

23 ㉠은 일곱 개의 별이 국자 모양으로 무리 지어 있는 북두칠성, ㉡은 북극성, ㉢은 다섯 개의 별이 W자 또는 M자 모양으로 무리 지어 있는 카시오페이아자리입니다. 북두칠성과 카시오페이아자리를 이용하여 북극성을 찾을 수 있습니다. ③ 북극성은 실제로 가장 밝은 별은 아니지만, 밝은 편에 속합니다. 밤하늘에서 가장 밝은 별은 시리우스라는 별입니다.

24 별자리 ㉠은 북두칠성입니다. 북두칠성의 국자 모양 끝부분에서 두 별을 찾아 연결한 뒤, 그 거리의 다섯 배만큼 떨어진 곳에 있는 별 ㉡은 북극성입니다.

---

1 (1) ㈎ 수성, 금성 ㈏ 화성, 목성, 토성, 천왕성, 해왕성 (2)
예 상대적으로 크기가 작은 행성은 태양에 가까이 있고, 상대적으로 크기가 큰 행성은 태양으로부터 멀리 떨어져 있다.
2 (1) ㈎ 북두칠성, 다섯(5) ㈏ 카시오페이아자리, 다섯(5) (2)
예 북극성은 항상 북쪽에 있어서 나침반이나 지도가 없을 때 북극성을 찾으면 방위를 알 수 있기 때문이다.

1 (1) 태양에서 지구보다 가까이 있는 행성은 수성, 금성이고, 태양에서 지구보다 멀리 있는 행성은 화성, 목성, 토성, 천왕성, 해왕성입니다.
(2) 수성, 금성, 지구, 화성은 상대적으로 태양 가까이에 있고, 목성, 토성, 천왕성, 해왕성은 상대적으로 태양으로부터 멀리 있습니다. 상대적으로 크기가 작은 행성은 태양 가까이에 있고, 크기가 큰 행성은 태양으로부터 멀리 떨어져 있습니다.

2 (1) 북두칠성과 카시오페이아자리를 이용하여 북극성을 찾을 수 있습니다.
(2) 북극성은 항상 북쪽에 있어서 북극성을 찾으면 방위를 알 수 있습니다.

④ 단원
용해와 용액

(1) 용해, 용질의 무게 비교, 용질의 종류와 용해되는 양

탐구 문제   91쪽

1 (1) ○ (2) ○ (3) × (4) ○ **2** (1) ㉣ (2) ㉠, ㉡, ㉢

1 백반은 물에 세 숟가락 이상 넣으면 일부는 용해되지 않고 비커 바닥에 가라앉습니다.

2 용질의 종류에 따라 물에 용해되는 양을 비교하는 실험이므로, 용질의 종류만 다르게 하고 나머지 조건은 모두 같게 합니다.

핵심 개념 문제   92~94쪽

01 멸치 가루 **02** ② **03** ㉠ 용질, ㉡ 용매 **04** ㉢ **05** ㉢ **06** (1) ○ **07** ㉠ 110, ㉡ 5 **08** ③ **09** ㉠, ㉢ **10** 베이킹 소다 **11** ㉠ 용질, ㉡ 용해 **12** ㈎

01 소금과 설탕은 물에 녹고, 멸치 가루는 물에 녹지 않습니다.

02 ㈎는 소금이 물에 녹아 물 위에 뜨거나 가라앉은 것이 없고 투명합니다. ㈐는 멸치 가루가 물에 녹지 않고 물 위에 뜨거나 가라앉은 것이 있습니다.

03 다른 물질에 녹는 물질을 용질이라고 하고, 다른 물질을 녹이는 물질을 용매라고 합니다.

04 멸치 가루는 물 위에 뜨거나 가라앉으므로 ㉢은 용액이라고 할 수 없습니다.

05 무게를 잴 때 시약포지의 무게도 함께 재어야 정확한 결과를 얻을 수 있습니다.

06 각설탕이 물에 용해되기 전과 용해된 후의 무게는 같습

니다.

07 소금이 물에 용해되기 전과 용해된 후의 무게는 서로 같습니다. 따라서 ㉠은 $8+102=110\,\mathrm{g}$이고, ㉡은 $105-100=5\,\mathrm{g}$입니다.

08 소금이 물에 용해되면 없어지는 것이 아니라 매우 작아져 물에 골고루 섞여서 용액이 되기 때문에 소금이 물에 용해되어도 무게는 변화가 없습니다.

09 설탕과 소금은 다 용해되었지만, 베이킹 소다는 다 용해되지 않고 바닥에 가라앉았습니다.

10 온도와 양이 같은 물에 설탕이 가장 많이 용해되고, 베이킹 소다가 가장 적게 용해됩니다.

11 온도와 양이 같은 물에 용질을 세 숟가락 넣었을 때 용질 ㈎는 다 용해되었지만 용질 ㈏는 일부만 용해되고 나머지는 바닥에 가라앉았습니다. 따라서 물의 온도와 양이 같아도 용질마다 물에 용해되는 양이 서로 다릅니다.

12 물의 양을 2배로 늘려도 더 많이 용해되는 용질의 종류는 변하지 않습니다. 용질 ㈎가 용질 ㈏보다 더 많이 용해됩니다.

중단원 실전 문제   95~98쪽

01 ③ **02** ㉠ **03** 용해 **04** 용액 **05** (1) 각설탕 (2) 물 **06** ⑤ **07** ㉡, ㉢, ㉠ **08** ③ **09** ④ **10** ④ **11** 122.8 **12** 예 각설탕이 물에 용해되면 없어지는 것이 아니라 매우 작아져 물에 골고루 섞여 용액이 되기 때문이다. **13** ④ **14** ⑤ **15** ⑤ **16** ㈎ **17** ㉡ **18** ㉠ **19** ㉠ **20** 설탕, 소금, 베이킹 소다 **21** 예 소금과 베이킹 소다는 물에 다 용해되지 않을 것이다. **22** (3) ○ **23** ㉢ **24** ㉡

01 ① 소금은 물에 모두 녹아 투명합니다.
② 설탕은 물에 모두 녹아 바닥에 가라앉은 물질이 없습니다.
④ 멸치 가루는 물에 녹지 않고 물과 섞여 뿌옇게 흐려집니다.

⑤ 멸치 가루는 물 위에 뜨거나 바닥에 가라앉은 것이 있습니다.

02 ㉡ 멸치 가루는 물에 녹지 않고 바닥에 가라앉았습니다. ㉢ 설탕은 물에 모두 녹았습니다.

03 어떤 물질이 다른 물질에 녹아 골고루 섞이는 현상을 용해라고 합니다.

04 용질이 용매에 골고루 섞여 있는 물질을 용액이라고 합니다. 소금물은 용액입니다.

05 용질은 녹는 물질이므로 각설탕, 용매는 녹이는 물질이므로 물이 됩니다. 설탕물은 용액입니다.

06 ①, ②, ③, ④는 용액이지만, ⑤는 과일을 생으로 갈아서 만든 과일 주스로, 용액이 아닙니다.

07 각설탕을 물에 넣으면 시간이 지남에 따라 큰 각설탕이 작은 설탕 가루로 부서지면서 크기가 작아지고, 작아진 설탕은 더 작은 크기의 설탕으로 나뉘어 물에 골고루 섞여 눈에 보이지 않게 됩니다.

08 ① 각설탕이 물에 용해되어도 물의 양은 변화가 없습니다.
② 각설탕이 작게 부스러져 눈에 보이지 않을 정도로 작아질 뿐 없어지는 것은 아닙니다.
④ 시간이 지나도 각설탕의 양은 변하지 않습니다.
⑤ 시간이 지나면 물에 용해된 각설탕은 물과 골고루 섞입니다.

09 각설탕이 물에 용해되면 없어지는 것이 아니라 매우 작아져 물에 골고루 섞이므로, 각설탕이 물에 용해되기 전과 용해된 후의 무게는 같습니다.

10 작은 설탕 가루가 점점 녹아 물에 골고루 섞여 보이지 않게 됩니다.

11 각설탕이 물에 용해되기 전과 용해된 후의 무게는 서로 같습니다.

12 용질이 물에 용해되면 없어지는 것이 아니라 매우 작아져 물에 골고루 섞여 용액이 되므로, 용질이 용해되기

전과 용해된 후의 무게는 같습니다.

13 각설탕이 물에 용해되면 없어지는 것이 아니라 매우 작아져 물에 골고루 섞이므로, 각설탕이 물에 용해되기 전과 용해된 후의 무게는 같습니다.

14 소금이 물에 완전히 용해되면 없어지는 것이 아니라 매우 작아져 물과 골고루 섞이므로, 소금이 물에 용해되기 전과 용해된 후의 무게는 같습니다. 소금 5 g이 물 50 g에 완전히 용해되면 소금물 55 g이 됩니다.

15 용액의 무게는 ① 55 g, ② 70 g, ③ 105 g, ④ 110 g, ⑤ 115 g입니다.

16 여덟 숟가락 넣었을 때 용질 ㉮는 다 용해되었고, 용질 ㉯는 바닥에 가라앉았으므로, 용질 ㉮가 용질 ㉯보다 물에 더 많이 용해됩니다.

17 ㉠ 제시된 실험으로 물에 용해되는 용질의 양과 알갱이 크기와의 관계는 알 수 없습니다.
㉢ 온도가 같은 물의 양을 반으로 줄이면 용질 ㉮와 용질 ㉯가 용해되는 양이 줄어듭니다.

18 ㉡ 용질의 색깔과 물에 용해되는 양은 관계가 없습니다. 물에 용해되는 양은 용질의 종류에 따라 다릅니다.
㉢ 물의 온도와 양이 같아도 용질의 종류에 따라 물에 용해되는 양이 다릅니다.

19 베이킹 소다는 물에 한 숟가락 넣었을 때 모두 녹습니다. 따라서 베이킹 소다가 물에 전혀 녹지 않는 용질은 아닙니다.

20 설탕은 물에 여덟 숟가락을 넣었을 때 다 용해되었지만, 베이킹 소다는 물에 두 숟가락을 넣었을 때에도 다 용해되지 않았으므로, 설탕이 물에 가장 많이 용해되고 베이킹 소다가 물에 가장 적게 용해됩니다.

21 소금은 여덟 숟가락 넣었을 때 물에 다 용해되지 않고 바닥에 가라앉았으므로, 아홉 숟가락 넣었을 때도 물에 용해되지 않을 것입니다. 베이킹 소다는 물에 두 숟가락 넣었을 때부터 물에 다 용해되지 않았으므로, 아홉 숟가락 넣었을 때도 역시 물에 용해되지 않고 바닥에

가라앉을 것입니다.

22 (1) 설탕이 가장 많이 용해됩니다.

(2) 베이킹 소다가 가장 적게 용해됩니다.

(4) 설탕을 여덟 숟가락 넣었을 때 다 용해됩니다.

23 용질의 양이 같을 때 용매의 양이 많을수록 용해되는 용질의 양이 많으므로, 베이킹 소다가 다 용해된 ⓒ 비커의 물의 양이 가장 많습니다.

24 ㉠ 물의 양이 같아도 용질이 용해되는 양은 모두 다릅니다.

ⓒ 분말주스와 설탕의 알갱이 크기가 같더라도 물에 용해되는 양은 서로 다릅니다.

서술형·논술형 평가 돋보기

99~100쪽

연습 문제

1 (1) ⓒ (2) 소금(설탕), 설탕(소금), 용해 **2** (1) 143.3 (2) 같다

실전 문제

1 예 용질인 설탕이 용매인 물에 완전히 용해되어 용액인 설탕물이 된다. **2** (1) 선경 (2) 예 흙탕물은 물에 녹아 골고루 섞이지 않고 뜨거나 가라앉은 것이 있기 때문에 용액이 아니다. **3** (1) (다) (2) 예 두 숟가락씩 넣었을 때 (가)와 (나)는 다 용해되었지만, (다)는 다 용해되지 않고 비커 바닥에 가라앉았으므로 물에 용해되는 양이 가장 적다. **4** 예 비커에 물을 더 넣는다.

연습 문제

1 (1) 멸치 가루를 물에 넣고 저으면 물 위에 뜨거나 가라앉으므로 멸치 가루는 물에 모두 녹지 않습니다.

(2) 어떤 물질이 다른 물질에 녹아 골고루 섞이는 현상을 용해라고 합니다.

2 (1) 각설탕이 물에 용해되기 전과 용해된 후의 무게는 같습니다. 따라서 물이 담긴 비커의 무게(123.2 g)와 각설탕이 담긴 시약포지와 유리 막대의 무게(20.1 g)를 합한 143.3 g이 각설탕이 물에 용해된 후에 측정한 무게입니다.

(2) 각설탕이 물에 용해되면 없어지는 것이 아니라 매우 작아져 물에 골고루 섞이므로, 각설탕이 물에 용해되기 전과 용해된 후의 무게는 같습니다.

실전 문제

1 설탕을 물에 넣으면 모두 녹습니다. 이때 설탕은 용질, 물은 용매, 설탕물은 용액, 설탕이 물에 녹는 현상은 용해라고 합니다. 따라서 용질이 용매에 용해된 것을 용액이라고 합니다.

채점 기준

용질, 용매, 용액, 용해라는 단어를 모두 포함하여 썼으면 정답으로 합니다.

2 (1) 용액은 용질이 용매에 완전히 용해되어 뜨거나 가라앉은 물질이 없고, 거름종이로 걸렀을 때 걸러지는 물질이 없습니다. 흙탕물은 흙이 물에 완전히 용해된 것이 아니므로 용액이 아닙니다.

(2) 흙탕물은 시간이 지나면 흙이 바닥에 가라앉고, 거름종이로 걸렀을 때 흙이 거름종이에 남습니다. 따라서 흙탕물은 용액이 아닙니다.

채점 기준

흙탕물이 용액이 아닌 까닭을 썼으면 정답으로 합니다.

3 (1) 용질을 두 숟가락씩 넣었을 때 (다)는 다 용해되지 않고 비커 바닥에 가라앉았으므로 (다)가 물에 용해되는 양이 가장 적습니다.

(2) 용질을 두 숟가락씩 넣었을 때 (가)와 (나)는 다 용해되었지만 (다)는 다 용해되지 않고 비커 바닥에 가라앉았으므로 (다)가 물에 용해되는 양이 가장 적습니다.

채점 기준

(다)가 물에 용해되는 양이 가장 적은 까닭을 썼으면 정답으로 합니다.

4 베이킹 소다를 두 숟가락 넣고 저었을 때 다 용해되지 않고 비커 바닥에 가라앉았습니다. 용질을 더 많이 용해하려면 용매의 양이 많아야 하므로, 베이킹 소다를 다 용해하려면 비커에 물을 더 넣습니다.

(2) 물의 온도와 용질이 용해되는 양, 용액의 진하기

탐구 문제　　　　　　　　　　　105쪽

1 ⑤　**2** ㉠

1 용액의 진하기를 비교하는 도구는 용액에 넣었을 때 기울어지지 않도록 균형을 잡을 수 있게 만들어야 합니다.

2 용액의 진하기를 비교하는 도구가 가장 높이 떠오른 설탕물이 가장 진합니다.

핵심 개념 문제　　　　　　　106~109쪽

01 ③　**02** ㉡　**03** ㈎　**04** ㉠　**05** ④　**06** (1) ○　**07** ⑤
08 ②　**09** (4) ○　**10** ㈎　**11** ⑤　**12** ④　**13** ㈏　**14** (4) ○
15 ㉣　**16** ㉣

01 액체의 부피를 잴 때 눈금실린더를 사용합니다.

02 40 ℃의 따뜻한 물과 10 ℃의 차가운 물에 백반을 용해하는 실험이므로, 다르게 한 조건은 물의 온도입니다.

03 물의 온도가 높을수록 백반이 용해되는 양이 많습니다. ㈎의 백반은 다 용해되고 ㈏의 백반은 바닥에 가라앉았으므로, ㈎ 비커에 담긴 물의 온도가 더 높습니다.

04 비커 바닥에 가라앉은 백반을 다 용해하려면 물의 온도를 높여야 하므로 비커를 가열합니다.

05 일반적으로 물의 온도가 높을수록 용질이 많이 용해됩니다.

06 컵을 전자레인지에 넣고 데우면 온도가 올라가므로 가라앉은 코코아 가루가 녹게 됩니다.

07 백반이 다 용해된 백반 용액을 얼음물에 넣으면 온도가 낮아지므로 백반이 용해되는 양이 줄어듭니다. 따라서 백반 용액에 녹아 있던 백반이 알갱이로 변해 비커 바닥에 가라앉게 됩니다.

08 물의 온도에 따라 백반이 물에 용해되는 양이 달라집니다.

09 (1) ㈎는 ㈏보다 무게가 무겁습니다.
(2) ㈏는 ㈎보다 용액의 맛이 덜 답니다.
(3) ㈎는 ㈏보다 용액의 높이가 더 높습니다.

10 ㈎가 ㈏보다 더 진한 용액입니다.

11 온도와 양이 같은 물에 용질을 더 많이 녹일수록 용액의 진하기가 진해집니다.

12 용액이 진할수록 용액의 온도가 더 높아지는 것은 아닙니다.

13 방울토마토가 위로 떠오를수록 용액이 진하므로, ㈏ 용액이 더 단맛이 납니다.

14 용액에 물을 더 넣으면 용액의 진하기가 묽어지므로 방울토마토가 아래로 내려가게 됩니다.

15 용액의 진하기를 비교하는 도구는 용액의 진하기에 따라 뜨거나 가라앉을 수 있도록 적당한 무게로 만들어야 합니다. 따라서 고무찰흙을 최대한 조금만 붙이기보다 적당한 무게가 되도록 붙여야 합니다.

16 용액의 진하기를 비교하는 도구가 너무 무거워서 바닥에 가라앉았으므로, 고무찰흙의 일부를 떼어 내어 도구를 가볍게 만들어야 합니다.

01 ③ 02 ② 03 ④ 04 < 05 ② 06 ⑩ 물의 온도가 낮아지면 백반이 용해되는 양이 줄어들어 백반 알갱이가 생긴다. 07 (나) 08 (1) ○ (3) ○ 09 ⓒ 10 ⑤ 11 ⑩ 백반 용액을 가열한다. 12 ⑤ 13 ④ 14 (나) 15 ⑩ 용액의 색깔이 가장 진하기 때문이다. 용액의 높이가 가장 높기 때문이다. 16 (가) 17 ⓒ 18 ③ 19 ⑤ 20 ⓒ 21 (다) 22 ④ 23 ③ 24 ⑩ 비커에 물을 더 넣는다.

01 서로 다른 온도의 물에 같은 양의 백반을 넣어 용해되는 양을 알아보는 실험입니다.

02 온도가 다른 따뜻한 물과 차가운 물에 백반을 넣고 백반이 용해되는 양을 알아보는 실험입니다.

03 (나) 비커에는 백반이 바닥에 가라앉습니다.

04 차가운 물보다 따뜻한 물에 백반이 더 많이 용해됩니다.

05 물의 온도가 높을수록 백반이 많이 용해됩니다.

06 백반 용액이 든 비커를 얼음물 속에 넣으면 물의 온도가 낮아져 백반이 용해되는 양이 줄어듭니다. 따라서 용해된 백반이 다시 알갱이로 변해 비커 바닥에 가라앉게 됩니다.

07 물의 온도에 따라 백반이 용해되는 양을 비교하는 실험이므로, 다르게 해야 할 조건은 물의 온도입니다. 따라서 물의 양은 같게 해야 합니다.

08 10 ℃와 30 ℃의 물에는 백반이 완전히 용해되지 않았습니다.

09 50 ℃의 물에 용해되는 백반의 양이 가장 많으므로, 백반이 물에 용해되는 양에 영향을 주는 것은 물의 온도입니다.

10 물의 양이 같을 때 물의 온도가 높을수록 백반이 많이 용해됩니다.

11 용해되지 않은 백반을 모두 용해시키려면 백반 용액의 온도를 높이면 됩니다. 예를 들어 백반 용액을 전자레인지 등에 넣어서 가열하거나, 뜨거운 물을 백반 용액이 들어 있는 비커에 넣어 주는 방법이 있습니다.

12 백반이 모두 용해된 백반 용액이 든 비커를 얼음물 속에 넣으면 온도가 낮아져 백반이 용해되는 양이 줄어듭니다.

13 백반이 모두 용해되지 않고 비커 바닥에 가라앉은 용액에 따뜻한 물을 넣으면 물의 양은 늘어나고 물의 온도는 높아져 바닥에 가라앉은 백반이 점점 녹습니다.

14 가장 진한 황설탕 용액은 용액의 색깔이 가장 진하고, 높이가 가장 높습니다.

15 황색 각설탕을 넣어 만든 용액은 색깔이나 용액의 높이로 용액의 진하기를 구별할 수 있습니다. 용액의 색깔이 진할수록, 용액의 높이가 높을수록 황색 각설탕이 많이 용해된 것이므로 용액의 진하기가 가장 진합니다.

16 각설탕을 많이 용해할수록 진한 용액입니다. 용액이 진할수록 방울토마토가 위로 떠오릅니다.

17 실험에서 같은 방울토마토를 사용하는 까닭은 무게가 같아야 하기 때문입니다. 무게가 다르면 물에 뜨는 정도에 차이가 나므로 같은 방울토마토를 사용합니다.

18 방울토마토 대신 메추리알, 청포도 등을 사용할 수 있습니다.

19 색깔로 구별할 수 없는 투명한 용액의 진하기는 용액의 진하기에 따라 뜨고 가라앉을 수 있는 물체를 용액에 넣어 떠오르는 정도로 비교할 수 있습니다.

20 용액의 진하기를 비교하는 도구를 만들 때 적당한 무게와 균형을 맞추기 위해 고무찰흙을 붙입니다. 수수깡과 스타이로폼은 너무 가볍고, 쇠구슬은 너무 무겁습니다.

21 가장 묽은 설탕물은 용액의 진하기를 비교하는 도구가 가장 낮은 위치에 있습니다.

22 메추리알이 가장 높이 떠오른 (나) 소금물의 진하기가 가장 진하고, 메추리알이 바닥에 가라앉은 (가) 소금물의 진하기가 가장 묽습니다.

23 ㈎ 소금물에 넣은 메추리알의 높이가 가장 낮으므로 ㈎ 소금물에 용해된 소금의 양이 가장 적습니다.

24 메추리알을 가라앉게 하려면 용액의 진하기를 묽게 하면 됩니다. 즉, 용액이 담긴 비커에 물을 더 넣으면 용액이 묽어집니다.

서술형·논술형 평가 돋보기   114~115쪽

연습 문제

1 (1) ㈏ (2) 다르다, 높을수록, 낮을수록   **2** (1) ㈏ (2) 진할수록, 묽을수록(연할수록)

실전 문제

1 ⟨예⟩ 온도가 높은 물에 백반을 용해한다.   **2** ⟨예⟩ 백반 용액이 든 비커의 바닥에 백반 알갱이가 가라앉는다.   **3** (1) ㈏ (2) ⟨예⟩ 용액에 설탕을 더 넣는다.   **4** ⟨예⟩ 사해의 물이 우리나라의 바다보다 더 진하기 때문이다.

연습 문제

1 (1) 백반은 차가운 물보다 따뜻한 물에 많이 용해되기 때문에 백반이 모두 용해된 ㈏ 비커에 따뜻한 물이 들어 있습니다.
(2) 물의 온도가 높을수록 백반이 용해되는 양이 많아지고, 물의 온도가 낮을수록 백반이 용해되는 양이 줄어듭니다.

2 (1) 용액이 진할수록 메추리알이 위로 높이 떠오릅니다. 따라서 ㈏ 용액이 더 진한 용액입니다.
(2) 용액의 진하기가 진할수록 메추리알이 높이 떠오르고, 진하기가 묽을수록 메추리알이 바닥에 줄어듭니다.

실전 문제

1 같은 양의 물에 백반을 더 많이 용해하려면 물의 온도를 높이면 됩니다. 따라서 물을 가열하거나 따뜻한 물에 백반을 넣습니다.

채점 기준

물의 온도를 높이는 내용이면 정답으로 합니다.

2 백반이 다 용해된 백반 용액을 얼음물이 든 비커에 넣으면 용액의 온도가 낮아지고 용해되는 백반의 양이 줄어듭니다. 따라서 백반 용액이 든 비커 바닥에 백반 알갱이가 가라앉게 됩니다.

채점 기준

백반 알갱이가 생긴다는 내용이면 정답으로 합니다.

3 (1) 설탕을 가장 많이 넣은 설탕물이 가장 진하고, 설탕물이 진할수록 방울토마토가 위로 떠오릅니다. 따라서 ㈏ 비커에 담긴 설탕물에 설탕이 가장 많이 용해되어 있습니다.
(2) 비커 바닥에 가라앉은 방울토마토를 위로 떠오르게 하려면 용액을 더 진하게 해야 합니다. 따라서 설탕물에 설탕을 더 넣습니다.

채점 기준

용액의 진하기를 진하게 하는 방법으로 적절하면 정답으로 합니다.

4 사해는 우리나라의 바다보다 더 짭니다. 즉, 사해에는 소금이 많이 녹아 있어서 진합니다. 그래서 사해에서는 사람이 가만히 있어도 물 위에 뜰 수 있습니다.

채점 기준

사해에서 사람이 가만히 있어도 물에 뜨는 까닭으로 적절하면 정답으로 합니다.

대단원 마무리   117~120쪽

01 ⑤ **02** ㉢ **03** ② **04** 준수 **05** 구강 청정제, ⟨예⟩ 물 위에 뜨거나 바닥에 가라앉은 물질이 없기 때문이다. **06** ㉢ **07** 107 **08** (2) ◯ **09** ⟨예⟩ 소금을 물에 녹여 소금물을 만든다. **10** ㉢ **11** 설탕 **12** ㉢ **13** 물의 온도 **14** ③ **15** ㉡ **16** ㉠ **17** ③ **18** ⟨예⟩ 용액의 무게를 비교한다. 용액에 방울토마토를 넣어 떠오르는 정도를 비교한다. 용액의 높이를 비교한다. **19** (1) - ㉡ (2) - ㉠ **20** ㈎, ㈏, ㈐ **21** ⟨예⟩ 무게가 너무 무겁거나 가볍지 않고 적당하기 때문이다. **22** ② **23** ② **24** 달걀

01 ① 멸치 가루는 물에 잘 녹지 않습니다.

② 멸치 가루가 일부는 물과 섞이고 일부는 물 위에 뜨거나 바닥에 가라앉습니다.

③ 멸치 가루가 물에 잘 녹지 않아서 불투명합니다.

④ 물에 잘 섞이지 않은 멸치 가루가 눈에 보입니다.

02 소금과 설탕처럼 물에 녹는 물질이 있고, 멸치 가루처럼 물에 녹지 않는 물질이 있습니다.

03 물에 미숫가루를 섞은 것은 시간이 지나면 물 위에 뜨거나 가라앉은 물질이 생기므로, 용액이 아닙니다.

04 용질은 소금이나 설탕처럼 녹는 물질이고, 용매는 물처럼 녹이는 물질입니다.

05 용액은 녹는 물질이 녹이는 물질에 골고루 섞여 있는 물질입니다. 미숫가루 물은 물 위에 뜨거나 가라앉은 물질이 있고, 거름종이로 걸렀을 때 걸러지는 물질이 있으므로 용액이 아닙니다. 반면에 구강 청정제는 물 위에 뜨거나 가라앉은 물질이 없고, 거름종이로 걸렀을 때 걸러지는 물질이 없으므로 용액입니다.

06 완전히 용해된 설탕은 없어진 것이 아니라 눈에 보이지 않을 정도로 작아진 것입니다.

07 소금이 물에 용해되기 전과 용해된 후의 무게가 같으므로 ㉠은 7+100=107입니다.

08 (1) 소금이 물에 녹아 사라진 것이 아니라 눈에 보이지 않을 정도로 작아진 상태로 물과 골고루 섞였습니다.

(3) 소금이 물에 용해되면 바닥에 가라앉은 것이 없습니다.

09 용해는 어떤 물질이 다른 물질에 녹아 골고루 섞이는 현상입니다.

10 용질의 종류에 따라 물에 용해되는 양을 비교한 실험이므로 다르게 한 조건은 용질의 종류입니다. 용질의 종류를 제외한 나머지 조건은 모두 같게 해야 합니다.

11 온도와 양이 같은 물에 용해되는 양을 비교했을 때 설탕이 가장 많이 용해되고, 베이킹 소다가 가장 적게 용해됩니다.

12 ㉠ 물의 양이 많을수록 물에 녹는 용질의 양이 많아집니다.

㉡ 세 가지 용질 모두 물 50 mL에 용해되는 양보다 많은 양이 용해됩니다.

13 물의 온도에 따라 백반이 용해되는 양을 비교하는 실험입니다.

14 물을 따뜻하게 하기 위해 전기 주전자를 준비합니다.

15 물의 온도가 낮을수록 백반이 용해되는 양이 적습니다.

16 ㉡과 ㉢은 백반 알갱이를 다시 얻을 수 있는 방법이 아닙니다. ㉣과 같이 용액이 담긴 비커를 따뜻한 물에 넣으면 오히려 백반이 용해되는 양이 늘어납니다.

17 투명한 용액의 진하기는 용액의 무게나 높이를 비교하거나 용액에 방울토마토를 넣어 떠오르는 정도로 비교할 수 있습니다.

18 투명한 소금물의 진하기는 소금물의 무게를 재거나 높이를 측정해 비교할 수 있습니다. 또는 소금물에 방울토마토나 메추리알 등을 넣어 떠오르는 정도로 비교할 수 있습니다.

19 각설탕 열 개를 용해시킨 용액이 각설탕 한 개를 용해시킨 용액보다 진합니다. 따라서 각설탕 열 개를 용해시킨 용액에 넣은 방울토마토는 위로 떠오르고, 각설탕 한 개를 용해시킨 용액에 넣은 방울토마토는 바닥에 가라앉습니다.

20 용액의 진하기가 진할수록 방울토마토가 위쪽에 있습니다.

21 용액의 진하기를 비교하기 위해서는 무게가 너무 무겁거나 가볍지 않고 적당한 물체를 사용합니다. 주로 방울토마토, 메추리알, 청포도 등을 사용합니다.

22 설탕물에 설탕을 더 넣으면 진해지므로, 메추리알이 위로 떠오릅니다.

23 사해에 소금이 많이 녹아 있기 때문에 사해는 우리나라의 바다와 비교했을 때 매우 짭니다. 따라서 사해의 물

은 우리나라의 바다보다 진하므로 사해에서는 수영을 하지 못해도 몸이 물에 잘 뜹니다.

24 장을 담글 때 소금물의 진하기를 맞추기 위해 달걀을 사용합니다.

---

1 (1) 例 각설탕이 물에 용해되기 전과 용해된 후의 무게는 같다. (2) 例 각설탕은 크기가 점점 작아져 눈에 보이지 않으며, 없어지는 것이 아니라 물에 골고루 섞인다.   **2** (1) 다르게 한 조건: 물의 온도, 같게 한 조건: 백반의 양, 물의 양, 유리 막대로 젓는 횟수 등   (2) 例 백반 용액이 들어 있는 비커를 가열한다.

1 (1) 각설탕이 물에 용해되기 전과 용해된 후의 무게는 같습니다.

(2) 물에 용해된 각설탕은 크기가 점점 작아져 눈에 보이지 않지만 없어진 것이 아니라 물에 골고루 섞여 있습니다. 따라서 각설탕이 물에 용해되기 전과 용해된 후의 무게는 같습니다.

2 (1) 물의 온도 외에 다른 조건은 모두 같게 해야 합니다.

(2) 백반 알갱이를 다시 녹이려면 백반 용액의 온도를 높여야 합니다. 따라서, 백반 용액이 들어 있는 비커를 가열하거나 뜨거운 물을 백반 용액에 더 넣습니다.

---

⑤ 단원 다양한 생물과 우리 생활

(1) 곰팡이, 버섯, 짚신벌레, 해캄, 세균

1 해캄은 여러 개의 마디로 이루어져 있고, 여러 개의 가는 선 안에는 크기가 작고 둥근 모양의 초록색 알갱이가 있습니다.

2 해캄은 보통 식물이 가지고 있는 뿌리, 줄기, 잎 등의 특징을 가지고 있지 않습니다.

---

01 ㉠ 접안렌즈, ㉡ 대물렌즈, ㉢ 재물대, ㉣ 초점 조절 나사입니다.

02 ㉣ 초점 조절 나사는 상의 초점을 정확히 맞출 때 사용합니다.

03 곰팡이를 관찰할 때는 마스크와 장갑을 착용해야 합니다. 관찰이 끝난 후에는 반드시 손을 깨끗이 씻어야 합니다.

04 ① 곰팡이는 꽃이 피지 않습니다.
② 곰팡이는 포자로 번식합니다.
③ 안쪽에 주름이 많이 보이는 것은 버섯의 특징입니다.
⑤ 곰팡이는 뿌리, 줄기, 잎이 없습니다.

05 버섯에서는 보통 식물에 있는 줄기와 같은 모양을 볼 수 없습니다.

06 ㉠은 곰팡이를 관찰한 모습입니다.

07 균류는 스스로 양분을 만들지 못하고, 대부분 죽은 생물이나 다른 생물에서 양분을 얻어 살아갑니다.

08 균류는 따뜻하고 축축한 곳, 과일이나 식물 잎, 낙엽 밑, 나무 밑동 등에서 잘 자랍니다.

09 ㉠ 접안렌즈, ㉡ 회전판, ㉢ 조동 나사, ㉣ 미동 나사, ㉤ 조명 조절 나사입니다.

10 빛의 양을 조절하는 것은 조리개입니다.

11 짚신벌레와 해캄은 동물이나 식물이 아니고 원생생물입니다.

12 짚신벌레는 길쭉한 모양이고 바깥쪽에 가는 털이 있으며, 안쪽에는 여러 가지 모양이 보입니다.

13 동물이나 식물, 균류로 분류되지 않으며 생김새가 단순한 생물을 원생생물이라고 합니다. 대표적인 원생생물에는 짚신벌레, 해캄, 유글레나, 종벌레 등이 있습니다.

14 (1) 균사로 이루어져 있는 것은 균류입니다.
(2) 원생생물은 균류와 모습이 다릅니다.
(3) 원생생물은 논, 연못과 같이 고인 물이나 하천, 도랑과 같이 물살이 느린 곳에서 삽니다.

15 ㉡은 막대 모양이고, ㉢은 구부러진 막대 모양에 꼬리가 달려 있으며, ㉣은 나선 모양입니다.

16 세균은 우리 주변의 다양한 곳에서 삽니다.

🐧 중단원 실전 문제
133~136쪽

01 ⑤   **02** (라), 예 접안렌즈로 빵에 자란 곰팡이를 보면서 대물렌즈를 천천히 올려 초점을 맞추어 관찰한다.   **03** 균류
04 곰팡이   **05** ⑤   **06** 균사   **07** ③   **08** ㉢   **09** ③
10 ⑤   **11** 예 식물은 스스로 양분을 만들지만 균류는 스스로 양분을 만들지 못한다. 식물은 뿌리, 줄기, 잎 등이 있지만 균류는 균사로 이루어져 있다.   **12** ⑤   **13** (다), (라), (나), (가)   **14** 원생생물   **15** ㉣   **16** ④, ⑤   **17** (1) – ㉡ (2) – ㉢ (3) – ㉠
18 ㉢   **19** ③   **20** ②   **21** ③   **22** ③   **23** ⑤   **24** ㉣

---

01 ① 접안렌즈, ② 회전판, ③ 대물렌즈, ④ 재물대입니다.

02 접안렌즈는 눈을 대고 보는 렌즈이고, 대물렌즈는 물체와 서로 마주 보는 렌즈입니다. 따라서 접안렌즈로 빵에 자란 곰팡이를 보면서 대물렌즈를 천천히 올려 초점을 맞추어 관찰합니다.

> **채점 기준**
> 접안렌즈와 대물렌즈를 이용하고, 접안렌즈를 천천히 올려 초점을 맞춘다는 내용이면 정답으로 합니다.

03 곰팡이와 버섯은 균류입니다.

04 빵에 자란 곰팡이는 푸른색, 검은색, 하얀색 등입니다.

05 빵에서 자란 곰팡이는 머리카락 같은 가는 실 모양이 서로 엉켜 있고, 실 모양 끝에는 작고 둥근 알갱이가 있습니다.

06 곰팡이는 몸 전체가 실처럼 길고 가는 모양의 균사로 되어 있습니다.

07 포자는 크기가 작아서 맨눈으로 관찰하기 어렵고 실체 현미경을 사용해 관찰합니다.

08 ㉠ 버섯은 꽃이 피지 않고, 뿌리, 줄기, 잎이 없습니다. ㉢ 버섯은 씨가 아니라 포자로 번식합니다.

09 곰팡이와 같은 균류는 따뜻하고 축축한 곳에서 잘 자랍니다.

10 ①, ②, ③은 식물의 특징입니다. ④ 식물은 햇빛이 비치는 곳에서 잘 자라고 균류는 따뜻하고 축축한 곳에서 잘 자랍니다.

11 식물은 스스로 양분을 만들지만 균류는 스스로 양분을 만들지 못하고 다른 생물에게 양분을 얻어 살아갑니다. 식물은 뿌리, 줄기, 잎 등을 가지고 있지만 균류는 뿌리, 줄기, 잎 등이 없습니다.

> **채점 기준**
> 식물과 균류의 생김새와 생활 방식 등을 비교하여 차이점을 썼으면 정답으로 합니다.

12 ① 대물렌즈는 물체와 서로 마주 보는 렌즈이며, 물체의 상을 확대합니다.

② 회전판은 대물렌즈의 배율을 조절합니다.

③ 조동 나사는 재물대를 위아래로 움직여 상을 찾을 때 사용합니다.

④ 접안렌즈는 눈을 대고 보는 렌즈이며, 물체의 상을 확대합니다.

13 광학 현미경으로 해캄 표본을 관찰하여 기록하는 과정은 다음과 같습니다.

회전판을 돌려 배율이 가장 낮은 대물렌즈가 중앙에 오도록 한 뒤, 전원을 켜고 조리개로 빛의 양을 조절합니다. → 해캄 표본을 재물대의 가운데에 고정하고, 현미경을 옆에서 보면서 조동 나사로 재물대를 올려 대물렌즈를 해캄 표본에 최대한 가깝게 합니다. → 조동 나사로 재물대를 천천히 내리면서 접안렌즈로 해캄을 찾고, 미동 나사로 물체가 뚜렷하게 보이도록 조절합니다. → 대물렌즈의 배율을 높이고 미동 나사로 초점을 맞추어 해캄 표본을 관찰하며 기록합니다.

14 짚신벌레와 해캄은 원생생물로 분류되고, 동물이나 식물, 균류와는 모습이 다르지만, 살아 있는 생물입니다.

15 짚신벌레를 돋보기로 관찰하면 아주 작은 점이 여러 개 보입니다. 돋보기로 관찰했을 때 초록색이며 길고 머리카락 같은 모양으로 보이는 것은 해캄입니다.

16 ① 해캄은 생물입니다.

② 해캄은 원생생물로 분류됩니다.

③ 해캄은 식물이 아니기 때문에 뿌리, 줄기, 잎 등이 없습니다.

17 (1) 짚신벌레, (2) 유글레나, (3) 해캄입니다.

18 짚신벌레와 해캄은 논, 연못과 같이 고인 물이나 하천, 도랑 등의 물살이 느린 곳에서 삽니다.

19 세균은 균류나 원생생물보다 크기가 작아 맨눈으로 볼 수 없습니다.

20 세균은 땅에서도 살 수 있습니다.

21 ① 세균 중 일부는 꼬리가 달려 있습니다.

② 세균 중 일부는 여러 개가 연결되어 있습니다.

④ 콜레라균은 공기나 물에서 살고, 막대 모양으로 구부러져 있으며 꼬리가 달려 있습니다.

⑤ 포도상 구균은 공 모양이고, 공기, 음식, 피부 등에서 삽니다.

22 세균은 균류나 원생생물보다 생김새가 단순합니다.

23 세균은 적당한 환경이 제공되면 매우 빠르게 늘어나고, 다른 생물이 흡수한 양분을 먹으면서 살아가므로 생물입니다.

24 제시된 세균은 공 모양이고 곰팡이보다 크기가 작으며, 꼬리가 달려 있지 않습니다.

 서술형·논술형 평가 돋보기   137~138쪽

연습 문제

1 (1) ㉠ (2) 균사, 포자   **2** (1) ㉠ 막대, ㉡ 공 (2) 많고, 다양하다

실전 문제

1 (1) 예 윗부분 안쪽에는 주름이 많고 깊게 파여 있다. (2) 예 머리카락처럼 가는 실 모양이 서로 엉켜 있다. 실 모양 끝에는 작고 둥근 알갱이가 있다.   **2** 예 주로 다른 생물이나 죽은 생물에서 양분을 얻어 살아간다.   **3** (1) 원생생물 (2) 예 논, 연못과 같이 물이 고인 곳, 하천이나 도랑 등의 물살이 느린 곳   **4** (1) ㉡ (2) 예 종류가 매우 많다. 생김새가 단순하다.

연습 문제

1 (1) ㉠은 곰팡이, ㉡은 해캄, ㉢은 짚신벌레입니다. 곰팡이는 균류이고, 해캄과 짚신벌레는 원생생물입니다.

(2) 균류는 대부분 몸 전체가 가늘고 긴 실 모양의 균사로 이루어져 있고, 포자로 번식합니다.

2 (1) 대장균은 막대 모양이고, 포도상 구균은 공 모양입니다.

(2) 세균은 종류가 매우 많고, 땅이나 물, 공기, 다른 생물의 몸, 연필과 같은 물체 등 우리 주변의 다양한 곳에

서 삽니다.

1 (1) 버섯의 윗부분 안쪽에는 주름이 많고 깊게 파여 있습니다.

채점 기준
버섯의 생김새를 관찰한 내용으로 적절하면 정답으로 합니다.

(2) 곰팡이는 머리카락처럼 가는 실 모양이 서로 엉켜 있습니다. 실 모양 끝에는 작고 둥근 알갱이가 있습니다.

채점 기준
곰팡이의 생김새를 관찰한 내용으로 적절하면 정답으로 합니다.

2 균류는 스스로 양분을 만들지 못하고, 주로 다른 생물이나 죽은 생물에서 양분을 얻어 살아갑니다.

채점 기준
다른 생물이나 죽은 생물에서 양분을 얻는다는 내용이면 정답으로 합니다.

3 (1) 해캄과 짚신벌레는 원생생물에 속합니다.

(2) 원생생물은 논, 연못과 같이 물이 고인 곳이나 하천, 도랑 등의 물살이 느린 곳에서 삽니다.

채점 기준
물이 고인 곳이나 물살이 느린 곳과 관련된 내용이면 정답으로 합니다.

4 (1) ㉠ 해캄은 원생생물, ㉡ 콜레라균은 세균, ㉢ 빵에 자란 곰팡이는 균류에 속합니다.

(2) 세균은 크기가 작아 맨눈으로 볼 수 없습니다. 세균은 하나의 세포이고 균류나 원생생물보다 크기가 더 작으며, 생김새가 단순합니다. 또한 세균은 종류가 매우 많고 생김새는 공 모양, 막대 모양, 나선 모양 등으로 구분하며, 꼬리가 있는 세균도 있습니다. 세균은 우리 주변의 다양한 곳에서 살며, 살기에 알맞은 조건이 되면 짧은 시간 안에 많은 수로 늘어날 수 있습니다.

채점 기준
세균의 특징에 대한 설명으로 적절하면 정답으로 합니다.

(2) 다양한 생물이 우리 생활에 미치는 영향

1 (2) ○   **2** ㉠

1 음식을 상하게 하고, 바다에 급격히 번식하여 적조를 일으키며, 사람이나 다른 생물에게 여러 가지 질병을 일으키는 것은 다양한 생물이 우리 생활에 미치는 해로운 영향입니다.

2 ㉡, ㉢은 다양한 생물이 우리 생활에 미치는 해로운 영향을 줄이는 방법입니다.

01 ⑤   **02** ㉠, ㉣   **03** ㉠   **04** (2) ○   **05** (1) ㉠, ㉡ (2) ㉢, ㉣   **06** 유진   **07** (1) – ㉡ (2) – ㉢ (3) – ㉠   **08** ㉠

01 ①, ②, ③, ④는 다양한 생물이 우리 생활에 미치는 해로운 영향입니다.

02 ㉡ 적조를 일으키는 원생생물과 ㉢ 식물에게 병을 일으키는 균류는 우리 생활에 해로운 영향을 미칩니다.

03 ㉡, ㉢은 다양한 생물이 우리 생활에 미치는 이로운 영향입니다.

04 (1) 식재료로 이용되는 버섯과 (3) 산소를 만드는 원생생물은 우리 생활에 이로운 영향을 미치는 생물입니다.

05 ㉠ 된장이나 간장으로 음식을 해서 먹고, ㉡ 김치나 요구르트 같은 음식을 즐겨 먹는 것은 다양한 생물이 우리 생활에 미치는 이로운 영향을 늘리는 방법입니다. ㉢ 외출 후 집에 돌아오면 손을 깨끗이 씻고, ㉣ 음식은 먹을 만큼만 만들어 오랫동안 보관하지 않는 것은 다양한 생물이 우리 생활에 미치는 해로운 영향을 줄이는 방법입니다.

06 적조를 일으킬 수 있는 생활 하수를 많이 배출하는 것은 다양한 생물이 우리 생활에 미치는 해로운 영향을 늘리는 방법입니다.

07 (1) 클로렐라와 같이 원생생물 중 영양소가 풍부한 것은 건강식품을 만드는 데 이용됩니다.

(2) 물질을 분해하는 세균의 특성을 활용해 하수 처리를 합니다.

(3) 세균을 자라지 못하게 하는 일부 곰팡이의 특성을 이용해 질병을 치료하는 약을 만듭니다.

08 ㉠은 첨단 생명 과학을 활용한 예가 아닙니다.

중단원 실전 문제

01 찬영 **02** ① **03** ④ **04** ⑤ **05** ㉡, ㉢ **06** ④ **07** ㉢ **08** ② **09** ① **10** 재민 **11** 예 물질을 분해하는 세균의 특성을 활용해 하수 처리를 한다. **12** ① **13** ② **14** ④ **15** 예 쉽게 분해되는 플라스틱 제품을 만든다. **16** 첨단 생명 과학 **17** 예 푸른곰팡이가 세균을 자라지 못하게 하는 특성을 활용하였다. **18** ①

---

01 균류, 원생생물, 세균 등 다양한 생물은 우리 생활에 이로운 영향과 해로운 영향을 모두 줍니다.

02 제시된 원생생물은 해캄입니다. 해캄은 산소를 만들어 다른 생물들이 숨을 쉬며 살아갈 수 있도록 도와줍니다.

03 균류나 세균은 죽은 생물이나 배설물을 작게 분해하여 지구의 환경을 유지하는 데 도움을 줍니다.

04 ①, ②, ③, ④는 다양한 생물이 우리 생활에 미치는 이로운 영향입니다.

05 ㉠ 적조를 일으키는 원생생물과 ㉢ 식물에게 병을 일으키는 균류는 우리 생활에 해로운 영향을 미칩니다.

06 ④는 다양한 생물이 우리 생활에 미치는 이로운 영향입니다.

07 ㉢은 다양한 생물이 우리 생활에 미치는 이로운 영향입니다. ㉠, ㉡, ㉢은 다양한 생물이 우리 생활에 미치는 해로운 영향입니다.

08 ①, ③, ④, ⑤는 다양한 생물이 우리 생활에 미치는 해로운 영향을 줄이는 방법입니다.

09 첨단 생명 과학은 동물과 식물에 관련된 생명 현상만 연구하는 것이 아니라, 최신의 생명 과학 기술이나 연구 결과를 활용해 우리 생활의 여러 가지 문제를 해결하는 데 도움을 줍니다.

10 세균을 자라지 못하게 하는 일부 곰팡이의 특성을 이용해 질병을 치료하는 약을 만듭니다.

11 물질을 분해하는 세균의 특성을 이용해 하수 처리를 하거나 플라스틱의 원료를 가진 세균을 이용해 쉽게 분해되는 플라스틱 제품을 만들 수 있습니다.

12 클로렐라와 같이 원생생물 중 영양소가 풍부한 것을 이용하여 건강에 도움을 주는 식품을 만듭니다.

13 해캄 등의 원생생물이 양분을 만드는 특성을 이용해 생물 연료(기름)를 만들 수 있습니다.

14 세균을 자라지 못하게 하는 일부 곰팡이의 특성을 이용하여 질병을 치료하는 약을 만듭니다. 얼음을 만드는 물질을 가진 세균을 이용해 눈이 오지 않을 때 인공 눈을 만들 수 있습니다.

15 플라스틱의 원료를 가진 세균을 이용하여 쉽게 분해되는 플라스틱 제품을 만듭니다.

> **채점 기준**
> 플라스틱의 원료를 가진 세균의 특성과 관련지어 첨단 생명 과학에 활용된 내용을 썼으면 정답으로 합니다.

16 첨단 생명 과학은 생명을 대상으로 하는 과학 중에 최신 기술을 적용한 것으로, 최신의 생명 과학 기술이나 연구 결과를 활용해 우리 생활의 여러 가지 문제를 해결하는 데 도움을 줍니다.

17 페니실린은 질병을 치료하는 항생제로, 세균을 자라지 못하게 하는 푸른곰팡이의 특성을 이용하여 만들었습니다.

> **채점 기준**
> 페니실린을 개발하는 데 활용된 푸른곰팡이의 특성으로 적절하면 정답으로 합니다.

18 클로렐라와 같이 원생생물 중 영양소가 풍부한 것을 이용하여 건강에 도움을 주는 식품을 만듭니다.

정답과 해설 **31**

연습 문제

1 (1) (나) (2) 세균 또는 젖산균, 건강 **2** (1) (가) (2) 세균, 분해

실전 문제

1 (1) ㉢ (2) ⑩ 호수나 바다와 같은 곳에 급격히 번식하면 다른 생물이 살기 어려운 환경을 만들 수 있다. 일부 원생생물이 적조를 일으킨다. **2** ⑩ 건강식품을 만드는 데 이용한다. **3** (1) 곰팡이 (2) ⑩ 세균을 자라지 못하게 한다. **4** ⑩ 질병을 치료하는 데 어려움이 있을 것이다.

연습 문제

1 (1) (가)는 생물이 우리 생활에 미치는 해로운 영향이고, (나)는 생물이 우리 생활에 미치는 이로운 영향입니다.
(2) 요구르트는 젖산균이라는 세균에 의해 만들어집니다. 젖산균이 생성하는 젖산은 해로운 세균들이 살지 못하는 환경을 만들어 주어 장 건강을 지켜줍니다.

2 (1) (가)는 세균, (나)는 원생생물인 해캄을 첨단 생명 과학에 활용한 것입니다.
(2) (가)는 플라스틱의 원료를 가진 세균으로, 이를 이용하여 쉽게 분해되는 플라스틱 제품을 만듭니다.

실전 문제

1 (1) ㉠은 세균, ㉡, ㉣은 균류인 곰팡이, ㉢은 원생생물이 우리에게 미치는 해로운 영향입니다.
(2) 일부 원생생물이 호수나 바다와 같은 곳에 급격히 번식하면 적조를 일으켜 다른 생물이 살기 어려운 환경을 만들 수 있습니다.

채점 기준
원생생물이 적조를 일으키는 과정을 썼으면 정답으로 합니다.

2 클로렐라와 같이 원생생물 중 영양소가 풍부한 것은 건강식품을 만드는 데 활용됩니다.

채점 기준
영양소가 풍부한 원생생물을 활용한 내용으로 적절하면 정답으로 합니다.

3 일부 균류는 세균을 자라지 못하게 하는 특성이 있어서

질병을 치료하는 약을 만드는 데 활용됩니다.

채점 기준
질병을 치료하는 데 활용되는 생물의 특징으로 적절하면 정답으로 합니다.

4 곰팡이나 세균이 없어진다면 질병을 치료하는 데 어려움이 있을 것입니다. 또한 죽은 생물이 썩지 않아서 지구 전체에 죽은 생물이 가득 차 있을 것입니다.

채점 기준
곰팡이나 세균이 없어졌을 때 일어날 수 있는 일로 적절한 내용이면 정답으로 합니다.

01 ㉣ **02** ④ **03** ⑤ **04** ⑤ **05** ⑩ 식물은 스스로 양분을 만들어 살아가지만 곰팡이와 버섯은 다른 생물이나 죽은 생물 등에서 양분을 얻어 살아간다. **06** ⑤ **07** ③ **08** ⑤ **09** ㉢ **10** (가) 해캄, (나) 짚신벌레 **11** ⑩ 짚신벌레와 해캄은 동물이나 식물에 비해 생김새가 단순하다. **12** ① **13** ② **14** ⑤ **15** ④ **16** 작아서 **17** ㉠, ㉢ **18** ⑤ **19** 산소 **20** ㉠, ㉢ **21** ② **22** ③ **23** ⑩ 물질을 분해한다. **24** ⑤

01 ㉠ 접안렌즈, ㉡ 대물렌즈, ㉢ 재물대, ㉣ 초점 조절 나사입니다.

02 실체 현미경으로 곰팡이를 관찰하는 순서는 다음과 같습니다.
회전판을 돌려 대물렌즈의 배율을 가장 낮게 합니다. → 곰팡이를 재물대 위에 올립니다. → 전원을 켭니다. → 조명 조절 나사로 빛의 양을 조절합니다. → 초점 조절 나사로 대물렌즈를 곰팡이에 최대한 가깝게 내립니다. → 접안렌즈로 곰팡이를 보면서 초점을 맞춥니다.

03 ① 곰팡이는 잎이 없습니다.
② 맨눈으로는 정확한 모습을 알기 어렵습니다.
③ 돋보기로 관찰하면 검은색, 파란색, 하얀색 등 다양한 색깔이 보입니다.
④ 곰팡이는 뿌리와 줄기 같은 모양이 없습니다.

04 ① 뿌리, 줄기, 잎이 없습니다.

② 해캄을 관찰할 때 볼 수 있습니다.

③은 버섯을 관찰할 때 볼 수 있습니다.

④는 곰팡이를 관찰할 때 볼 수 있습니다.

05 식물은 스스로 양분을 만들지만 곰팡이와 버섯은 스스로 양분을 만들지 못해 다른 생물이나 죽은 생물에서 양분을 얻어 살아갑니다.

06 곰팡이와 버섯은 따뜻하고 축축한 곳, 동물의 몸이나 배출물, 낙엽 밑, 나무 밑동 등에서 잘 자랍니다.

07 햇빛을 이용해 스스로 양분을 만드는 것은 식물의 특징입니다.

08 ① 균류도 자랍니다.

② 균류는 색깔이 다양합니다.

③ 균류는 식물보다 작습니다.

④ 균류는 살아가는 데 물과 공기가 필요합니다.

09 짚신벌레와 해캄은 논, 연못과 같이 고인 물이나 하천, 도랑 등의 물살이 느린 곳에서 삽니다.

11 짚신벌레와 해캄은 생김새와 모양이 매우 다양하며, 동물이나 식물에 비해 생김새가 단순합니다.

12 씨로 번식하는 것은 식물입니다.

13 세균은 균류나 원생생물보다 크기가 작습니다.

14 세균은 땅이나 물, 공기, 다른 생물의 몸, 연필과 같은 물체 등 우리 주변의 다양한 곳에서 삽니다.

15 막대 모양의 세균이 여러 개 뭉쳐 있는 모습입니다.

16 세균은 크기가 매우 작아서 맨눈이나 돋보기로 볼 수 없습니다.

17 세균 중에 꼬리가 있는 것도 있고, 꼬리가 없는 것도 있습니다.

18 충치가 생기게 하는 세균은 치아에서 삽니다.

19 제시된 원생생물은 해캄입니다. 해캄은 산소를 만들어 지구의 생물이 숨을 쉬며 살아갈 수 있게 해 줍니다.

20 ㉡, ㉣은 다양한 생물이 우리 생활에 미치는 해로운 영향입니다.

21 두부는 콩으로 만든 음식입니다.

22 버섯으로 음식을 만들어 먹는 것은 첨단 생명 과학이

우리 생활에 활용된 예가 아닙니다.

23 물질을 분해하는 세균의 특성을 이용하여 오염된 물을 깨끗하게 만듭니다.

24 위나 장에는 소화를 돕는 세균이 살기 때문에 만약 세균이 사라진다면 동물이나 사람이 먹은 음식을 소화하기 어려울 것입니다.

🧑‍🍳 수행 평가 미리 보기 155쪽

1 (1) ⓔ 해캄은 전체적으로 초록색을 띤다. 해캄은 여러 개의 마디로 이루어져 있다. 해캄은 여러 개의 가는 선 안에 크기가 작고 둥근 모양의 초록색 알갱이가 있다. 짚신벌레는 끝이 둥글고 길쭉한 모양이다. 짚신벌레는 안쪽에 여러 가지 모양이 보인다. 짚신벌레는 바깥쪽에 가는 털이 있다. (2) 짚신벌레는 생김새가 단순하기 때문에 동물로 구분하지 않는다. **2** (1) 이로운 영향: ⓔ 곰팡이와 세균은 죽은 생물이나 배설물을 작게 분해하여 자연으로 되돌려 보낸다. 곰팡이를 이용해 된장이나 간장을 만든다. 세균 중 젖산균을 이용해 김치나 요구르트 같은 음식을 만든다. 해로운 영향: ⓔ 여러 가지 질병을 일으킨다. 음식을 상하게 한다. 우리 주변의 물건을 망가뜨린다. (2) ⓔ 상한 음식은 먹지 않는다. 외출 후 돌아오면 손을 깨끗이 씻는다. 음식은 먹을 만큼만 만들어 먹고 오래 보관하지 않는다.

---

01 (1) 해캄은 여러 개의 마디로 이루어져 있고, 전체적으로 초록색을 띱니다. 짚신벌레는 끝이 둥글고 길쭉한 모양이고, 안쪽에 여러 가지 모양이 보입니다.

(2) 해캄과 짚신벌레는 동물이나 식물에 비해 생김새가 단순합니다. 해캄은 보통 식물이 가지고 있는 뿌리, 줄기, 잎 등의 특징을 가지고 있지 않습니다. 짚신벌레는 동물과 다른 모습을 하고 있습니다.

02 (1) 곰팡이와 세균은 우리 생활에 이로운 영향을 미치기도 하고 해로운 영향을 미치기도 합니다.

(2) 세균은 종류가 매우 다양하고, 땅이나 물 등의 자연 환경뿐만 아니라 생물의 몸 등 우리 주변 어느 곳에서나 살고 있습니다. 살기에 알맞은 조건이 되면 짧은 시간 안에 많은 수로 늘어날 수 있으므로, 해로운 영향을 미치는 세균을 줄이도록 해야 합니다.

2단원 (1) 중단원 쪽지 시험 5쪽

01 온도, ℃   02 수온, 체온   03 온도   04 적외선, 알코올
05 액체샘   06 수평   07 장소   08 높아, 낮아   09 같아
집니다   10 높은, 낮은   11 높은, 낮은   12 이마, 얼음주머니

6~7쪽

중단원 확인 평가   **2 (1) 온도의 의미와 온도 변화**

01 ②   02 ℃   03 알코올 온도계   04 ②   05 ②   06 영
미   07 ㉠   08 ④, ⑤   09 ㉠ 낮아지고, ㉡ 높아진다   10
㉠ 비커에 담긴 따뜻한 물, ㉡ 음료수 캔에 담긴 차가운 물
11 ④   12 ←

01 온도를 측정하면 물질의 차갑거나 따뜻한 정도를 정확
하게 알 수 있습니다.

02 온도는 숫자에 단위 ℃(섭씨도)를 붙여 나타냅니다.

03 기체(공기)의 온도를 측정할 때는 주로 알코올 온도계
를 사용합니다.

04 우리 생활에서 온도를 정확하게 측정해야 할 때는 새우
튀김을 요리할 때, 병원에서 환자의 체온을 잴 때, 갓난
아기의 목욕물 온도가 적절한지 확인할 때, 어항 속 물
의 온도가 물고기가 살기에 적절한지 확인할 때 등이
있습니다.

05 적외선 온도계는 주로 벽, 철봉, 책상, 흙 등 고체의 온
도를 측정할 때 사용합니다.
② 연못 물의 온도를 측정할 때는 알코올 온도계를 사
용합니다.

06 알코올 온도계의 눈금을 읽을 때는 액체 기둥의 끝이
닿은 위치에 수평으로 눈높이를 맞추어 읽습니다.

07 ㉡ 다른 물질이라도 온도가 같은 경우가 있고, 같은 물
질이라도 온도가 다른 경우가 있기 때문에 온도계로 측

정해야 물질의 온도를 정확히 알 수 있습니다.
㉢ 같은 물질이라도 측정 시각에 따라 온도가 다를 수
있습니다.

08 ① 교실에 있는 책상의 온도가 가장 낮습니다.
② 교실의 기온과 운동장의 기온이 다른 것으로 보아
같은 물질이라도 장소에 따라 온도가 다르다는 것을 알
수 있습니다.
③ 운동장에 있는 철봉의 온도가 가장 높습니다.

09 온도가 다른 두 물질이 접촉하면 따뜻한 물질의 온도는
점점 낮아지고 차가운 물질의 온도는 점점 높아집니다.

10 음료수 캔에 담긴 차가운 물은 비커에 담긴 따뜻한 물
과 접촉하여 온도가 점점 높아집니다. ㉠은 비커에 담
긴 따뜻한 물이고, ㉡은 음료수 캔에 담긴 차가운 물입
니다.

11 ① 비커에 담긴 따뜻한 물의 온도는 점점 낮아집니다.
② 음료수 캔에 담긴 차가운 물의 온도는 점점 높아집
니다.
③ 열은 비커에 담긴 물에서 음료수 캔에 담긴 물로 이
동합니다.
⑤ 온도가 다른 두 물질이 접촉하면 열은 온도가 높은
물질에서 온도가 낮은 물질로 이동합니다.

12 손으로 따뜻한 손난로를 잡고 있으면 온도가 높은 손난
로에서 온도가 낮은 손으로 열이 이동합니다.

01

02 ② 구리판이 끊겨 있으면 열이 잘 이동하지 않습니다.
③ 열은 온도가 높은 곳에서 낮은 곳으로 이동합니다.
⑤ 구리판의 모양이 달라도 열은 가열한 곳에서 멀어지는 방향으로 이동합니다.

03 프라이팬에서는 불과 가까이 있는 부분에서 불에서 멀어지는 쪽으로 열이 이동합니다.

05 실험에서 다르게 해야 할 조건은 고체 물질의 종류입니다. 그 외의 조건(버터의 종류와 크기, 버터를 붙이는 위치, 뜨거운 물의 온도와 붓는 시각, 고체 물질의 크기 등)은 모두 같게 해야 다르게 한 조건이 실험 결과에 어떤 영향을 미치는지 알 수 있습니다.

06 주방용품의 손잡이는 열이 잘 이동하지 않는 나무, 플라스틱 등으로 만들어 손을 데지 않도록 합니다.

07 단열이 잘되는 물질에는 솜, 천, 종이, 나무, 공기, 스타이로폼, 플라스틱, 가죽 등이 있습니다.
㉡ 철, ㉢ 구리는 열이 잘 이동하는 금속 물질이기 때문에 단열이 잘되지 않습니다.

08 온도가 높은 물은 위로 올라갑니다.

09 물이 담긴 주전자를 가열하면 주전자 바닥에 있는 물의 온도가 높아져 위로 올라가고, 위에 있던 물은 아래로 밀려 내려옵니다. 시간이 지나면 이 과정이 반복되면서 물 전체가 따뜻해집니다.

10 불을 붙인 알코올램프 주변의 뜨거워진 공기가 위로 올라갈 때 비눗방울도 따라 위로 올라갑니다.

11 난로 주변에서 데워진 따뜻한 공기가 위로 올라가는 성질을 이용해 실내를 골고루 따뜻하게 하려면 난로는 낮은 곳에 설치하는 것이 효율적입니다.

12 ④ 온도가 다른 두 물질(손, 손난로)이 접촉할 때 열이 이동하는 경우입니다.
⑤ 고체(숟가락)에서 전도에 의해 열이 이동하는 경우입니다.

01 차갑거나 따뜻한 정도를 말로 표현하면 얼마나 차갑거나 뜨거운지 정확하게 알 수 없어 의사소통에 불편함이 생길 수 있습니다. 따라서 물질의 차갑거나 따뜻한 정도는 온도로 나타냅니다.

02 10.1 ℃는 '섭씨 십점 일 도'로 읽습니다.

03 병원에서 환자의 체온을 잴 때, 갓난아기의 목욕물 온도를 잴 때, 냉장고의 온도를 일정하게 유지할 때 정확한 온도를 측정해야 합니다.

04 귀 체온계를 이용하여 몸의 온도를 측정합니다.

05 적외선 온도계는 주로 고체의 온도를 측정할 때 사용합니다.

06 알코올 온도계는 고리, 몸체, 액체샘으로 이루어져 있고, 몸체에는 눈금이 표시되어 있습니다.

08 나무 그늘에 있는 흙보다 햇빛이 비치는 곳에 있는 흙의 온도가 더 높습니다.

09 온도가 다른 두 물질이 접촉하면 열은 온도가 높은 물질(비커에 담긴 물)에서 온도가 낮은 물질(음료수 캔에 담긴 물)로 이동합니다.

10 얼음주머니를 열이 나는 이마에 올려놓으면 온도가 높은 이마에서 온도가 낮은 얼음주머니로 열이 이동합니다.

11

열 변색 붙임딱지를 붙인 ⊏ 모양 구리판의 한쪽 끝부분을 가열하면 구리판을 따라 가열하는 곳에서 멀어지는 방향으로 색깔이 변하는 것을 관찰할 수 있습니다. 구리판이 끊긴 곳으로는 열이 이동하지 않습니다.

12 고체에서 온도가 높은 곳에서 온도가 낮은 곳으로 고체 물질을 따라 열이 이동하는 것을 전도라고 합니다.

13 구리판, 철판, 유리판의 순서로 버터가 빨리 녹습니다.

14 ㉠ 금속의 종류에 따라 열이 이동하는 빠르기가 다릅니다.
㉡ 유리보다 금속(구리, 철)에서 열이 더 빠르게 이동합니다.

15 컵 싸개는 열이 잘 이동하지 않는 종이로 만들어 컵 안의 온도를 오랫동안 유지할 수 있도록 합니다.

16 집을 지을 때 이중으로 만든 벽 사이에 단열재를 넣으면 겨울이나 여름에 적절한 실내 온도를 오랫동안 유지할 수 있습니다.

17 ①, ② 대류는 액체 또는 기체에서 열이 이동하는 방법입니다. 고체에서 열이 이동하는 방법은 전도입니다.

③ 프라이팬에서 고기를 구울 수 있는 것은 전도 때문입니다.
⑤ 대류에 의해 온도가 높아진 물질은 위로 올라가고, 위에 있던 물질은 아래로 밀려 내려옵니다.

18 액체에서는 대류를 통해 열이 이동합니다. 파란색 잉크의 아랫부분에 뜨거운 물이 담긴 종이컵을 놓으면, 뜨거운 물 때문에 온도가 높아진 물이 위로 올라갑니다. 이때 파란색 잉크도 물을 따라 위로 올라갑니다.

19 불을 붙인 알코올램프 주변의 뜨거워진 공기가 위로 올라갈 때 비눗방울도 따라 위로 올라갑니다.

20 ① 난로 주변의 공기는 온도가 높아져 위로 올라갑니다.
③ 열은 온도가 높은 곳에서 낮은 곳으로 이동합니다.
④ 열은 난로 주변에서 난로에서 먼 곳으로 이동합니다.
⑤ 난로 주변에서 데워진 따뜻한 공기가 위로 올라가는 성질을 이용해 실내를 골고루 따뜻하게 하려면 난로는 낮은 곳에 설치하는 것이 효율적입니다.

01 (1) 예 두 물질이 접촉한 채로 시간이 지나면 두 물질의 온도는 같아진다. (2) 예 온도가 다른 두 물질이 접촉하면 온도가 높은 물질에서 온도가 낮은 물질로 열이 이동하기 때문이다. **02** (1) 예 (개)는 온도가 높은 생선에서 온도가 낮은 얼음으로 열이 이동하고, (내)는 온도가 높은 이마에서 온도가 낮은 얼음주머니로 열이 이동한다. (2) 예 차가운 물에 갓 삶은 달걀을 담갔을 때, 프라이팬에서 달걀부침 요리를 할 때, 손으로 따뜻한 손난로를 잡았을 때, 여름철 공기 중에 아이스크림이 있을 때 **03** (1) 예 (개) 빵 굽는 틀은 열이 잘 이동하는 금속으로 만들고, (내) 냄비 받침은 열이 잘 이동하지 않는 나무로 만든다. (2) 예 주방용품의 손잡이, 컵 싸개, 주방 장갑은 열이 잘 이동하지 않는 물질로 만든다. 다리미의 바닥과 프라이팬의 바닥은 열이 잘 이동하는 물질로 만든다. **04** (1) 대류 (2) 예 가열하여 온도가 높아진 물질은 위로 올라가고, 위에 있던 물질이 아래로 밀려 내려온다. 이 과정이 반복되면서 전체가 따뜻해진다.

01 (1) 두 물질이 접촉한 채로 시간이 지나면 두 물질의 온도는 같아집니다.

> **채점 기준**
> 시간이 지나면 두 물질의 온도는 같아진다는 내용으로 썼으면 정답으로 합니다.

(2) 온도가 다른 두 물질이 접촉하면 온도가 높은 물질에서 온도가 낮은 물질로 열이 이동합니다.

> **채점 기준**
> 온도가 높은 물질에서 온도가 낮은 물질로 열이 이동하기 때문이라는 내용으로 썼으면 정답으로 합니다.

02 (1) (개)는 온도가 높은 생선에서 온도가 낮은 얼음으로 열이 이동하고, (내)는 온도가 높은 이마에서 온도가 낮은 얼음주머니로 열이 이동합니다.

> **채점 기준**
>
> | 상 | (개)와 (내)에서 열의 이동 방향을 모두 옳게 쓴 경우 |
> | --- | --- |
> | 중 | (개)와 (내)에서 열의 이동 방향 중 한 가지만 옳게 쓴 경우 |
> | 하 | 답을 틀리게 쓴 경우 |

(2) 차가운 물에 갓 삶은 달걀을 담갔을 때, 프라이팬에서 달걀부침 요리를 할 때, 손으로 따뜻한 손난로를 잡았을 때, 여름철 공기 중에 아이스크림이 있을 때 열이 이동합니다.

> **채점 기준**
> 예시와 비슷한 내용 중 한 가지를 썼으면 정답으로 합니다.

03 (1) (개) 빵 굽는 틀은 열이 잘 이동하는 물질로 만들고, (내) 냄비 받침은 열이 잘 이동하지 않는 물질로 만듭니다.

> **채점 기준**
>
> | 상 | 열이 이동하는 빠르기와 관련지어 (개)와 (내)를 만드는 물질의 차이점을 모두 옳게 쓴 경우 |
> | --- | --- |
> | 중 | 열이 이동하는 빠르기와 관련지어 (개)와 (내)를 만드는 물질의 차이점 중 한 가지만 옳게 쓴 경우 |
> | 하 | 답을 틀리게 쓴 경우 |

(2) 주방용품의 손잡이, 컵 싸개, 주방 장갑은 열이 잘 이동하지 않는 물질로 만들고, 다리미, 프라이팬의 바닥은 열이 잘 이동하는 물질로 만듭니다.

> **채점 기준**
> 예시와 비슷한 내용 중 한 가지를 썼으면 정답으로 합니다.

04 (1) 액체(물)와 기체(공기)에서 열이 이동하는 방법은 대류입니다.

(2) 가열하여 온도가 높아진 물질은 위로 올라가고, 위에 있던 물질이 아래로 밀려 내려옵니다. 시간이 지나 이 과정이 반복되면서 전체가 따뜻해집니다.

> **채점 기준**
> 대류를 통해 전체가 따뜻해진다는 내용으로 썼으면 정답으로 합니다.

01 순환   **02** 환경, 에너지   **03** 태양계   **04** 행성   **05** 목성   **06** 109   **07** 금성   **08** 목성, 토성, 천왕성, 해왕성   **09** 해왕성, 수성   **10** 수성, 금성   **11** 작은, 큰   **12** ㉞ 빙하가 모두 녹아 해수면이 높아져 생물이 살 땅이 없어질 것이다.

중단원 확인 평가   3 (1) 태양계의 구성원

01 ③   **02** ⑤   **03** ㉢, ㉣   **04** ⑤   **05** ②   **06** ㉠ 암석, ㉡ 있음.   **07** ㉡, ㉢   **08** 목성, 수성   **09** ⑤   **10** ③   **11** (3) ○   **12** ㉢

01 태양 빛으로 스스로 양분을 만드는 것은 식물입니다. 일부 동물은 식물이 만든 양분을 먹고 살아갑니다.

02 태양이 없다면 지구는 생물이 살기에 적당한 온도가 되지 않아 생물이 살기 어려워질 것입니다.

03 ㉠ 위성은 행성 주위를 도는 둥근 천체입니다.
㉡ 행성은 태양 주위를 도는 둥근 천체입니다.

04 태양계는 태양, 행성, 위성, 소행성, 혜성 등으로 구성되어 있습니다. ⑤ 북극성은 태양계 밖에 있습니다.

05 수성, 금성은 고리가 없는 행성이고, 목성, 토성은 고리가 있는 행성이기 때문에 '고리가 있는 행성인가?'를 기준으로 분류하면 결과와 다릅니다.

06 화성은 표면이 암석으로 되어 있고, 목성은 고리가 있습니다.

07 태양계 행성은 태양 주위를 도는 둥근 모양의 천체라는 공통점이 있습니다. ㉠ 고리의 유무, ㉣ 표면 상태는 행성마다 다른 특징이 있습니다.

08 태양계 행성 중 크기가 가장 큰 행성은 목성이고, 크기가 가장 작은 행성은 수성입니다.

09 지구의 반지름을 1로 보았을 때 상대적인 크기가 비슷한 행성끼리 분류하면, 화성(0.5)과 수성(0.4), 금성(0.9)과 지구(1.0), 천왕성(4.0)과 해왕성(3.9)의 크기가 각각 비슷합니다.

10 태양에서 지구까지의 거리를 10 cm로 보았을 때 태양에서 천왕성까지의 상대적인 거리는 191 cm이므로 ③의 위치에 표시할 수 있습니다.

11 (1) 태양에서 지구보다 가까이 있는 행성은 수성, 금성입니다.
(2) 상대적으로 크기가 작은 행성인 수성, 금성, 지구, 화성은 태양에 가까이 있습니다.

12 태양에서 지구까지의 거리보다 태양에서 목성까지의 거리가 더 멀기 때문에 목성에서 태양까지 간다면 지구에서 태양까지 갈 때 걸리는 시간보다 더 오래 걸릴 것입니다.

01 별, 행성   **02** 별, 행성   **03** 가까이   **04** 별자리   **05** 이름   **06** ㉞ 주변이 탁 트이고 밝지 않은 곳이다.   **07** 큰곰자리, 북두칠성, 작은곰자리, 카시오페이아자리   **08** 북두칠성   **09** 카시오페이아자리   **10** 북쪽, 방위   **11** 북, 동   **12** 북두칠성, 카시오페이아자리

중단원 확인 평가   3 (2) 밤하늘의 별

01 ②   **02** 해설 참조   **03** ⑤   **04** ㉠ 가까이, ㉡ 태양 빛   **05** ⑤   **06** ①, ④   **07** ㉠ 동물, ㉡ 다르다   **08** ③   **09** ㉠ 북극성, ㉡ 북극성, ㉢ 북쪽, ㉣ 서쪽   **10** ④   **11** 카시오페이아자리   **12** ㉢

01 별은 스스로 빛을 냅니다. 스스로 빛을 내지 못하고 태양 빛이 반사되어 우리에게 보이는 것은 행성입니다.

02

▲ 첫째 날　　　▲ 7일 뒤　　　▲ 15일 뒤

여러 날 동안 밤하늘을 관측하였을 때 위치가 달라진 천체가 행성입니다.

03 여러 날 동안 밤하늘을 관측하면 행성의 위치는 조금씩 변합니다.

04 행성은 별보다 지구에 가까이 있어서 별보다 더 밝고 또렷하게 보입니다. 또 행성은 스스로 빛을 내지 못하고 태양 빛이 반사되어 우리에게 보입니다.

05 별을 관측하기에 적당한 곳은 주변이 탁 트이고 밝지 않은 곳입니다.
① 안개가 많이 낀 곳에서는 흐려서 별을 관측하기 어렵습니다.
② 큰 나무가 많은 곳과 ③ 높은 건물이 많은 곳은 밤하늘을 가리는 부분이 생길 수 있습니다.
④ 가로등이 켜져 있는 곳은 밝아서 별자리 관측이 어렵습니다.

06 북쪽 밤하늘에서 계절에 상관없이 항상 볼 수 있는 별자리는 큰곰자리, 북두칠성, 작은곰자리, 카시오페이아자리입니다.

07 별자리의 모습과 이름은 지역과 시대에 따라 다릅니다. 큰곰자리는 서양의 별자리이고, 북두칠성은 큰곰자리의 꼬리에 해당하는 부분으로 동양의 별자리입니다.

08 북극성을 포함하고 있는 별자리는 작은곰자리입니다.

09 북극성은 항상 북쪽에 있어서 방위를 알 수 있는 별입니다. 북극성을 찾아 바라보고 섰을 때 앞쪽은 북쪽, 뒤쪽은 남쪽, 오른쪽은 동쪽, 왼쪽은 서쪽이 됩니다.

10 북두칠성과 카시오페이아자리를 이용하여 북극성을 찾을 수 있습니다.

11 북쪽 밤하늘에 다섯 개의 별이 W자 또는 M자 모양으로 무리 지어 있으며, 북극성을 찾는 데 이용하는 별자리는 카시오페이아자리입니다.

12 카시오페이아자리의 바깥쪽 두 선을 연장한 선이 만나는 점을 찾아 가운데에 있는 별과 연결한 뒤, 그 거리의 다섯 배만큼 떨어진 곳에 있는 별이 북극성입니다.

24~26쪽

대단원 종합 평가　3. 태양계와 별

01 ⑤　**02** ④　**03** ㉠, ㉡, ㉢　**04** 태양계　**05** ①　**06** ㉠
07 ㉠, ㉡　**08** 1.0　**09** ②　**10** ㉡, ㉢　**11** ㉠ 태양, ㉡ 지구
12 ⑤　**13** ⑤　**14** ㉠ 행성, ㉡ 별　**15** ㉢　**16** 별자리　**17** ㉡
18 북두칠성　**19** ㉠　**20** ㉠ 북쪽, ㉡ 남쪽

01 태양계 행성 중 지구에서 생물이 살 수 있는 까닭은 지구는 태양으로부터 적당한 온도를 유지할 수 있는 거리에 있기 때문입니다. 만약 태양에서 지구까지의 거리가 지금보다 더 가까워진다면 지구가 뜨거워져 빙하가 녹고 해수면이 높아져 생물이 살기 어려운 환경이 될 것입니다. 반대로 태양에서 지구까지의 거리가 지금보다 더 멀어진다면 지구가 얼어붙어 생물이 살기 어려운 환경이 될 것입니다.

02 증발은 태양 빛이 강할 때 잘 일어납니다.

03 지구에 여러 가지 영향을 미치는 태양이 없으면 우리는

지구에서 살아가기 어렵습니다.

04 태양과 태양의 영향을 받는 천체들 그리고 그 공간을 태양계라고 합니다.

05 태양계 행성은 태양 주위를 도는 둥근 모양의 천체라는 공통점이 있습니다.
② 행성의 색깔, ③ 행성의 크기, ④ 고리의 유무, ⑤ 행성 표면의 상태는 행성마다 다릅니다.

06 금성은 행성 중에서 가장 밝게 보이고, 표면이 두꺼운 대기로 둘러싸여 있습니다.

07 지구의 반지름을 1로 보았을 때 상대적인 크기가 비슷한 행성끼리 분류하면 화성(0.5)과 수성(0.4), 금성(0.9)과 지구(1.0), 천왕성(4.0)과 해왕성(3.9)의 크기가 각각 비슷합니다.

08 제시된 표는 지구의 반지름을 1로 보았을 때 태양계 행성의 상대적인 크기를 비교한 것입니다.

09 목성(11.2)보다 토성(9.4)이 더 작습니다.

10 ㉠ 지구의 반지름을 1로 보았을 때 태양계 행성들의 반지름을 모두 합한 값은 31.3입니다. 태양은 지구의 반지름보다 약 109배 크기 때문에 태양계 행성들의 반지름을 모두 합하여도 태양의 반지름이 더 큽니다.

11 수성과 금성은 태양에서 지구보다 가까이 있는 행성입니다.

12 태양에서 행성까지의 거리가 멀어질수록 행성 사이의 거리도 대체로 멀어지기 때문에 천왕성과 해왕성 사이의 거리가 가장 멀리 떨어져 있습니다.

13 태양에서 행성까지의 거리가 멀어질수록 행성 사이의 거리도 대체로 멀어집니다.

14 여러 날 동안 밤하늘을 관측하면 별은 위치가 거의 변하지 않지만, 행성은 위치가 조금씩 변합니다.

15 투명 필름 세 장을 겹쳤을 때 위치가 달라지는 한 개의 행성을 찾을 수 있습니다.

16 별자리는 밤하늘에 무리 지어 있는 별을 연결하여 사람이나 동물의 이름을 붙인 것입니다.

17 북쪽 밤하늘에서 계절에 상관없이 항상 볼 수 있는 별자리는 큰곰자리, 북두칠성, 작은곰자리, 카시오페이아자리입니다. ㉢은 거문고자리입니다.

18 북쪽 밤하늘에 일곱 개의 별이 국자 모양으로 무리 지어 있으며 북극성을 찾는 데 이용하는 별자리는 북두칠성입니다.

19 북두칠성의 국자 모양 끝부분에서 별 두 개를 찾아 연결한 뒤, 그 거리의 다섯 배만큼 떨어진 곳에 있는 별이 북극성입니다.

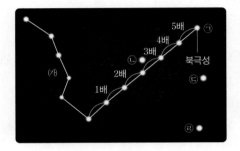

20 북극성을 찾으면 방위를 알 수 있습니다. 북극성을 찾아 바라보고 섰을 때 앞쪽은 북쪽, 뒤쪽은 남쪽, 오른쪽은 동쪽, 왼쪽은 서쪽이 됩니다.

01 (1) 예 지구가 얼어붙어 생물이 살기 어려운 환경이 될 것이다. (2) 예 태양은 지구를 따뜻하게 하여 생물이 살아가기에 알맞은 환경을 만들어 주기 때문이다. **02** (1) 예 고리가 있는 행성인가? (2) 예 고리가 있는 행성은 목성, 토성, 천왕성, 해왕성이고, 고리가 없는 행성은 수성, 금성, 지구, 화성이다. **03** (1) 예 여러 날 동안 별은 위치가 거의 변하지 않지만, 금성의 위치는 조금씩 변한다. (2) 예 별이 지구에서 매우 먼 거리에 있기 때문이다. **04** (1) (가) 북두칠성 (나) 카시오페이아자리 (2) 예 북두칠성의 국자 모양 끝부분에서 별 두 개를 찾아 연결한 뒤, 그 거리의 다섯 배만큼 떨어진 곳에 있는 별이 북극성이다.

01 (1) 태양계 행성 중 지구에서 생물이 살 수 있는 까닭은 태양으로부터 적당한 온도를 유지할 수 있는 거리에 있기 때문입니다. 만약 태양에서 지구까지의 거리가 지금보다 더 멀어진다면 지구가 얼어붙어 생물이 살기 힘든 환경이 될 것입니다.

채점 기준

지구의 온도가 낮아져서 생물이 살기 어렵다는 내용으로 썼으면 정답으로 합니다.

(2) 태양이 생물에게 소중한 까닭은 생물은 태양으로부터 에너지를 얻어 살아가고, 태양은 지구를 따뜻하게 하여 생물이 살아가기에 알맞은 환경을 만들어 주기 때문입니다.

채점 기준

예시와 비슷한 내용으로 태양이 생물에게 소중한 까닭을 썼으면 정답으로 합니다.

02 (1) '표면이 암석으로 되어 있는가?', '상대적으로 지구보다 크기가 작은 행성인가?' 등 행성을 분류할 수 있는 다양한 기준이 있습니다.

채점 기준

위 예시와 같은 내용이나 위 예시 외에도 여덟 개의 행성을 분류할 수 있는 기준을 썼으면 정답으로 합니다.

(2) '표면이 암석으로 되어 있는가?'를 분류 기준으로 했을 경우에 표면이 암석으로 되어 있는 행성은 수성, 금성, 지구, 화성이고, 표면이 암석으로 되어 있지 않은 행성은 목성, 토성, 천왕성, 해왕성입니다.

채점 기준

(1)의 분류 기준에 맞게 행성을 분류하였으면 정답으로 합니다.

03 (1) 여러 날 동안 밤하늘을 관측하면 별은 위치가 거의 변하지 않습니다. 그 까닭은 별은 행성보다 지구에서 매우 먼 거리에 있기 때문입니다. 그러나 금성은 태양 주위를 돌기 때문에 여러 날 동안 밤하늘을 관측하면 별자리 사이에서 위치가 조금씩 변합니다.

채점 기준

상	별의 위치 변화와 금성의 위치 변화를 모두 옳게 쓴 경우
중	별의 위치 변화와 금성의 위치 변화 중 하나만 옳게 쓴 경우
하	답을 틀리게 쓴 경우

(2) 별이 지구에서 매우 먼 거리에 있기 때문에 밤하늘에서 작은 점처럼 보이며, 항상 같은 위치에서 움직이지 않는 것처럼 보입니다.

채점 기준

예시와 같은 내용으로 썼으면 정답으로 합니다.

04 (1) (가)는 북두칠성이고, (나)는 카시오페이아자리입니다.

(2) 북두칠성을 이용하여 북극성을 찾는 방법 외에도 카시오페이아자리를 이용하여 북극성을 찾는 방법이 있습니다. 카시오페이아자리의 바깥쪽 두 선을 연장한 선이 만나는 점을 찾아 가운데에 있는 별과 연결한 뒤, 그 거리의 다섯 배만큼 떨어진 곳에 있는 별이 북극성입니다.

채점 기준

북두칠성 또는 카시오페이아자리를 이용하여 북극성을 찾는 방법을 썼으면 정답으로 합니다.

01 용액 **02** 용질, 용매 **03** 용해 **04** 작아져, 용해 **05** 75 **06** 15 **07** = **08** 설탕 **09** 베이킹 소다 **10** 용질 **11** 백반 **12** 용매

11 온도와 양이 같은 물에 용해되는 용질의 양은 용질의 종류에 따라 다릅니다.

12 온도와 양이 같은 물에 같은 양의 용질을 녹였을 때 물에 더 많이 용해되는 용질은 바닥에 남은 것이 없습니다.

30~31쪽

중단원 확인 평가   4 (1) 용해, 용질의 무게 비교, 용질의 종류와 용해되는 양

01 ⑤ **02** (1) © (2) © (3) ⑤ **03** © **04** ④ **05** ⑤ **06** ③ **07** ④ **08** © **09** © **10** © **11** 다르다 **12** 분말주스

01 물의 온도 **02** 눈금실린더 **03** 따뜻한 물 **04** 온도 **05** 백반 **06** 가열 **07** 진하기 **08** 황색 각설탕 열 개를 용해한 용액 **09** 색깔 **10** 열 **11** 메추리알 **12** 사해

01 알갱이의 크기와 상관없이 물질의 종류에 따라 물에 녹거나 녹지 않는 물질이 있습니다.

02 다른 물질에 녹는 물질을 용질이라고 하고, 다른 물질을 녹이는 물질을 용매라고 합니다. 어떤 물질이 다른 물질에 녹아 골고루 섞이는 현상을 용해라고 합니다.

03 용액은 어느 부분이든지 물질이 섞여 있는 정도가 같습니다.

34~35쪽

중단원 확인 평가   4 (2) 물의 온도와 용질이 용해되는 양, 용액의 진하기

01 © **02** © **03** (1) - ⑤ (2) - © **04** ① **05** © **06** ⑤ **07** © **08** (가) **09** ③ **10** ④ **11** ③ **12** ©

04 생딸기 주스는 시간이 지나면 물 위에 뜨거나 가라앉은 물질이 있고, 거름종이에 걸렀을 경우 거름종이에 남는 물질이 있으므로 용액이 아닙니다.

05 ① 각설탕이 점점 작아집니다.
② 각설탕은 물에 녹아 없어지는 것이 아니라 눈에 보이지 않는 작은 크기로 변해 물속에 남아 있습니다.
③ 흰색 각설탕을 물에 녹여도 색깔이 변하지 않습니다.
④ 각설탕이 녹은 물은 단맛이 납니다.

01 물의 온도에 따라 백반이 물에 용해되는 양을 알아보는 실험입니다.

02 물의 온도를 제외한 나머지 조건(물의 양, 용질의 종류, 용매의 종류 등)은 같게 합니다.

03 따뜻한 물에는 백반이 다 용해되므로 용액이 투명하고, 차가운 물에는 백반이 다 용해되지 않고 바닥에 남아 있습니다.

06 용질이 물에 용해되기 전과 용해된 후의 무게가 같습니다. 따라서 설탕 10 g이 물 130 g에 용해되면 설탕물의 무게는 140 g이 됩니다.

07 눈금실린더는 액체의 부피를 정확하게 측정하기 위해 사용합니다.

04 물의 온도가 낮을수록 백반이 적게 용해됩니다.

05 물의 온도가 높을수록 용질이 많이 용해되므로, 다 녹지 않고 바닥에 가라앉은 코코아 가루를 더 녹이려면 용매의 온도를 높이면 됩니다.

08 용질의 종류를 제외한 나머지 조건(물의 양, 물의 온도, 용매의 종류 등)은 같게 해야 합니다.

06 백반이 모두 용해된 백반 용액을 얼음물에 넣으면 온도가 내려가 백반이 용해되는 양이 줄어듭니다. 따라서 백반 알갱이가 다시 생겨 바닥에 가라앉습니다.

07 소금물은 색깔이 없기 때문에 색깔로 진하기를 비교할 수 없습니다.

08 황설탕 용액의 색깔이 진할수록 진한 용액입니다. 진한 용액일수록 메추리알이 더 높이 떠오릅니다.

09 용액의 진하기는 온도로 비교할 수 없습니다.

10 방울토마토가 위로 높이 떠오를수록 용액의 진하기가 진합니다.

11 진한 용액일수록 녹아 있는 용질의 양이 많으므로 무겁고, 묽은 용액일수록 녹아 있는 용질의 양이 적어 가볍습니다.

12 같은 양의 용매에 용질이 적게 용해되어 있을수록 묽은 용액입니다.

36~38쪽

대단원 종합 평가 4. 용해와 용액

01 ㉠ **02** ㉠ 용질, ㉡ 용매, ㉢ 용액 **03** (다) **04** (가), (나)
05 (2) ○ **06** 전자저울 **07** ③ **08** ⑤ **09** △ **10** (3)
○ **11** 설탕, 소금, 베이킹 소다 **12** ⑤ **13** (1) 물의 양, 백반
의 양 (2) 물의 온도 **14** ㉡ **15** 민수 **16** ③ **17** ③ **18**
(다) **19** ④ **20** ④

01 물은 용매, 아이스티 가루는 용질, 아이스티는 용액입니다.

02 녹는 물질을 용질, 녹이는 물질을 용매라고 하고, 녹는 물질이 녹이는 물질에 골고루 섞여 있는 물질을 용액이라고 합니다.

03 멸치 가루를 물에 넣고 저은 뒤 그대로 두면 멸치 가루가 물 위에 뜨거나 바닥에 가라앉습니다.

04 소금과 설탕은 물 위에 뜨거나 바닥에 가라앉지 않았으므로 용액이라고 할 수 있지만, 멸치 가루는 물 위에 뜨거나 바닥에 가라앉았으므로 용액이 아닙니다.

05 물에 넣은 각설탕은 시간이 지남에 따라 작은 설탕 가

루로 부서지면서 크기가 작아져 물에 골고루 섞이고, 완전히 용해되어 눈에 보이지 않게 됩니다.

06 전자저울로 물체의 무게를 측정합니다.

07 각설탕이 용해되기 전과 용해된 후의 무게는 같습니다.

08 용질이 물에 용해되면 없어지는 것이 아니라 매우 작아져 물에 골고루 섞여 용액이 됩니다. 따라서 용질이 물에 용해되기 전과 용해된 후의 무게가 같습니다.

09 베이킹 소다를 두 숟가락 넣었을 때에 다 용해되지 않고 바닥에 남았으므로 세 숟가락을 넣었을 때에도 다 용해되지 않고 바닥에 남습니다.

10 온도와 양이 같은 물에 용해되는 베이킹 소다의 양은 설탕보다 적습니다. 따라서 온도와 양이 같은 물에 용해되는 양은 용질마다 서로 다릅니다.

11 물 100 mL에 용질이 용해되는 양은 물 50 mL에 용해되는 정도와 같이 설탕, 소금, 베이킹 소다 순으로 많이 용해됩니다.

12 물의 양이 많을수록 설탕이 많이 용해됩니다.

13 물의 온도를 제외한 나머지 조건(물의 양, 백반의 양 등)은 같게 해야 합니다.

14 40 °C의 물보다 10 °C의 물에서 백반이 다 용해되지 않고 비커 바닥에 가라앉습니다.

15 백반 용액에서 다시 백반 알갱이를 얻으려면 물의 온도를 낮추면 됩니다. 따라서 백반 용액을 냉장고에 넣으면 용해되지 않은 백반 알갱이가 생깁니다.

16 색깔이 없는 용액의 진하기는 용액의 무게나 높이를 측정하거나 방울토마토를 넣어 떠오르는 정도로 비교할 수 있습니다.

17 소금물처럼 투명한 용액의 진하기를 비교하려면 무게가 적당한 청포도, 방울토마토, 메추리알 등을 사용합니다.

18 용액의 진하기가 진할수록 방울토마토가 위로 떠오릅니다.

19 ① ㈎ 설탕물의 맛이 가장 덜 답니다.

② ㈎ 설탕물의 높이가 가장 낮고, ㈐ 설탕물의 높이가 가장 높습니다.

③ ㈐ 설탕물의 무게가 가장 무겁습니다.

⑤ ㈐ 설탕물에 흰색 설탕을 더 넣으면 방울토마토가 위로 더 떠오릅니다.

20 방울토마토를 위로 더 떠오르게 하려면 설탕물이 더 진해야 합니다. 따라서 흰색 설탕을 더 넣어 설탕물을 더 진하게 만듭니다.

4단원 서술형·논술형 **평가** 39쪽

01 ⑩ 미숫가루를 탄 물은 용액이 아니다. 왜냐하면 미숫가루를 탄 물은 시간이 지나면 바닥에 가라앉은 물질이 생기기 때문이다. **02** (1) ⑩ 용액의 온도가 낮아져 백반이 용해되는 양이 줄어들기 때문이다. (2) ⑩ 바닥에 가라앉은 백반 알갱이가 다시 용해된다. **03** (1) ⑩ 물의 양, 물의 온도, 백반의 양 등 (2) 백반 알갱이의 크기 **04** (1) ⑩ 소금을 더 넣는다. (2) ⑩ 용액이 진할수록 물체가 위로 떠오른다.

01 미숫가루를 탄 물은 시간이 지나면 바닥에 가라앉은 물질이 생기므로 용액이 아닙니다.

채점 기준

용액이 아닌 까닭을 제시하였다면 정답으로 합니다.

02 (1) 백반이 모두 용해된 백반 용액을 얼음물이 든 비커에 넣으면 용액의 온도가 낮아져 용해되는 백반의 양이 줄어듭니다. 따라서 용해되지 않은 백반 알갱이가 생겨 비커 바닥에 가라앉습니다.

채점 기준

용액의 온도가 낮아져 용해되는 백반의 양이 줄어들었다는 내용이면 정답으로 합니다.

(2) 용액의 온도가 낮아져 백반 알갱이가 다시 생긴 비커에 따뜻한 물을 넣으면 용액의 온도가 올라가 용해되

는 백반의 양이 늘어납니다. 따라서 용해되지 못했던 백반이 다시 용해됩니다.

채점 기준

백반이 다시 녹았다 또는 용해되었다는 내용이 있다면 정답으로 합니다.

03 (1) 물의 양, 물의 온도, 유리 막대로 젓는 빠르기, 백반의 양 등 백반 알갱이의 크기를 제외한 나머지 조건은 모두 같게 해야 합니다.

채점 기준

백반 알갱이 크기를 제외한 나머지 조건을 적절하게 제시하였다면 정답으로 합니다.

(2) 탐구 주제가 백반 알갱이의 크기에 따라 백반이 물에 녹는 빠르기를 알아보는 것이므로, 백반 알갱이의 크기는 다르게 해야 할 조건입니다.

채점 기준

백반 알갱이의 크기와 관련된 내용을 쓴 경우에만 정답으로 합니다.

04 (1) 달걀을 소금물 위로 떠오르게 하려면 소금물의 진하기가 진해야 합니다. 따라서 소금을 더 넣습니다.

채점 기준

용액의 진하기를 진하게 하는 방법과 관련된 내용이면 정답으로 합니다.

(2) 용액이 진할수록 물체가 위로 떠오릅니다.

채점 기준

용액의 진하기와 물체가 뜨는 정도를 관련지어 썼다면 정답으로 합니다.

01 실체 현미경　02 균류　03 균사　04 포자　05 양분
06 조리개　07 조동 나사, 미동 나사　08 짚신벌레　09
해캄　10 원생생물　11 세균　12 늘어날

중단원 **확인** 평가　5 (1) 곰팡이, 버섯, 짚신벌레, 해캄, 세균

01 ⓒ　02 ④　03 ⑤　04 ⑤　05 ①　06 ①　07 ⑤
08 ⓒ　09 ③　10 ④　11 ⓒ　12 ②

01 빵에 자란 곰팡이를 관찰할 때는 마스크와 장갑을 착용하고, 절대로 곰팡이의 맛을 보거나 냄새를 맡아서는 안됩니다.

02 ① 곰팡이는 생물입니다.
② 곰팡이는 포자로 번식합니다.
③ 곰팡이는 뿌리, 줄기, 잎과 같은 모양이 없습니다.
⑤ 곰팡이는 맨눈으로는 생김새를 정확히 알 수 없습니다.

03 ① 동물이나 식물이 아니라 균류입니다.
② 줄기와 잎이 없습니다.
③, ④ 따뜻하고 축축한 곳에서 잘 자랍니다.

04 곰팡이는 따뜻하고 축축한 곳, 동물의 몸이나 배출물, 낙엽 밑, 나무 밑동, 목욕탕 벽과 같은 물체에서도 잘 자랍니다.

05 ② 식물은 씨로 번식하고 균류는 포자로 번식합니다.
③ 식물은 스스로 양분을 만드는데, 균류는 다른 생물에서 양분을 얻습니다.
④ 식물은 주로 햇빛이 비치는 곳에서 잘 자라지만, 균류는 주로 축축한 곳에서 잘 자랍니다.
⑤ 가는 실 모양의 균사로 이루어져 있는 것은 균류입니다.

06 짚신벌레는 꼬리가 없습니다.

07 광학 현미경으로 관찰했을 때 바깥쪽에 가는 털이 있는 것은 짚신벌레의 특징입니다.

08 짚신벌레와 해캄은 연못이나 하천 등 주로 물살이 느린 곳에서 삽니다.

09 짚신벌레와 해캄은 논, 연못과 같이 고인 물이나 하천, 도랑 등의 물살이 느린 곳에서 삽니다.

10 세균은 종류가 매우 많고 생김새도 다양합니다.

11 세균은 땅이나 물, 공기, 다른 생물의 몸, 연필과 같은 물체 등 우리 주변의 다양한 곳에서 삽니다.

12 세균은 원생생물보다 생김새가 단순합니다.

01 곰팡이　02 세균　03 산소　04 ⑩ 김치, 요구르트
05 균류, 세균　06 적조 또는 적조 현상　07 세균　08 해로운　09 첨단 생명 과학　10 분해　11 영양소　12 생물 농약

중단원 **확인** 평가　5 (2) 다양한 생물이 우리 생활에 미치는 영향

01 ③　02 ②　03 ⑤　04 ⑦　05 ②　06 ⓒ　07 ⑦
08 ④　09 ⓒ　10 ③　11 ⑤　12 ②

01 미역국은 균류나 세균을 이용하여 만든 음식이 아닙니다.

02 해캄과 같은 원생생물은 산소를 만들어 지구의 생물이 숨을 쉬며 살아갈 수 있게 해 줍니다.

03 ①, ②, ③, ④는 우리 생활에 해로운 영향을 미치는 생물입니다.

04 ⓒ, ⓒ은 다양한 생물이 우리 생활에 미치는 이로운 영향입니다.

05 곰팡이를 활용해 된장을 만드는 것은 다양한 생물이 우리 생활에 미치는 이로운 영향입니다.

06 ⓒ은 광합성을 하는 식물이나 원생생물이 사라졌을 때 나타나는 현상입니다.

07 첨단 생명 과학은 생명을 대상으로 하는 과학 중에 최신 기술을 적용한 것으로, 최신의 생명 과학 기술이나 연구 결과를 활용해 우리 생활의 여러 가지 문제를 해결하는 데 도움을 줍니다.

08 세균을 자라지 못하게 하는 일부 곰팡이의 특성을 이용하여 질병을 치료하는 약을 만듭니다.

09 해캄 등의 원생생물이 양분을 만드는 특성을 이용하여 생물 연료를 만듭니다.

10 영양소가 풍부한 원생생물의 특성을 활용해 건강식품을 만듭니다.

11 세균과 곰팡이가 해충에게만 질병을 일으키는 특성을 활용하여 만든 생물 농약은 농작물의 피해를 줄이고 환경 오염을 일으키지 않습니다.

12 된장을 이용해 여러 가지 음식을 만드는 것은 첨단 생명 과학을 활용한 예가 아닙니다.

48~50쪽

대단원 종합 평가　5. 다양한 생물과 우리 생활

01 ⑤　**02** ㉠ – 회전판, ㉡ – 초점 조절 나사, ㉢ – 조명 조절 나사　**03** (1) ◯　**04** 균사　**05** ④　**06** ㉡　**07** ①　**08** ③　**09** ㉣　**10** ④　**11** ⑤　**12** ㉠　**13** ⑤　**14** ③　**15** 꼬리　**16** ㉢　**17** ⑤　**18** (2) ◯　**19** ①　**20** ④

01 제시된 실험 기구는 실체 현미경입니다.

02 ㉠ 회전판은 대물렌즈의 배율을 조절합니다. ㉡ 초점 조절 나사는 상의 초점을 정확히 맞출 때 사용합니다. ㉢ 조명 조절 나사는 조명을 켜고 끄며 밝기를 조절합니다.

03 곰팡이를 실체 현미경으로 관찰하면 머리카락 같은 가는 실 모양이 서로 엉켜 있고, 실 모양 끝에는 작고 둥근 알갱이가 있습니다.

04 버섯과 곰팡이의 몸은 가늘고 긴 실 모양의 균사로 이루어져 있습니다.

05 버섯과 곰팡이는 따뜻하고 축축한 환경에서 잘 자랍니다.

06 ㉠ 균류는 포자로 번식합니다.
㉢ 균류는 죽은 생물이나 다른 생물에서 양분을 얻습니다.
㉣ 균류는 가늘고 긴 실 모양의 균사로 이루어져 있습니다.

07 ② 씨로 번식하는 것은 식물입니다.
③ 균류의 일부와 식물의 일부만 먹을 수 있습니다.
④ 대부분 초록색인 것은 광합성을 하는 생물의 특징입니다. 균류는 광합성을 하지 않습니다.
⑤ 뿌리, 줄기, 잎이 없는 것은 균류입니다.

08 광학 현미경으로 영구 표본을 관찰하는 방법은 다음과 같습니다.
회전판을 돌려 배율이 가장 낮은 대물렌즈가 중앙에 오도록 합니다. → 전원을 켜고 조리개로 빛의 양을 조절합니다. → 관찰하려는 영구 표본을 재물대의 가운데에 고정합니다. → 현미경을 옆에서 보면서 조동 나사로 재물대를 올려 영구 표본과 대물렌즈의 거리를 최대한 가깝게 합니다. → 조동 나사로 재물대를 천천히 내리면서 미동 나사로 정확한 초점을 맞춥니다.

09 여러 개의 마디로 이루어져 있는 것은 해캄의 모습입니다.

10 짚신벌레와 해캄은 논, 연못과 같이 고인 물이나 하천, 도랑 등의 물살이 느린 곳에서 삽니다.

11 푸른곰팡이는 균류입니다.

12 ㉡ 세균은 크기가 매우 작아서 맨눈으로 관찰할 수 없습니다.
㉢ 세균은 살기에 적절한 환경이 되면 번식이 매우 빠르고 많은 수로 늘어납니다.

13 세균은 땅이나 물, 공기, 다른 생물의 몸, 연필과 같은 물체 등 우리 주변의 다양한 곳에서 삽니다.

14 간장은 균류인 누룩곰팡이를 이용해 만든 메주로 만듭니다.

15 제시된 세균은 꼬리가 달려 있어 이동할 때 꼬리를 이용합니다.

16 ㉠, ㉡, ㉢은 다양한 생물이 우리 생활에 미치는 이로운 영향입니다.

17 세균은 죽은 생물을 작게 분해하여 자연으로 되돌려 보내 지구의 환경이 유지되도록 하는데, 이는 세균이 우리 생활에 미치는 이로운 영향입니다.

18 해캄 등의 원생생물이 양분을 만드는 특성을 이용하여 생물 연료를 만듭니다.

19 젖산균이 김치를 만드는 데 이용되는 것은 첨단 생명 과학이 활용되는 예가 아닙니다.

20 사람에게 해로운 물질을 만드는 것은 첨단 생명 과학의 좋은 점이 아닙니다.

5단원 서술형·논술형 **평가** 51쪽

01 ⟨예⟩ 다른 생물이나 죽은 생물에서 양분을 얻는다. **02** (1) ⟨예⟩ 해캄이 겹치지 않도록 받침 유리 가운데에 놓는다. 덮개 유리를 덮을 때 공기 방울이 생기지 않도록 천천히 덮는다. (2) ⟨예⟩ 여러 개의 가는 선이 보인다. 크기가 작고 둥근 모양의 초록색 알갱이가 보인다. **03** ⟨예⟩ 나선 모양이다. 꼬리가 여러 개 있다. **04** ⟨예⟩ 음식이나 물건 등이 상하지 않을 것이다. 우리 주변이 죽은 생물이나 배설물로 가득 차게 될 것이다.

01 곰팡이와 버섯은 스스로 양분을 만들지 못하기 때문에 다른 생물이나 죽은 생물에서 양분을 얻습니다.

채점 기준

다른 생물이나 죽은 생물에서 양분을 얻는다는 내용이면 정답으로 합니다.

02 (1) 해캄 표본을 만들 때 핀셋을 이용하여 해캄이 겹치지 않도록 받침 유리 가운데에 놓습니다. 또 덮개 유리를 덮을 때 공기 방울이 생기지 않도록 해야 합니다.

채점 기준

해캄 표본을 만들 때 주의할 내용을 썼으면 정답으로 합니다.

(2) 광학 현미경으로 해캄을 관찰하면 여러 개의 가는 선과 크기가 작고 둥근 모양의 초록색 알갱이들이 보입니다. 해캄은 여러 개의 마디로 이루어져 있습니다.

채점 기준

광학 현미경으로 해캄을 관찰한 내용으로 적절하면 정답으로 합니다.

03 헬리코박터 파일로리균은 나선 모양이고 길쭉하며, 꼬리가 여러 개 있습니다.

채점 기준

헬리코박터 파일로리균을 관찰한 내용으로 적절하면 정답으로 합니다.

04 곰팡이나 세균이 사라진다면 음식이나 물건 등이 상하지 않을 것입니다. 또 우리 주변이 죽은 생물이나 배설물로 가득 차게 될 것입니다.

채점 기준

곰팡이와 세균이 사라졌을 때 일어날 수 있는 내용으로 적절하면 정답으로 합니다.

Book 1 개념책

2단원 온도와 열

(1) 온도의 의미와 온도 변화

탐구 문제 18쪽

1 ㉠ 2 (1) ○ (2) ○ (4) ○

핵심 개념 문제 19~22쪽

01 ㉠ 차갑고, ㉡ 뜨겁다 02 온도 03 ㉣ 04 ℃ 05 ④
06 ② 07 알코올 온도계 08 ㉠, ㉡, ㉢ 09 ㉢ 10 수평 11 ②,
⑤ 12 ㉣ 13 ㉠ 높아지고, ㉡ 낮아진다 14 (3) ○ 15 ㉢ 16 ←

중단원 실전 문제 23~26쪽

01 ⑤ 02 ㉢ 03 진수 04 온도 05 (1) - ㉡, (2) - ㉢,
(3) - ㉠ 06 ⑤ 07 ㉠ 08 적외선 온도계 09 ② 10
② 11 (1) 29.0 ℃ (2) 섭씨 이십구 점 영 도 12 ① 13 ㉠,
㉡ 14 ④ 15 ㉠ 장소, ㉡ 시각 16 ㉠ 17 ← 18 ㉔ 음료
수 캔에 담긴 물과 비커에 담긴 물의 온도는 시간이 지나면
같아진다. 19 ㉠ 낮아지고, ㉡ 높아진다 20 ㉔ 열은 온도
가 높은 이마에서 온도가 낮은 얼음주머니로 이동한다. 21
㉣ 22 ㉡ 23 ③ 24 ㉔ 갓 삶은 면을 차가운 물에 헹굴
때, 얼음 위에 생선을 올려놓았을 때, 얼음주머니를 열이 나는
이마에 올려놓았을 때 등

서술형·논술형 평가 돋보기 27~28쪽

연습 문제

1 (1) 고체, 액체(기체), 기체(액체) (2) 온도 2 (1) 높아진다,
낮아진다 (2) 높은, 낮은

실전 문제

1 (1) 온도 (2) ㉔ 비닐 온실에서 배추를 재배할 때 일정한 온
도를 유지하지 못해 배추가 잘 자라지 못한다. 알맞은 기름의

온도를 맞추지 못해 새우튀김의 맛과 식감이 달라진다. 2
은수, ㉔ 수온을 측정하려면 알코올 온도계가 필요해. 3 (1)
㉔ 비커에 담긴 물에서 음료수 캔에 담긴 물로 열이 이동한
다. (2) ㉔ 음료수 캔에 담긴 물과 비커에 담긴 물이 접촉한
채로 시간이 지나면 두 물의 온도는 같아진다. 4 ㉔ 온도가
높은 손난로에서 온도가 낮은 손으로 열이 이동한다.

(2) 고체, 액체, 기체에서의 열의 이동

탐구 문제 33쪽

1 유리판 2 (4) ○

핵심 개념 문제 34~37쪽

01 ② 02 ㉡ 03 ㉠, ㉣ 04 ⑤ 05 ㉢ 06 (2) ○ 07
㉠ 금속, ㉡ 플라스틱 08 ④ 09 위 또는 위쪽 10 (1) ○
11 대류 12 > 13 위 또는 위쪽 14 ㉠ 15 ② 16 ㉠ 높
은, ㉡ 낮은

중단원 실전 문제 38~41쪽

01 ㉠, ㉢, ㉡ 02 해설 참조 03 (1) ○ (3) ○ 04 전도
05 ← 06 ㉢ 07 (라), (가), (다) 08 ㉡, ㉢, ㉣, ㉤ 09 ㉔
유리보다 금속에서 열이 더 빠르게 이동한다. 금속의 종류에
따라 열이 이동하는 빠르기가 다르다. 고체 물질의 종류에 따
라 열이 이동하는 빠르기가 다르다. 10 ② 11 ③ 12 (1) ㉢
(2) ㉠, ㉡, ㉣ 13 ㉔ 열이 잘 이동하지 않게 하여 손을 데는
것을 막기 위해서이다. 14 ㉡ 15 민혁 16 스포이트 17
해설 참조 18 대류 19 ⑤ 20 ㉠ 21 ④ 22 ㉔ 알코올
램프에 불을 붙이지 않았을 때는 비눗방울이 아래로 떨어지
지만, 알코올램프에 불을 붙였을 때는 비눗방울이 알코올램
프 주변에서 위로 올라간다. 23 ③ 24 ②

서술형·논술형 평가 돋보기   42~43쪽

연습 문제

1 (1) 버터, 뜨거운 물 (2) 빠르게, 다르다 **2** (1) 따뜻한, 위, 차가운, 아래 (2) 대류

실전 문제

1 (1) 해설 참조 (2) 예 구리판에서 열은 가열한 부분에서 멀어지는 방향으로 구리판을 따라 이동한다. **2** (1) 예 겨울에 집 안의 따뜻한 공기가 집 밖으로 이동하는 것을 막아 집 안을 따뜻하게 유지하기 위해서 (2) 예 이중 유리창을 만든다. 창문이나 문의 틈을 문풍지로 잘 막는다. 집의 벽, 바닥, 지붕 등에 단열재를 사용한다. **3** (1) 예 온도가 높아진 액체는 위로 올라가고, 위에 있던 액체가 아래로 밀려 내려오면서 열이 이동한다. (2) 예 냄비를 가열하면 냄비 바닥에 있는 물은 온도가 높아져 위로 올라가고, 위에 있던 물은 아래로 밀려 내려온다. 시간이 지나면 이 과정이 반복되면서 물 전체가 따뜻해진다. **4** (1) 예 비눗방울이 알코올램프 주변에서 위로 올라간다. (2) 예 열기구 아랫부분에서 가열된 공기는 온도가 높아져 위로 올라가기 때문이다.

 대단원 마무리   45~48쪽

01 ② **02** ② **03** ㉢, ㉣ **04** 현주 **05** ③ **06** 예 알코올 온도계의 빨간색 액체가 더 이상 움직이지 않을 때 액체 기둥의 끝이 닿은 위치에 수평으로 눈높이를 맞추어 눈금을 읽는다. **07** 햇빛 **08** ④ **09** 예 열은 온도가 높은 물질에서 온도가 낮은 물질로 이동한다. **10** → **11** ② **12** ㉠ **13** ㉢, 예 구리판이 끊긴 곳으로는 열이 이동하지 않는다. **14** ④ **15** 전도 **16** 구리판, 철판, 유리판 **17** ④ **18** ④ **19** ③ **20** (1) ○ **21** 예 온도가 높아진 물은 위로 올라가고 **22** > **23** (2) ○ **24** (1) ○

 수행평가 미리 보기   49쪽

1 ㉠ 귀 체온계, 예 체온을 측정한다. ㉡ 적외선 온도계, 예 주로 고체의 온도를 측정한다. ㉢ 알코올 온도계, 예 주로 기체 또는 액체의 온도를 측정한다. (2) 예 비닐 온실에서 배추를 재배할 때, 병원에서 환자의 체온을 잴 때, 새우튀김을 요리할 때, 어항 속 물의 온도를 측정할 때 등 **2** (1) ㉠ 고체, 전도 ㉡ 액체, 대류 (2) 예 열은 온도가 높은 곳에서 온도가 낮은 곳으로 이동한다.

③ 단원
태양계와 별

(1) 태양계의 구성원

탐구 문제   56쪽

1 해왕성 **2** 금성

 핵심 개념 문제   57~60쪽

01 ① **02** 양분 **03** 수연, 지아 **04** ⑤ **05** 태양계 **06** (1) ○ **07** ③ **08** 토성 **09** (3) ○ **10** (1) ㉢, ㉣ (2) ㉠, ㉡ **11** ㉠, ㉣ **12** ㉠ 화성, ㉡ 목성 **13** (1) – ㉡ (2) – ㉢ (3) – ㉠ **14** ③ **15** ① **16** ㉡, ㉢, ㉣

 중단원 실전 문제   61~64쪽

01 ④ **02** (1) ○ (2) × (3) ○ **03** 예 태양 빛으로 전기를 만들어 생활에 이용한다. **04** ⑤ **05** 영진, 형식 **06** ㉢ **07** ㉠ 태양, ㉡ 위성 **08** ㉡, ㉢ **09** 해왕성 **10** Q1 × Q2 ○ Q3 × **11** ② **12** 예 금성은 표면이 암석으로 되어 있고, 토성은 표면이 기체로 되어 있다. 금성은 고리가 없고, 토성은 고리가 있다. 등 **13** 예 행성의 표면이 암석으로 되어 있는가?, 상대적으로 태양 가까이에 있는가? 등 **14** ①, ④ **15** ㉠ 없고, ㉡ 있다, ㉢ 암석, ㉣ 기체 **16** ㉡, ㉣, ㉢, ㉠ **17** ⑤ **18** (2) ○ **19** ⑤ **20** ⑤ **21** 지구 **22** ㉡ **23** (3) ○ **24** 수성, 금성

한눈에 보는 정답

서술형·논술형 평가 돋보기 (65~66쪽)

연습 문제

1 (1) 태양, 둥근 (2) 다르다 2 (1) 화성, 지구, 해왕성 (2) 작은, 큰

실전 문제

1 해설 참조 2 (1) > (2) 예 공통점은 태양과 지구는 태양계에 속한 둥근 모양의 천체이다. 차이점은 태양은 태양계의 중심에 있지만, 지구는 태양 주위를 도는 행성이다. 3 예 표면이 암석으로 되어 있는가?, 상대적인 크기가 지구보다 작은가?, 태양까지의 상대적인 거리가 가까운가? 4 해설 참조

(2) 밤하늘의 별

탐구 문제 (71쪽)

1 해설 참조 2 (1) ○

핵심 개념 문제 (72~74쪽)

01 ㉠ 02 행성 03 ⑤ 04 ④ 05 ① 06 시진 07 (1) – ㉢ (2) – ㉠ (3) – ㉡ 08 ③ 09 ③ 10 ㉠ 북쪽, ㉡ 서쪽 11 ㉡ 12 다섯(5)

중단원 실전 문제 (75~77쪽)

01 ㉢ 02 예 태양은 지구에 비교적 가까운 거리에 있고, 다른 별들은 지구에서 매우 먼 거리에 있기 때문이다. 03 ⑤ 04 해설 참조 05 ④ 06 ㉠ 별, ㉡ 가깝기 07 ㉠ 08 ① 09 ②, ④, ⑤ 10 북두칠성 11 ② 12 북쪽 13 ㉠ 북쪽, ㉡ 방위 14 ② 15 예 북극성은 항상 북쪽에 있어서 북극성을 찾으면 방위를 알 수 있기 때문이다. 16 ② 17 카시오페이아자리 18 예 카시오페이아자리에서 바깥쪽 두 선을 연장해 만나는 점 ㉠을 찾고, 점 ㉠과 가운데에 있는 별 ㉡을 연결한 거리의 다섯 배만큼 떨어진 곳에 있는 별이 북극성이다.

서술형·논술형 평가 돋보기 (78~79쪽)

연습 문제

1 (1) 별, 행성 (2) 행성, 별, 가까이 2 (1) 북쪽, 남쪽, 동쪽, 서쪽 (2) 북, 방위

실전 문제

1 예 목성과 토성이 별보다 지구에 훨씬 가까이 있기 때문이다. 2 예 별자리 모습과 이름은 지역과 시대에 따라 다르기 때문이다. 3 (1) 북극성 (2) 예 주변이 탁 트이고 밝지 않은 곳이다. 4 예 북두칠성의 국자 모양 끝부분에서 별 ㉠, ㉡을 찾아 연결한 뒤, 그 거리의 다섯 배만큼 떨어진 곳에서 북극성을 찾을 수 있다.

대단원 마무리 (81~84쪽)

01 태양 02 ③ 03 ③ 04 (1) – ㉡ (2) – ㉢ (3) – ㉠ 05 ③ 06 예 태양 주위를 도는 둥근 모양의 천체이다. 07 (1) ㉠, ㉡ (2) ㉢, ㉣ 08 ③ 09 ㉡ 10 ④ 11 (1) ㉢ (2) ㉡ 12 예 상대적으로 크기가 작은 행성에는 수성, 금성, 지구, 화성이 있고, 상대적으로 크기가 큰 행성에는 목성, 토성, 천왕성, 해왕성이 있다. 13 ③ 14 ① 15 ㉡ 16 행성 17 ① 18 ① 19 이름 20 예 ㉡, 해가 진 뒤 약 1시간 정도 지나서 별이 보일 정도로 어두워졌을 때 관측한다. 21 북극성 22 ② 23 ③ 24 다섯(5)

수행 평가 미리 보기 (85쪽)

1 (1) (가) 수성, 금성 (나) 화성, 목성, 토성, 천왕성, 해왕성 (2) 예 상대적으로 크기가 작은 행성은 태양에 가까이 있고, 상대적으로 크기가 큰 행성은 태양으로부터 멀리 떨어져 있다. 2 (1) (가) 북두칠성, 다섯(5) (나) 카시오페이아자리, 다섯(5) (2) 예 북극성은 항상 북쪽에 있어서 나침반이나 지도가 없을 때 북극성을 찾으면 방위를 알 수 있기 때문이다.

4 단원
용해와 용액

(1) 용해, 용질의 무게 비교, 용질의 종류와 용해되는 양

1 (1) ○ (2) ○ (3) × (4) ○   2 (1) ㉣ (2) ㉠, ㉡, ㉢

핵심 개념 문제   92~94쪽

01 멸치 가루   02 ②   03 ㉠ 용질, ㉡ 용매   04 ㉢   05 ㉢
06 (1) ○   07 ㉠ 110, ㉡ 5   08 ③   09 ㉠, ㉢   10 베이
킹 소다   11 ㉠ 용질, ㉡ 용해   12 ㈎

중단원 실전 문제   95~98쪽

01 ③   02 ㉠   03 용해   04 용액   05 (1) 각설탕 (2) 물
06 ⑤   07 ㉡, ㉢, ㉠   08 ③   09 ④   10 ④   11 122.8
12 예 각설탕이 물에 용해되면 없어지는 것이 아니라 매우 작
아져 물에 골고루 섞여 용액이 되기 때문이다.   13 ④   14 ⑤
15 ⑤   16 ㈎   17 ㉡   18 ㉠   19 ㉠   20 설탕, 소금, 베이
킹 소다   21 예 소금과 베이킹 소다는 물에 다 용해되지 않을
것이다.   22 (3) ○   23 ㉢   24 ㉡

서술형·논술형 평가 돋보기   99~100쪽

연습 문제

1 (1) ㉢ (2) 소금(설탕), 설탕(소금), 용해   2 (1) 143.3 (2) 같다

실전 문제

1 예 용질인 설탕이 용매인 물에 완전히 용해되어 용액인 설
탕물이 된다.   2 (1) 선경 (2) 예 흙탕물은 물에 녹아 골고루
섞이지 않고 뜨거나 가라앉은 것이 있기 때문에 용액이 아니
다.   3 (1) ㈐ (2) 예 두 숟가락씩 넣었을 때 ㈎와 ㈏는 다 용
해되었지만, ㈐는 다 용해되지 않고 비커 바닥에 가라앉았으
므로 물에 용해되는 양이 가장 적다.   4 예 비커에 물을 더
넣는다.

(2) 물의 온도와 용질이 용해되는 양, 용액의 진하기

1 ⑤   2 ㉠

핵심 개념 문제   106~109쪽

01 ③   02 ㉡   03 ㈎   04 ㉠   05 ④   06 (1) ○   07 ⑤
08 ②   09 (4) ○   10 ㈎   11 ⑤   12 ④   13 ㈏   14 (4) ○
15 ㉣   16 ㉣

중단원 실전 문제   110~113쪽

01 ③   02 ②   03 ④   04 <   05 ②   06 예 물의 온도
가 낮아지면 백반이 용해되는 양이 줄어들어 백반 알갱이가
생긴다.   07 ㈏   08 (1) ○ (3) ○   09 ㉡   10 ⑤   11 예
백반 용액을 가열한다.   12 ⑤   13 ④   14 ㈏   15 예 용액의
색깔이 가장 진하기 때문이다. 용액의 높이가 가장 높기 때문
이다.   16 ㈎   17 ㉢   18 ③   19 ⑤   20 ㉢   21 ㈐   22
④   23 ③   24 예 비커에 물을 더 넣는다.

서술형·논술형 평가 돋보기   114~115쪽

연습 문제

1 (1) ㈏ (2) 다르다, 높을수록, 낮을수록   2 (1) ㈏ (2) 진할수
록, 묽을수록(연할수록)

실전 문제

1 예 온도가 높은 물에 백반을 용해한다.   2 예 백반 용액이
든 비커의 바닥에 백반 알갱이가 가라앉는다.   3 (1) ㈏ (2)
예 용액에 설탕을 더 넣는다.   4 예 사해의 물이 우리나라의
바다보다 더 진하기 때문이다.

대단원 마무리 117~120쪽

01 ⑤ 02 ㉢ 03 ② 04 준수 05 구강 청정제, ㉔ 물 위에 뜨거나 바닥에 가라앉은 물질이 없기 때문이다. 06 ㉢ 07 107 08 (2) ○ 09 ㉔ 소금을 물에 녹여 소금물을 만든다. 10 ㉢ 11 설탕 12 ㉢ 13 물의 온도 14 ③ 15 ㉡ 16 ㉠ 17 ③ 18 ㉔ 용액의 무게를 비교한다. 용액에 방울토마토를 넣어 떠오르는 정도를 비교한다. 용액의 높이를 비교한다. 19 (1) - ㉡ (2) - ㉠ 20 (가), (나), (다) 21 ㉔ 무게가 너무 무겁거나 가볍지 않고 적당하기 때문이다. 22 ② 23 ② 24 달걀

 수행 평가 미리 보기 121쪽

1 (1) ㉔ 각설탕이 물에 용해되기 전과 용해된 후의 무게는 같다. (2) ㉔ 각설탕은 크기가 점점 작아져 눈에 보이지 않으며, 없어지는 것이 아니라 물에 골고루 섞인다. 2 (1) 다르게 한 조건: 물의 온도, 같게 한 조건: 백반의 양, 물의 양, 유리 막대로 젓는 횟수 등 (2) ㉔ 백반 용액이 들어 있는 비커를 가열한다.

 5 단원
다양한 생물과 우리 생활

(1) 곰팡이, 버섯, 짚신벌레, 해캄, 세균

탐구 문제 128쪽

1 해캄 2 ①

 핵심 개념 문제 129~132쪽

01 ④ 02 ④ 03 ㉠ 04 ④ 05 ㉢ 06 ㉡ 07 ② 08 ㉡, ㉢ 09 ㉣ 10 조리개 11 ④ 12 ㉡ 13 원생생물 14 (4) ○ 15 ㉠ 16 ㉢, ㉣

 중단원 실전 문제 133~136쪽

01 ⑤ 02 (라), ㉔ 접안렌즈로 빵에 자란 곰팡이를 보면서 대물렌즈를 천천히 올려 초점을 맞추어 관찰한다. 03 균류 04 곰팡이 05 ⑤ 06 균사 07 ③ 08 ㉢ 09 ③ 10 ⑤ 11 ㉔ 식물은 스스로 양분을 만들지만 균류는 스스로 양분을 만들지 못한다. 식물은 뿌리, 줄기, 잎 등이 있지만 균류는 균사로 이루어져 있다. 12 ⑤ 13 (다), (라), (나), (가) 14 원생생물 15 ㉣ 16 ④, ⑤ 17 (1) - ㉡ (2) - ㉢ (3) - ㉠ 18 ㉢ 19 ③ 20 ② 21 ③ 22 ③ 23 ⑤ 24 ㉣

 서술형·논술형 평가 돋보기 137~138쪽

연습 문제

1 (1) ㉠ (2) 균사, 포자 2 (1) ㉠ 막대, ㉡ 공 (2) 많고, 다양하다

실전 문제

1 (1) ㉔ 윗부분 안쪽에는 주름이 많고 깊게 파여 있다. (2) ㉔ 머리카락처럼 가는 실 모양이 서로 엉켜 있다. 실 모양 끝에는 작고 둥근 알갱이가 있다. 2 ㉔ 주로 다른 생물이나 죽은 생물에서 양분을 얻어 살아간다. 3 (1) 원생생물 (2) ㉔ 논, 연못과 같이 물이 고인 곳, 하천이나 도랑 등의 물살이 느린 곳 4 (1) ㉡ (2) ㉔ 종류가 매우 많다. 생김새가 단순하다.

(2) 다양한 생물이 우리 생활에 미치는 영향

탐구 문제 142쪽

1 (2) ○ 2 ㉠

 핵심 개념 문제 143~144쪽

01 ⑤ 02 ㉠, ㉣ 03 ㉢ 04 (2) ○ 05 (1) ㉠, ㉡ (2) ㉢, ㉣ 06 유진 07 (1) - ㉡ (2) - ㉢ (3) - ㉠ 08 ㉠

중단원 실전 문제
145~147쪽

01 찬영 02 ① 03 ④ 04 ⑤ 05 ⓛ, ⓔ 06 ④ 07 ⓔ 08 ② 09 ① 10 재민 11 ⓔ 물질을 분해하는 세균의 특성을 활용해 하수 처리를 한다. 12 ① 13 ② 14 ④ 15 ⓔ 쉽게 분해되는 플라스틱 제품을 만든다. 16 첨단 생명 과학 17 ⓔ 푸른곰팡이가 세균을 자라지 못하게 하는 특성을 활용하였다. 18 ①

서술형·논술형 평가 돋보기
148~149쪽

연습 문제

1 (1) (나) (2) 세균 또는 젖산균, 건강 2 (1) (가) (2) 세균, 분해

실전 문제

1 (1) ⓒ (2) ⓔ 호수나 바다와 같은 곳에 급격히 번식하면 다른 생물이 살기 어려운 환경을 만들 수 있다. 일부 원생생물이 적조를 일으킨다. 2 ⓔ 건강식품을 만드는 데 이용한다. 3 (1) 곰팡이 (2) ⓔ 세균을 자라지 못하게 한다. 4 ⓔ 질병을 치료하는 데 어려움이 있을 것이다.

대단원 마무리
151~154쪽

01 ⓔ 02 ④ 03 ⑤ 04 ⑤ 05 ⓔ 식물은 스스로 양분을 만들어 살아가지만 곰팡이와 버섯은 다른 생물이나 죽은 생물 등에서 양분을 얻어 살아간다. 06 ⑤ 07 ③ 08 ⑤ 09 ⓒ 10 (가) 해캄, (나) 짚신벌레 11 ⓔ 짚신벌레와 해캄은 동물이나 식물에 비해 생김새가 단순하다. 12 ① 13 ② 14 ⑤ 15 ④ 16 작아서 17 ㄱ, ⓒ 18 ⑤ 19 산소 20 ㄱ, ⓒ 21 ② 22 ③ 23 ⓔ 물질을 분해한다. 24 ⑤

수행 평가 미리 보기
155쪽

1 (1) ⓔ 해캄은 전체적으로 초록색을 띤다. 해캄은 여러 개의 마디로 이루어져 있다. 해캄은 여러 개의 가는 선 안에 크기가 작고 둥근 모양의 초록색 알갱이가 있다. 짚신벌레는 끝이 둥글고 길쭉한 모양이다. 짚신벌레는 안쪽에 여러 가지 모양이 보인다. 짚신벌레는 바깥쪽에 가는 털이 있다. (2) 짚신벌레는 생김새가 단순하기 때문에 동물로 구분하지 않는다. 2 (1) 이로운 영향: ⓔ 곰팡이와 세균은 죽은 생물이나 배설물을 작게 분해하여 자연으로 되돌려 보낸다. 곰팡이를 이용해 된장이나 간장을 만든다. 세균 중 젖산균을 이용해 김치나 요구르트 같은 음식을 만든다. 해로운 영향: ⓔ 여러 가지 질병을 일으킨다. 음식을 상하게 한다. 우리 주변의 물건을 망가뜨린다. (2) ⓔ 상한 음식은 먹지 않는다. 외출 후 돌아오면 손을 깨끗이 씻는다. 음식은 먹을 만큼만 만들어 먹고 오래 보관하지 않는다.

Book 2 실전책

2단원 (1) 중단원 쪽지 시험

5쪽

01 온도, ℃　02 수온, 체온　03 온도　04 적외선, 알코올　05 액체샘　06 수평　07 장소　08 높아, 낮아　09 같아집니다　10 높은, 낮은　11 높은, 낮은　12 이마, 얼음주머니

대단원 종합 평가　2. 온도와 열

01 ㉠, ㉢　02 ③　03 ⑤　04 체온 또는 몸의 온도　05 ㉠, ㉢　06 ㉠ 눈금, ㉢ 액체샘　07 25.0 ℃　08 <　09 열의 이동　10 ㉠ 낮아진다, ㉢ 높아진다　11 해설 참조　12 전도　13 구리판　14 ㉢　15 ①　16 단열재　17 ④　18 (1) ○　19 위　20 ②

중단원 확인 평가　2 (1) 온도의 의미와 온도 변화

6~7쪽

01 ②　02 ℃　03 알코올 온도계　04 ②　05 ②　06 영미　07 ㉠　08 ④, ⑤　09 ㉠ 낮아지고, ㉢ 높아진다　10 ㉠ 비커에 담긴 따뜻한 물, ㉢ 음료수 캔에 담긴 차가운 물　11 ④　12 ←

2단원 서술형·논술형 평가

15쪽

01 (1) 예 두 물질이 접촉한 채로 시간이 지나면 두 물질의 온도는 같아진다. (2) 예 온도가 다른 두 물질이 접촉하면 온도가 높은 물질에서 온도가 낮은 물질로 열이 이동하기 때문이다.　02 (1) 예 ㈎는 온도가 높은 생선에서 온도가 낮은 얼음으로 열이 이동하고, ㈏는 온도가 높은 이마에서 온도가 낮은 얼음주머니로 열이 이동한다. (2) 예 차가운 물에 갓 삶은 달걀을 담갔을 때, 프라이팬에서 달걀부침 요리를 할 때, 손으로 따뜻한 손난로를 잡았을 때, 여름철 공기 중에 아이스크림이 있을 때　03 (1) 예 ㈎ 빵 굽는 틀은 열이 잘 이동하는 금속으로 만들고, ㈏ 냄비 받침은 열이 잘 이동하지 않는 나무로 만든다. (2) 예 주방용품의 손잡이, 컵 싸개, 주방 장갑은 열이 잘 이동하지 않는 물질로 만든다. 다리미의 바닥과 프라이팬의 바닥은 열이 잘 이동하는 물질로 만든다.　04 (1) 대류 (2) 예 가열하여 온도가 높아진 물질은 위로 올라가고, 위에 있던 물질이 아래로 밀려 내려온다. 이 과정이 반복되면서 전체가 따뜻해진다.

2단원 (2) 중단원 쪽지 시험

9쪽

01 전도　02 멀어　03 끊겨, 끊긴　04 구리판, 철판　05 빠르게　06 단열, 단열재　07 바닥, 손잡이　08 위　09 위　10 위　11 대류　12 높은, 낮은

중단원 확인 평가　2 (2) 고체, 액체, 기체에서의 열의 이동

10~11쪽

01 (1) ○　02 ①, ④　03 ①　04 ㉠ 뜨거운 물, ㉢ 버터　05 ③　06 (3) ○　07 (1) ㉠, ㉣, ㉤, ㉥ (2) ㉢, ㉢　08 위　09 ㉣, ㉠, ㉢　10 소정　11 ⑤　12 ④, ⑤

3단원 (1) 중단원 쪽지 시험 17쪽

01 순환 02 환경, 에너지 03 태양계 04 행성 05 목성 06 109 07 금성 08 목성, 토성, 천왕성, 해왕성 09 해왕성, 수성 10 수성, 금성 11 작은, 큰 12 예 빙하가 모두 녹아 해수면이 높아져 생물이 살 땅이 없어질 것이다.

대단원 종합 평가 3. 태양계와 별

01 ⑤ 02 ④ 03 ㄱ, ㄴ, ㄷ 04 태양계 05 ① 06 ㄱ 07 ㄱ, ㄴ 08 1.0 09 ② 10 ㄴ, ㄷ 11 ㄱ 태양, ㄴ 지구 12 ⑤ 13 ⑤ 14 ㄱ 행성, ㄴ 별 15 ㄷ 16 별자리 17 ㄴ 18 북두칠성 19 ㄱ 20 ㄱ 북쪽, ㄴ 남쪽

중단원 확인 평가 3 (1) 태양계의 구성원 18~19쪽

01 ③ 02 ⑤ 03 ㄷ, ㄹ 04 ⑤ 05 ② 06 ㄱ 암석, ㄴ 있음. 07 ㄴ, ㄷ 08 목성, 수성 09 ⑤ 10 ③ 11 (3) ○ 12 ㄷ

3단원 서술형·논술형 평가 27쪽

01 (1) 예 지구가 얼어붙어 생물이 살기 어려운 환경이 될 것이다. (2) 예 태양은 지구를 따뜻하게 하여 생물이 살아가기에 알맞은 환경을 만들어 주기 때문이다. 02 (1) 예 고리가 있는 행성인가? (2) 예 고리가 있는 행성은 목성, 토성, 천왕성, 해왕성이고, 고리가 없는 행성은 수성, 금성, 지구, 화성이다. 03 (1) 예 여러 날 동안 별은 위치가 거의 변하지 않지만, 금성의 위치는 조금씩 변한다. (2) 예 별이 지구에서 매우 먼 거리에 있기 때문이다. 04 (1) (가) 북두칠성 (나) 카시오페이아자리 (2) 예 북두칠성의 국자 모양 끝부분에서 별 두 개를 찾아 연결한 뒤, 그 거리의 다섯 배만큼 떨어진 곳에 있는 별이 북극성이다.

3단원 (2) 중단원 쪽지 시험 21쪽

01 별, 행성 02 별, 행성 03 가까이 04 별자리 05 이름 06 예 주변이 탁 트이고 밝지 않은 곳이다. 07 큰곰자리, 북두칠성, 작은곰자리, 카시오페이아자리 08 북두칠성 09 카시오페이아자리 10 북쪽, 방위 11 북, 동 12 북두칠성, 카시오페이아자리

중단원 확인 평가 3 (2) 밤하늘의 별 22~23쪽

01 ② 02 해설 참조 03 ⑤ 04 ㄱ 가까이, ㄴ 태양 빛 05 ⑤ 06 ①, ④ 07 ㄱ 동물, ㄴ 다르다 08 ③ 09 ㄱ 북극성, ㄴ 북극성, ㄷ 북쪽, ㄹ 서쪽 10 ④ 11 카시오페이아자리 12 ㄷ

4단원 (1) 중단원 쪽지 시험 29쪽

01 용액 02 용질, 용매 03 용해 04 작아져, 용해 05 75 06 15 07 = 08 설탕 09 베이킹 소다 10 용질 11 백반 12 용매

중단원 확인 평가 — 4 (1) 용해, 용질의 무게 비교, 용질의 종류와 용해되는 양

30~31쪽

01 ⑤ 02 (1) ⓒ (2) ⓛ (3) ⓖ 03 ⓒ 04 ④ 05 ⑤
06 ③ 07 ④ 08 ⓒ 09 ⓛ 10 ⓛ 11 다르다 12 분말주스

4단원 (2) 중단원 쪽지 시험

33쪽

01 물의 온도 02 눈금실린더 03 따뜻한 물 04 온도
05 백반 06 가열 07 진하기 08 황색 각설탕 열 개를 용해한 용액 09 색깔 10 열 11 메추리알 12 사해

중단원 확인 평가 — 4 (2) 물의 온도와 용질이 용해되는 양, 용액의 진하기

34~35쪽

01 ⓛ 02 ⓛ 03 (1) – ⓖ (2) – ⓛ 04 ① 05 ⓒ 06 ⑤ 07 ⓛ 08 (가) 09 ③ 10 ④ 11 ③ 12 ⓒ

대단원 종합 평가 — 4. 용해와 용액

36~38쪽

01 ⓖ 02 ⓖ 용질, ⓛ 용매, ⓒ 용액 03 (다) 04 (가), (나)
05 (2) ○ 06 전자저울 07 ③ 08 ⑤ 09 △ 10 (3)
○ 11 설탕, 소금, 베이킹 소다 12 ⑤ 13 (1) 물의 양, 백반의 양 (2) 물의 온도 14 ⓛ 15 민수 16 ③ 17 ③ 18 (다) 19 ④ 20 ④

4단원 서술형·논술형 평가

39쪽

01 ⑳ 미숫가루를 탄 물은 용액이 아니다. 왜냐하면 미숫가루를 탄 물은 시간이 지나면 바닥에 가라앉은 물질이 생기기 때문이다. 02 (1) ⑳ 용액의 온도가 낮아져 백반이 용해되는 양이 줄어들기 때문이다. (2) ⑳ 바닥에 가라앉은 백반 알갱이가 다시 용해된다. 03 (1) ⑳ 물의 양, 물의 온도, 백반의 양 등 (2) 백반 알갱이의 크기 04 (1) ⑳ 소금을 더 넣는다. (2) ⑳ 용액이 진할수록 물체가 위로 떠오른다.

5단원 (1) 중단원 쪽지 시험

41쪽

01 실체 현미경 02 균류 03 균사 04 포자 05 양분
06 조리개 07 조동 나사, 미동 나사 08 짚신벌레 09 해캄 10 원생생물 11 세균 12 늘어날

중단원 확인 평가 — 5 (1) 곰팡이, 버섯, 짚신벌레, 해캄, 세균

42~43쪽

01 ⓛ 02 ④ 03 ⑤ 04 ⑤ 05 ① 06 ① 07 ⑤
08 ⓛ 09 ⓛ 10 ⓛ 11 ⓒ 12 ②

5단원 (2) 중단원 쪽지 시험

45쪽

01 곰팡이 02 세균 03 산소 04 ⑳ 김치, 요구르트
05 균류, 세균 06 적조 또는 적조 현상 07 세균 08 해로운 09 첨단 생명 과학 10 분해 11 영양소 12 생물 농약

중단원 확인 평가 — 5 (2) 다양한 생물이 우리 생활에 미치는 영향

46~47쪽

01 ③ 02 ② 03 ⑤ 04 ⓖ 05 ② 06 ⓒ 07 ⓖ
08 ④ 09 ⓛ 10 ③ 11 ⑤ 12 ②

대단원 종합 평가 — 5. 다양한 생물과 우리 생활

48~50쪽

01 ⑤ 02 ⓖ – 회전판, ⓛ – 초점 조절 나사, ⓒ – 조명 조절 나사 03 (1) ○ 04 균사 05 ④ 06 ⓛ 07 ① 08 ③ 09 ⓔ 10 ④ 11 ⑤ 12 ⓖ 13 ⑤ 14 ③ 15 꼬리
16 ⓒ 17 ⑤ 18 (2) ○ 19 ① 20 ④

5단원 서술형·논술형 평가

51쪽

01 ⑳ 다른 생물이나 죽은 생물에서 양분을 얻는다. 02 (1) ⑳ 해캄이 겹치지 않도록 받침 유리 가운데에 놓는다. 덮개 유리를 덮을 때 공기 방울이 생기지 않도록 천천히 덮는다. (2) ⑳ 여러 개의 가는 선이 보인다. 크기가 작고 둥근 모양의 초록색 알갱이가 보인다. 03 ⑳ 나선 모양이다. 꼬리가 여러 개 있다. 04 ⑳ 음식이나 물건 등이 상하지 않을 것이다. 우리 주변이 죽은 생물이나 배설물로 가득 차게 될 것이다.

 교육부

 EBS

누구보다도 빠르고 정확하게 얻는 교육 정보

함께학교에 다 있다

학생, 학부모, 교원 모두의 교육 공간
언제 어디서나 우리 함께학교로 가자!

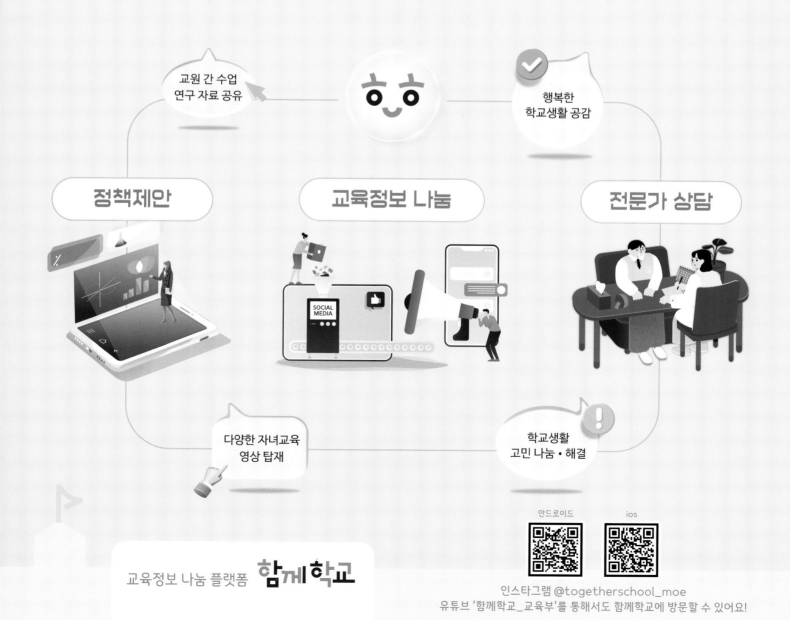

교원 간 수업 연구 자료 공유

행복한 학교생활 공감

정책제안

교육정보 나눔

전문가 상담

SOCIAL MEDIA

다양한 자녀교육 영상 탑재

학교생활 고민 나눔·해결

안드로이드

ios

교육정보 나눔 플랫폼 **함께학교**

인스타그램 @togetherschool_moe
유튜브 '함께학교_교육부'를 통해서도 함께학교에 방문할 수 있어요!

EBS와 함께하는 자기주도 학습 초등·중학 교재 로드맵

		예비 초등	1학년	2학년	3학년	4학년	5학년	6학년
전과목 기본서/평가			**BEST** 만점왕 국어/수학/사회/과학 교과서 중심 초등 기본서		만점왕 통합본 학기별(8책) **HOT** 바쁜 초등학생을 위한 국어·사회·과학 압축본			
				만점왕 단원평가 학기별(8책) 한 권으로 학교 단원평가 대비				
			기초학력 진단평가 초2~중2 초2부터 중2까지 기초학력 진단평가 대비					
국어	독해		4주 완성 독해력 1~6단계 학년별 교과 연계 단기 독해 학습					
	문학							
	문법							
	어휘		어휘가 독해다! 초등 국어 어휘 1~2단계 1, 2학년 교과서 필수 낱말 + 읽기 학습		어휘가 독해다! 초등 국어 어휘 기본 3, 4학년 교과서 필수 낱말 + 읽기 학습		어휘가 독해다! 초등 국어 어휘 실력 5, 6학년 교과서 필수 낱말 + 읽기 학습	
	한자	참 쉬운 급수 한자 8급/7급 II/7급 한자능력검정시험 대비 급수별 학습	어휘가 독해다! 초등 한자 어휘 1~4단계 하루 1개 한자 학습을 통한 어휘 + 독해 학습					
	쓰기		참 쉬운 글쓰기 1-따라 쓰는 글쓰기 맞춤법·받아쓰기로 시작하는 기초 글쓰기 연습		참 쉬운 글쓰기 2-문법에 맞는 글쓰기/3-목적에 맞는 글쓰기 초등학생에게 꼭 필요한 기초 글쓰기 연습			
	문해력		어휘/쓰기/ERI독해/배경지식/디지털독해가 문해력이다 평생을 살아가는 힘, 문해력을 키우는 학기별·단계별 종합 학습				문해력 등급 평가 초1~중1 내 문해력 수준을 확인하는 등급 평가	
영어	독해	**EBS ELT 시리즈** | 권장 학년 : 유아 ~ 중1 EBS Big Cat Collins BIG CAT 다양한 스토리를 통한 영어 리딩 실력 향상		EBS랑 홈스쿨 초등 영독해 Level 1~3 다양한 부가 자료가 있는 단계별 영독해 학습			EBS 기초 영독해 중학 영어 내신 만점을 위한 첫 영독해	
	문법	EBS Big Cat Shinoy and the Chaos Crew 흥미롭고 몰입감 있는 스토리를 통한 풍부한 영어 독서		EBS랑 홈스쿨 초등 영문법 1~2 다양한 부가 자료가 있는 단계별 영문법 학습			EBS 기초 영문법 1~2 **HOT** 중학 영어 내신 만점을 위한 첫 영문법	
	어휘	EBS easy learning easy learning 저연령 학습자를 위한 기초 영어 프로그램		EBS랑 홈스쿨 초등 필수 영단어 Level 1~2 다양한 부가 자료가 있는 단계별 영단어 테마 연상 종합 학습				
	쓰기							
	듣기			초등 영어듣기평가 완벽대비 학기별(8책) 듣기 + 받아쓰기 + 말하기 All in One 학습서				
수학	연산	만점왕 연산 Pre 1~2단계, 1~12단계 과학적 연산 방법을 통한 계산력 훈련						
	개념							
	응용		만점왕 수학 플러스 학기별(12책) 교과서 중심 기본 + 응용 문제					
	심화					만점왕 수학 고난도 학기별(6책) 상위권 학생을 위한 초등 고난도 문제집		
	특화	초등 수해력 영역별 P단계, 1~6단계(14책) 다음 학년 수학이 쉬워지는 영역별 초등 수학 특화 학습서						
사회	사회/역사			초등학생을 위한 多담은 한국사 연표 연표로 흐름을 잡는 한국사 학습				
				매일 쉬운 스토리 한국사 1~2 / 스토리 한국사 1~2 하루 한 주제를 이야기로 배우는 한국사/ 고학년 사회 학습 입문서				
과학	과학							
기타	창체		창의체험 탐구생활 1~12권 창의력을 키우는 창의체험활동·탐구					
	AI		쉽게 배우는 초등 AI 1(1~2학년) 초등 교과와 융합한 초등 1~2학년 인공지능 입문서		쉽게 배우는 초등 AI 2(3~4학년) 초등 교과와 융합한 초등 3~4학년 인공지능 입문서		쉽게 배우는 초등 AI 3(5~6학년) 초등 교과와 융합한 초등 5~6학년 인공지능 입문서	